“十二五”高职高专规划教材·案例实训教程系列

Photoshop CS4图像处理案例实训教程

李学文 编

西北工業大學出版社

【内容简介】本书为“十二五”高职高专规划教材。主要内容包括：初识 Photoshop CS4、Photoshop CS4 的基本操作、选区的创建与编辑、绘图与修图工具、路径与形状、图层、文本的应用、蒙版与通道、调整图像颜色、滤镜、综合案例以及案例实训，各章后附有本章小结及操作练习，使读者在学习时更加得心应手，做到学以致用。

本书结构合理，内容系统全面，讲解由浅入深，实例丰富实用，体现了高职高专教育的特色。既可作为各高职高专 Photoshop 基础课程的首选教材，也可作为各成人院校、民办高校及社会培训班的 Photoshop 基础课程教材，同时还可供广大平面爱好者自学参考。

图书在版编目（CIP）数据

Photoshop CS4 图像处理案例实训教程/李学文编．—西安：西北工业大学出版社，2010.11
“十二五”高职高专规划教材·案例实训教程系列
ISBN 978-7-5612-2960-6

Ⅰ．①P…　Ⅱ．①李…　Ⅲ．①图形软件，Photoshop CS4—高等学校：技术学校—教材
Ⅳ．①TP391.41

中国版本图书馆 CIP 数据核字（2010）第 232789 号

出版发行：西北工业大学出版社
通信地址：西安市友谊西路 127 号　　邮编：710072
电　　话：（029）88493844　88491757
网　　址：www.nwpup.com
电子邮箱：computer@nwpup.com
印 刷 者：陕西百花印刷有限责任公司
开　　本：787 mm×1 092 mm　1/16
印　　张：17
字　　数：447 千字
版　　次：2010 年 11 月第 1 版　2010 年 11 月第 1 次印刷
定　　价：29.00 元

前　言

Photoshop CS4 是 Adobe 公司推出的专业计算机图像处理软件，广泛应用于平面广告设计、海报设计、封面设计、包装设计制作等领域。它以简洁的界面语言、灵活变通的处理命令、得心应手的操作工具、随意的浮动面板、强大的图像处理功能，得到了用户的青睐，它可以满足用户在图像处理领域中的绝大多数要求，使用户制作出高品质的图像作品。

本书以“基础知识+课堂实训+综合案例+案例实训”为主线，对 Photoshop CS4 软件循序渐进地进行讲解，使读者能快速直观地了解和掌握 Photoshop CS4 的基本使用方法、操作技巧和行业实际应用，为步入职业生涯打下良好的基础。

本书内容

全书共分 12 章。其中前 10 章主要介绍 Photoshop CS4 的基础知识和基本操作，使读者初步掌握使用计算机处理图像的相关知识；第 11 章列举了几个有代表性的综合案例；第 12 章是案例实训，通过理论联系实际，帮助读者举一反三，学以致用，进一步巩固前面所学的知识。

读者定位

本书结构合理，内容系统全面，讲解由浅入深，实例丰富实用，既可作为各高职高专 Photoshop 基础课程的首选教材，也可作为各成人院校、民办高校及社会培训班的 Photoshop 基础课程教材，同时还可供广大平面爱好者自学参考。

本书力求严谨细致，但由于水平有限，书中难免出现疏漏与不妥之处，敬请广大读者批评指正。

编　者

序言

高职高专教育是我国高等教育的重要组成部分，担负着为国家培养并输送生产、建设、管理、服务第一线高素质、技术应用型人才的重任。

进入 21 世纪以来，高等职业教育呈现出快速发展的趋势。高等职业教育的发展，丰富了高等教育的体系结构，突出了高等职业教育的特色，满足了人民群众接受高等教育的强烈需求，为国家建设培养了大量高素质、技能型专业人才，对高等教育大众化作出了重要贡献。

在教育部下发的《关于全面提高高等职业教育教学质量的若干意见》中，提出了深化教育教学改革，重视内涵建设，促进“工学结合”人才培养模式的改革；推进整体办学水平提升，形成结构合理、功能完善、质量优良、特色鲜明的高等职业教育体系的任务要求。

根据新的发展要求，高等职业院校积极与各行业企业合作开发课程，配合高职高专院校的教学改革和教材建设，建立突出职业能力培养的课程标准，规范课程教学的基本要求，进一步提高我国高职高专教育教材质量。为了符合高等职业院校的教学需求，我们新近组织出版了“‘十二五’高职高专规划教材·案例实训教程系列”。本套教材旨在“以满足职业岗位需求为目标，以学生的就业为导向”，在教材的编写中结合任务驱动，项目导向的教学方式，力求在新颖性、实用性、可读性三个方面有所突破，真正体现高职高专教材的特色。

主要特色

中文版本、易教易学

本系列教材选取市场上最普遍、最易掌握的应用软件的中文版本，突出“易教学、易操作”，结构合理、内容丰富、讲解清晰。

结构合理、图文并茂

本系列教材围绕培养学生的职业技能为主线来设计体系结构、内容和形式，符合高职高专学生的学习特点和认知规律，对基本理论和方法的论述清晰简洁，便于理解，通过相关技术在生产中的实际应用引导学生主动学习。

内容全面、案例典型

本系列教材合理安排基础知识和实践知识的比例，基础知识以“必需，够用”为度，以案例带动知识点，诠释实际项目的设计理念，案例典型，切合实际应用，并配有课堂实训与案例实训。

体现教与学的互动性

本系列教材从“教”与“学”的角度出发，重点体现教师和学生的互动交流。将精练的理论和实用的行业范例相结合，使学生在课堂上就能掌握行业技术应用，做到理论和实践并重。

具备实用性和前瞻性，与就业市场结合紧密

本系列教材的教学内容紧随技术和经济的发展而更新，及时将新知识、新技术、新工艺和新案例引入教材，同时注重吸收最新的教学理念，根据行业需求，使教材与相关的职业资格培训紧密结合，努力培养“学术型”与“应用型”相结合的人才。

读者对象

本系列教材的读者对象为高职高专院校师生和需要进行计算机相关知识培训的专业人士，以及需要进一步提高计算机专业知识的各行业工作人员，同时也可供社会上从事其他行业的计算机爱好者自学参考。

针对明确的读者定位，本系列教材涵盖了计算机基础知识及目前常用软件的操作方法和操作技巧，使读者在学习后能够切实掌握实用的技能，最终放下书本就能上岗，真正具备就业本领。

结束语

希望广大师生在使用过程中提出宝贵意见，以便我们在今后的工作中不断地改进和完善，使本套教材成为高等职业教育的精品教材。

西北工业大学出版社

2010 年 11 月

目 录

第 1 章　初识 Photoshop CS4

Photoshop CS4 在 Photoshop CS3 的基础上有了诸多改进，包括对文件浏览器、色彩管理、消失点特性、图层面板的改进等，并增添了 3D 功能，从而使 Photoshop 的功能又获得进一步的增强。通过本章的介绍，可使读者对 Photoshop CS4 有一个初步的认识。

知识要点

- Photoshop 简介
- Photoshop 的相关概念
- Photoshop CS4 的新增功能
- Photoshop CS4 的启动与退出
- Photoshop CS4 的工作界面

1.1　Photoshop 简介

Photoshop 是美国 Adobe 公司开发的图形图像处理软件。自从 Photoshop 3.0 投放市场以来，其丰富而强大的图形图像处理功能即受到国内从事相关领域的广大用户的欢迎。该软件的出现不仅使人们告别了对图像进行修正的传统手工方式，而且可以通过自己的创意制作出令人意想不到的图像效果。

无论是对于设计师还是摄影师来说，Photoshop 都提供了无限的创作空间，为图像处理开辟了一个极富弹性且易于控制的世界。由于 Photoshop 具有颜色校正、修饰、加减色浓度、蒙版、通道、图层、路径以及灯光效果等全套工具，所以用户可以快速合成各种景物，从而制作出精美的图片。

对于普通用户来说，Photoshop 同样也提供了一个前所未有的自我表现的舞台。用户可以尽情发挥想象力，充分展现自己的艺术才能，制作出令人赞叹的作品。

Photoshop CS4 是 Adobe 公司于 2008 年 9 月 23 日正式推出的新版本的软件，它在 Photoshop CS3 的基础上有了诸多改进，包括对文件浏览器、色彩管理、消失点特性、图层面板的改进等，并增加了 3D 功能，从而使 Photoshop 的功能又获得进一步的增强，这也是 Adobe 公司历史上最大规模的一次产品升级。

1.1.1　Photoshop 的应用

美国 Adobe 公司开发的 Photoshop 软件是一款专门用于图形图像处理的软件，在平面设计、海报宣传、网页设计、手绘、照片处理等方面具有非常出色的应用。

1．平面设计

Photoshop 软件在平面设计领域里是一个不可缺少的设计软件，它与我们的生活息息相关，仔细观察，在生活的各个方面，都会有成功的平面设计作品展现在读者面前。Photoshop 的应用非常广泛，主要用于制作招贴、包装、广告等，无论是对于设计师还是摄影师，Photoshop 都是不可缺少的软件之一，如图 1.1.1 所示。

图 1.1.1　平面设计作品

2．海报宣传

海报是一种信息传递艺术，是大众化的宣传工具，其中包括商业海报、文化海报、影视海报以及公益海报等，这些海报的设计都离不开 Photoshop 软件的参与，设计师可以使用 Photoshop 软件，尽情发挥想象力，充分展现自己的艺术才能，如图 1.1.2 所示。

图 1.1.2　海报宣传作品

3．网页设计

一个优秀的网页创意离不开图片，只要涉及图像就会用到图像处理软件 Photoshop。在网页设计过程中，利用 Photoshop 不仅可以对图像进行加工、修饰，还可以将图像制作成网页动画上传到 Internet 上，如图 1.1.3 所示。

图 1.1.3　网页设计作品

4．相片处理

Photoshop 作为专业的图像处理软件，能够完成从输入到输出的一系列工作，包括校正、合成、

图像修复等，通过强大的色彩调整功能可以改变相片中某个颜色的色调，如图 1.1.4 所示。

图 1.1.4　相片处理作品

5．后期处理

Photoshop 在后期处理中主要作用是对效果图进行最后的加工，包括为效果图添加背景或添加人物，使效果图看起来更加生动、更加符合效果图自身的意境，如图 1.1.5 所示。

图 1.1.5　图片后期处理作品

6．绘画

利用 Photoshop 中的画笔工具和钢笔工具结合手绘板，可以十分轻松地在电脑中绘制出需要的作品，再加上软件中的各种特效功能，可以制作出类似实物绘制的效果，如图 1.1.6 所示。

图 1.1.6　绘画作品

1.1.2　Photoshop 的基本功能

Photoshop 的功能十分强大。它可以支持多种图像格式，也可以对图像进行修复、调整以及绘制。综合使用 Photoshop 的各种图像处理技术，如各种工具、图层、通道、蒙版与滤镜等，可以制作出各种特殊的图像效果。

1．丰富的图像格式

作为强大的图形图像处理软件，Photoshop 支持大量的图像文件格式。这些图像格式包括 PSD/PDD，EPS，TIFF，JPEG，BMP，RLE，DIB，FXG，IFF，TDI，RAW，PICT，PXR，PNG，SCT，PSB，PCX 和 PDF 等 35 种，利用 Photoshop 可以将某种图像格式另存为其他图像格式。

2．选取功能

Photoshop 可以在图像内对某区域进行选择，并对所选区域进行移动、复制、删除、改变大小等操作。选择区域时，利用矩形选框工具或椭圆选框工具可以实现规则区域的选取；利用套索工具可以实现不规则区域的选取；利用魔棒工具或色彩范围命令则可以对相似或相同颜色的区域进行选取，并结合“Shift”键或“Alt”键，增加或减少选取的区域。

3．图案生成器

图案生成器滤镜可以通过选取简单的图像区域来创建现实或抽象的图案。由于采用了随机模拟和复杂分析技术，因此可以得到无重复并且无缝拼接的图案，也可以调整图案的尺寸、拼接平滑度、偏移位置等。

4．修饰图像功能

利用 Photoshop 提供的加深工具、减淡工具与海绵工具可以有选择地调整图像的颜色饱和度或曝光度；利用锐化工具、模糊工具与涂抹工具可以使图像产生特殊的效果；利用图章工具可以将图像中某区域的内容复制到其他位置；利用修复画笔工具可以轻松地消除图像中的划痕或蒙尘区域，并保留其纹理、阴影等效果。

5．多种颜色模式

Photoshop 支持多种图像的颜色模式，包括位图模式、灰度模式、双色调模式、RGB 模式、CMYK 模式、索引模式、Lab 模式、多通道模式等，同时还可以灵活地进行各种模式之间的转换。

6．色调与色彩功能

在 Photoshop 中，利用色调与色彩功能可以很容易地调整图像的明亮度、饱和度、对比度和色相。

7．滤镜功能

利用 Photoshop 提供的多种不同类型的内置滤镜，可以对图像制作各种特殊的效果。例如，打开一幅图像，为其应用模糊滤镜中的动感模糊滤镜效果，效果如图 1.1.7 所示。

图 1.1.7　应用动感模糊滤镜效果前后对比

8．旋转与变形

利用 Photoshop 中的旋转与变形功能可以对选区中的图像、图层中的图像或路径对象进行旋转与

翻转，也可对其进行缩放、倾斜、自由变形与拉伸等操作。

9．图层、通道与蒙版功能

利用 Photoshop 提供的图层、通道与蒙版功能可以使图像的处理更为方便。通过对图层进行编辑，如合并、复制、移动、合成和翻转，可以产生许多特殊效果。利用通道可以更加方便地调整图像的颜色。而使用蒙版，则可以精确地创建选区，并进行存储或载入选区等操作。

1.2　Photoshop 的相关概念

Photoshop 是对图像进行处理的软件，在开始学习本软件之前，先介绍图像设计的一些基本概念。

1.2.1　位图和矢量图

一般静态数字图像可以分成位图图像和矢量图像两种类型，它们之间最大的区别就是位图放大到一定的程度后会变模糊（即有失真现象），而矢量图放大后不会变模糊。下面分别对位图图像和矢量图像进行具体介绍。

1．位图图像

位图图像也叫点阵图像，由单个像素点组成。所以图像像素点越多，分辨率就越高，图像也就越清晰。当放大位图时，可以看见构成图像的单个像素，从而出现锯齿使图像失真。因此位图图像与分辨率有密切的关系。如图 1.2.1 所示为位图图像放大前后的效果对比。

图 1.2.1　位图放大前后的效果对比

2．矢量图像

矢量图像也叫向量图像，是由一系列的数学公式表达的线条构成的。矢量图像中的元素称为对象。每个对象都是自成一体的实体，它还有颜色、形状、轮廓、大小和屏幕位置等属性。对矢量图像进行放大后，图像的线条仍然非常光滑，图像整体上保持不变形。所以多次移动和改变它的属性，不会影响图像中的其他对象。矢量图像的显示与分辨率无关，它可以被任意放大或缩小而不会出现失真现象。如图 1.2.2 所示为矢量图像放大前后的效果对比。

另外，矢量图像无法通过扫描获得，它主要是依靠设计软件生成的。矢量绘图程序定义（像数学计算）角度、圆弧、面积以及与纸张相对的空间方向，包含赋予填充和轮廓特征的线框。常见的矢量图设计软件有 AutoCAD，CorelDRAW，Illustrator 和 FreeHand 等。

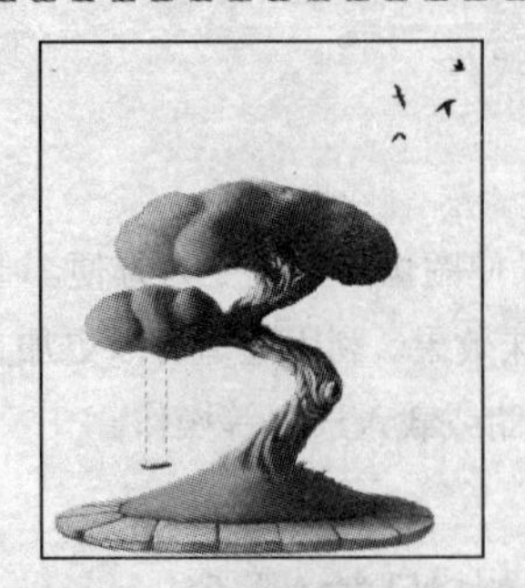
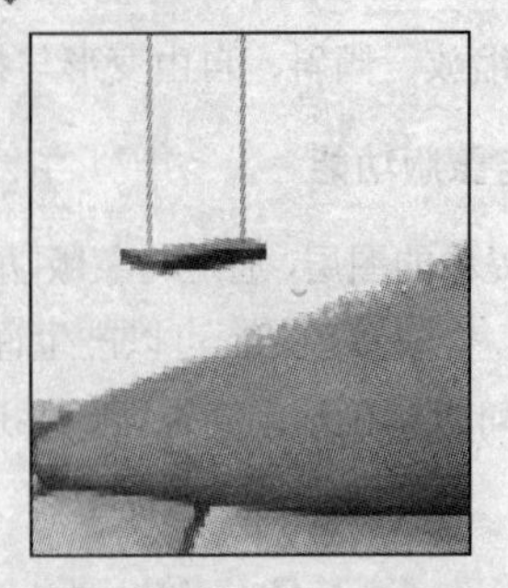

图 1.2.2　矢量图像放大前后的效果对比

1.2.2　像素

像素是一个带有数据信息的正方形小方块。图像由许多的像素组成，每个像素都具有特定的位置和颜色值，因此可以很精确地记录下图像的色调，逼真地表现出自然的图像。像素是以行和列的方式排列的，如图 1.2.3 所示，将某区域放大后就会看到一个个的小方格，每个小方格里都存放着不同的颜色，也就是像素。

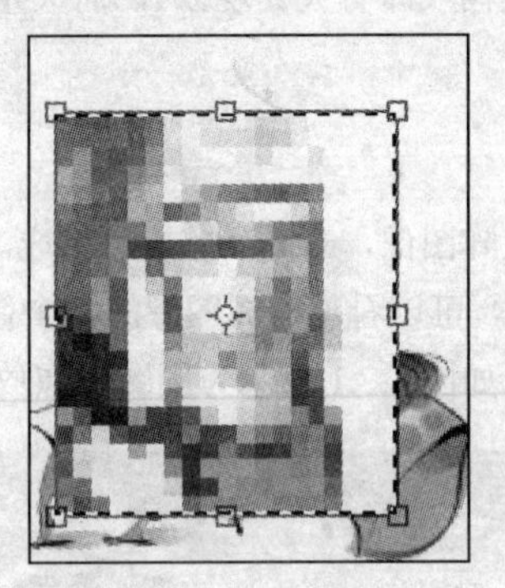

图 1.2.3　像素

一幅位图图像的每一个像素都含有一个明确的位置和色彩数值，从而也就决定了整体图像所显示出来的效果。一幅图像中包含的像素越多，所包含的信息也就越多，因此文件越大，图像的品质也会越好。

1.2.3　分辨率

分辨率是图像中一个非常重要的概念，一般分辨率有 3 种，分别为显示器分辨率、图像分辨率和专业印刷的分辨率。

1．显示器分辨率

显示器屏幕是由一个个极小的荧光粉发光单元排列而成，每个单元可以独立地发出不同颜色、不同亮度的光，其作用类似于位图中的像素。一般在屏幕上所看到的各种文本和图像正是由这些像素组成的。由于显示器的尺寸不一，因此习惯于用显示器横向和纵向上的像素数量来表示所显示的分辨率。常用的显示器分辨率有 800×600 和 1 024×768，前者表示显示器在横向上分布 800 个像素，在纵向上分布 600 个像素，后者表示显示器在横向上分布 1 024 个像素，在纵向上分布 768 个像素。

2．图像分辨率

图像分辨率是指位图图像在每英寸上所包含的像素数量。图像的分辨率与图像的精细度和图像文件的大小有关。如图 1.2.4 所示为不同分辨率的两幅相同的图，其中图 1.2.4（a）的分辨率为 100 ppi（点/英寸），图 1.2.4（b）的分辨率为 10 ppi，可以非常清楚地看到两种不同分辨率图像的区别。

（a）　　　　（b）

图 1.2.4　不同分辨率的图像

虽然提高图像的分辨率可以显著地提高图像的清晰度，但也会使图像文件的大小以几何级数增长，因为文件中要记录更多的像素信息。在实际应用中，我们应合理地确定图像的分辨率，例如可以将需要打印的图像的分辨率设置高一些（因为打印机有较高的打印分辨率）；用于网络上传输的图像，可以将其分辨率设置低一些（以确保传输速度）；用于在屏幕上显示的图像，可以将其分辨率设置低一些（因为显示器本身的分辨率不高）。

只有位图才可以设置其分辨率，而矢量图与分辨率无关，因为它并不是由像素组成的。

3．专业印刷的分辨率

专业印刷的分辨率是以每英寸线数来确定的，决定分辨率的主要因素是每英寸内网点的数量，即挂网线数。挂网线数的单位是 Line/Inch（线/英寸），简称 LPI。例如，150 LPI 是指每英寸加有 150 条网线。给图像添加网线，挂网数目越大，网数越多，网点就越密集，层次表现力就越丰富。

1.2.4　图像格式

根据记录图像信息的方式（位图或矢量图）和压缩图像数据的方式的不同，图像文件可以分为多种格式，每种格式的文件都有相应的扩展名。Photoshop 可以处理大多数格式的图像文件，但是不同格式的文件可以使用不同的功能。常见的图像文件格式有以下几种：

1．PSD 格式

Photoshop 软件默认的图像文件格式是 PSD 格式，它可以保存图像数据的每一个细小部分，如层、蒙版、通道等。尽管 Photoshop 在计算过程中应用了压缩技术，但是使用 PSD 格式存储的图像文件仍然很大。不过，因为 PSD 格式不会造成任何的数据损失，所以在编辑过程中，最好还是选择将图像存储为该文件格式，以便于修改。

2．JPEG 格式

JPEG 格式是一种图像文件压缩率很高的有损压缩文件格式。它的文件比较小，但用这种格式存储时会以失真最小的方式丢掉一些数据，而存储后的图像效果也没有原图像的效果好，因此印刷品很

少用这种格式。

3. GIF 格式

GIF 格式是各种图形图像软件都能够处理的一种经过压缩的图像文件格式。正因为它是一种压缩的文件格式，所以在网络上传输时，比其他格式的图像文件快很多。但此格式最多只能支持 256 种色彩，因此不能存储真彩色的图像文件。

4. TIFF 格式

TIFF 格式是由 Aldus 为 Macintosh 开发的一种文件格式。目前，它是 Macintosh 和 PC 机上使用最广泛的位图文件格式。在 Photoshop 中，TIFF 格式能够支持 24 位通道，它是除 Photoshop 自身格式（即 PSD 与 PDD）外唯一能够存储多于 4 个通道的图像格式。

5. BMP 格式

BMP 格式是 Windows 中的标准图像文件格式，将图像进行压缩后不会丢失数据。但是，用此种压缩方式压缩文件，将需要很多的时间，而且一些兼容性不好的应用程序可能会打不开 BMP 格式的文件。此格式支持 RGB、索引、灰度与位图颜色模式，而不支持 CMYK 模式的图像。

6. PDF 格式

PDF 全称 Portable Document Format，是一种电子文件格式。这种文件格式与操作系统平台无关，也就是说，PDF 文件不管是在 Windows，Unix 还是在苹果公司的 Mac OS 操作系统中都是通用的。这一特点使它成为在 Internet 上进行电子文档发行和数字化信息传播的理想文档格式。越来越多的电子图书、产品说明、公司文告、网络资料、电子邮件开始使用 PDF 格式文件。PDF 格式文件目前已成为数字化信息事实上的一个工业标准。

7. EPS 格式

EPS 格式可以同时包含矢量图像和位图图像，并且支持 Lab，CMYK，RGB，索引，双色调，灰度和位图颜色模式，但不支持 Alpha 通道。

8. FXG 格式

FXG 格式是基于 MXML（由 FLEX 框架使用的基于 XML 的编程语言）子集的图形文件格式。可以在 Adobe Flex Builder 等应用程序中使用 FXG 格式的文件以开发丰富多彩的 Internet 应用程序。存储为 FXG 格式时，图像的总像素数必须少于 6 777 216，并且长度或宽度应限制在 8 192 像素范围内。

9. RAW 格式

RAW 中文解释是“原材料”或“未经处理的东西”。RAW 格式的文件包含了原图片文件在传感器产生后，进入照相机图像处理器之前的一切照片信息。用户可以利用 PC 机上的某些特定软件对 RAW 格式的图片进行处理。

10. PICT（*.PIC；*.PCT）格式

PICT 格式的文件扩展名是*.PIC 或*.PCT，该格式的特点是能够对大块相同颜色的图像进行非常有效的压缩。当要保存为 PICT 格式的图像时，会弹出一个对话框，从中可以选择 16 位或者 32 位的分辨率来保存图像。如果选择 32 位，则保存的图像文件中可以包含通道。PICT 格式支持 RGB，Indexed

Color，位图模式，灰度模式，并且在RGB模式中还支持Alpha通道。

11. PXR格式

PXR格式是应用于PIXAR工作站上的一种文件格式，因此广大PC机的用户对PXR格式比较陌生。在Photoshop中把图像文件以PXR格式存储，就可以把图像文件传输到PIXAR工作站上，而在Photoshop中也可以打开一幅由该工作站制作的图像。

12. PNG格式

PNG格式是Netscape公司开发出来的格式，可以用于网络图像，它能够保存24位的真彩色，这不同于GIF格式的图像只能保存256色。另外，它还支持透明背景并具有消除锯齿边缘的功能，可以在不失真的情况下压缩保存图像。PNG格式在RGB和灰度模式下支持Alpha通道，但在Indexed Color和位图模式下则不支持Alpha通道。

13. SCT格式

Scitex是一种High-End的图像处理及印刷系统，它所采用的SCT格式可用来记录RGB及灰度模式下的连续色调。Photoshop中的SCT（Scitex Continuous Tone）格式支持CMYK，RGB和灰度模式的文件，但是不支持Alpha通道。一个CMYK模式的图像保存为SCT格式时，其文件通常比较大。这些文件通常是由Scitex扫描仪输入图像，在Photoshop中处理图像后，再由Scitex专用的输出设备进行分色网板输出，得到高质量的输出图像。Photoshop处理的对象是各种位图格式的图像文件，在Photoshop中保存的图像都是位图图像，但是，它能够与其他向量格式的软件交流图像文件，可以打开矢量图像。

14. TGA格式

TGA格式（Tagged Graphics）是由美国Truevision公司为其显示卡开发的一种图像文件格式，文件后缀为“.tga”，已被国际上的图形图像工业所接受。TGA的结构比较简单，属于一种图形图像数据的通用格式，在多媒体领域有很大影响，是计算机生成图像向电视转换的一种首选格式。TGA图像格式最大的特点是可以做出不规则形状的图形图像文件。一般图形图像文件都为四边形，若需要有圆形、菱形甚至是缕空的图像文件时，TGA可就发挥其作用了。TGA格式支持压缩，使用不失真的压缩算法。在工业设计领域，使用三维软件制作出来的图像可以利用TGA格式的优势，在图像内部生成一个Alpha（通道），这个功能方便了在平面软件中的工作。

15. PSB格式

大型文件格式(PSB)在任一维度上最多能支持高达300 000像素的文件，也能支持所有Photoshop的功能，例如图层、效果与滤镜。目前以PSB格式储存的文件，大多只能在Photoshop CS以上版本中开启，因为其他应用程序，以及较旧版本的Photoshop，都无法开启以PSB格式储存的文档。

1.3 Photoshop CS4的新增功能

Photoshop CS4和Photoshop CS4 Extended在上一版本的基础上又新增了许多新的功能，使Photoshop软件更加完善。

1．界面

在Photoshop CS4中将一些常用调整功能放在了标题栏中，使用户处理图像更加方便，如图1.3.1所示。

图1.3.1　调整显示模式

2．调整面板

在Photoshop CS4中为创建新的填充或调整图层新增加了一个调整面板，通过图标的形式轻松使用所需的各个工具对图像进行调整，实现无损调整并增强图像的颜色和色调；新的实时和动态调整面板中还包括图像控件和各种预设，如图1.3.2所示。

3．蒙版面板

在Photoshop CS4中为蒙版新增加了一个蒙版面板，可快速创建和编辑蒙版。该面板提供给用户需要的工具，它可用于创建基于像素和矢量的可编辑蒙版、调整蒙版密度和羽化、选择非相邻对象等，如图1.3.3所示。

图1.3.2　调整面板

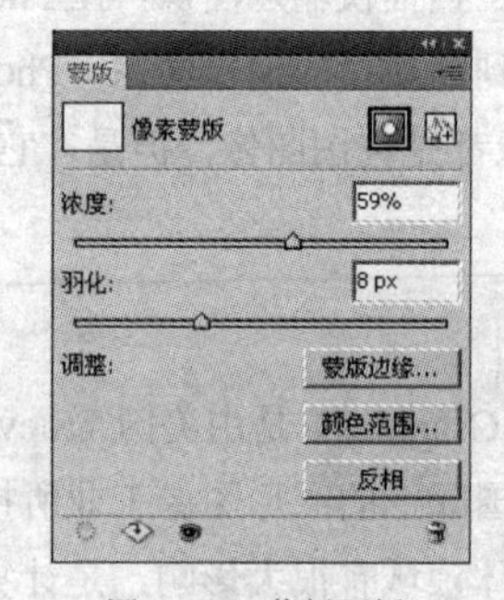

图1.3.3　蒙版面板

4．3D描绘

借助全新的光线描摹渲染引擎，可直接在3D模型上绘图、用2D图像绕排3D形状、将渐变图转换为3D对象、为层和文本添加深度、实现打印质量的输出并导出为支持的常见3D格式。

5．颜色校正

体验大幅增强的颜色校正功能以及经过重新设计的减淡、加深和海绵工具，现在可以智能保留颜色和色调详细信息。

6．内容识别缩放

创新的全新内容感知型缩放功能可以在用户调整图像大小时自动重排图像，在图像调整为新的尺寸时智能保留重要区域。一步到位制作出完美图像，无须高强度裁剪与润饰。

7．更好地处理原始图像

使用行业领先的Adobe Photoshop Camera Raw 5插件，在处理原始图像时实现出色的转换质量。该插件现在提供本地化的校正、裁剪后晕影、TIFF和JPEG处理，以及对190多种相机型号的支持。

8．增强的图层混合与图层对齐功能

使用增强的“自动混合层”命令，可以根据焦点不同的一系列照片轻松创建一个图像。该命令可以顺畅混合颜色和底纹，现在又延伸了景深，可自动校正晕影和镜头扭曲。

使用增强的“自动对齐层”命令可创建出精确的合成内容。移动、旋转或变形层，从而更精确地对齐图层。也可以使用“球体对齐”命令创建出令人惊叹的 360° 全景。

9．画布任意角度旋转

在 Photoshop CS4 中只须要单击即可随意旋转画布，按任意角度实现无扭曲的查看绘图，在绘制过程中无须再转动头部。

1.4　Photoshop CS4 的启动与退出

Photoshop CS4 的安装过程比较简单，只要将光盘中的 Photoshop CS4 程序安装到计算机上即可使用，在安装的过程中用户只要按照系统的提示进行操作即可。下面介绍启动与退出 Photoshop CS4 的具体方法。

1.4.1　Photoshop CS4 的启动

启动 Photoshop CS4 主要有以下几种方法：

（1）用鼠标双击桌面上的 Photoshop CS4 快捷方式图标 Adobe Photoshop CS4，即可启动 Photoshop CS4 并进入其工作界面。

（2）选择 开始 → 所有程序(P) → Adobe Photoshop CS4 命令，即可启动 Photoshop CS4，如图 1.4.1 所示。

图 1.4.1　启动 Photoshop CS4

（3）用鼠标双击已经存盘的任意一个 PSD 格式的 Photoshop 文件，可进入 Photoshop CS4 工作

界面并打开该文件。

1.4.2 Photoshop CS4 的退出

退出 Photoshop CS4 主要有以下几种方法：

（1）单击 Photoshop CS4 工作界面右上角的“关闭”按钮。

（2）进入工作界面后，选择文件(F)→退出(X)命令即可。

（3）按“Alt+F4”键，即可退出 Photoshop CS4。

1.5 Photoshop CS4 的工作界面

进入 Photoshop CS4 以后，可以看到其工作界面和 Photoshop 以前的版本大同小异，如图 1.5.1 所示。Photoshop CS4 的工作界面包括标题栏、菜单栏、属性栏、工具箱、状态栏、图像窗口和各类浮动面板。

图 1.5.1 Photoshop CS4 的工作界面

1.5.1 标题栏

标题栏位于窗口的最顶部，它分为两部分，其左侧主要用于显示该应用程序的名称，在标题栏上单击鼠标右键，可在弹出的菜单中选择相应的命令对其进行移动、改变大小和还原等操作；位于右侧的 3 个按钮分别用于对窗口进行最小化、最大化和关闭操作。

1.5.2 菜单栏

菜单栏中有 11 个菜单，每个菜单都包含着一组操作命令，用于执行 Photoshop 的图像处理操作。

如果菜单中的命令显示为黑色，表示此命令目前可用；如果显示为灰色，则表示此命令目前不可用。

菜单栏中包括 Photoshop CS4 的大部分操作命令，Photoshop CS4 的大部分功能可以在菜单中得以实现。一般情况下，一个菜单中的命令是固定不变的，但是，有些菜单可以根据当前环境的变化适当添加或减少某些命令。

1.5.3　属性栏

属性栏位于菜单栏的下方，在其中可以设置所选工具的属性。当用户在工具箱中选定某个工具后，该工具的属性就会出现在属性栏中。选择不同的工具或者进行不同的操作时，其属性栏也会随之变化。在其中根据需要设置适当的参数，可以更加灵活地使用工具，有利于提高工作效率。

1.5.4　工具箱

工具箱位于工作界面的最左侧，其中包含了 Photoshop CS4 中所有的绘制、选择和修饰图像工具，如图 1.5.2 所示。

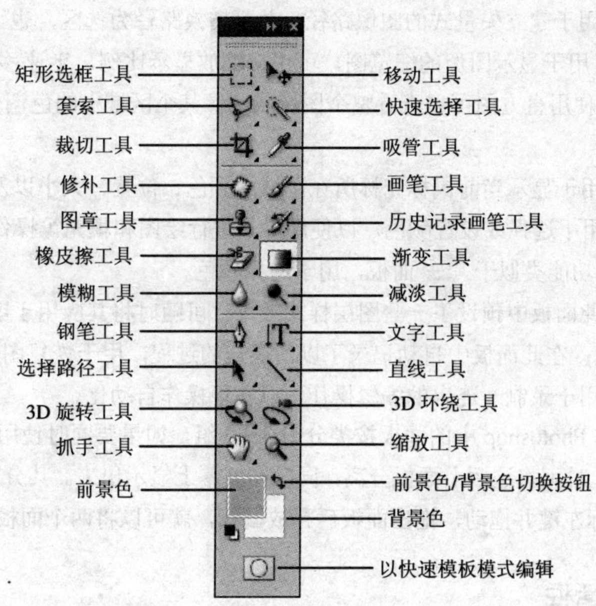

图 1.5.2　Photoshop CS4 工具箱

在工具箱中，有些工具右下角有黑色的小三角标志，说明该工具的下面还有同类型的工具存在，在该工具按钮上单击鼠标右键，则会弹出隐藏的工具列表。对工具箱的其他操作介绍如下：

（1）若要显示工具箱，可以选择 窗口(W) → 工具 命令。

（2）若要移动工具箱的位置，只要单击并拖动工具箱最上方的蓝色标签即可。

1.5.5　面板

面板是 Photoshop CS4 的一大特色，通过各种面板可以完成各种图像处理操作和工具参数设置，比如可以进行显示信息、编辑图层、选择颜色与样式等操作。默认情况下，面板以组的方式显示，如图 1.5.3 所示。

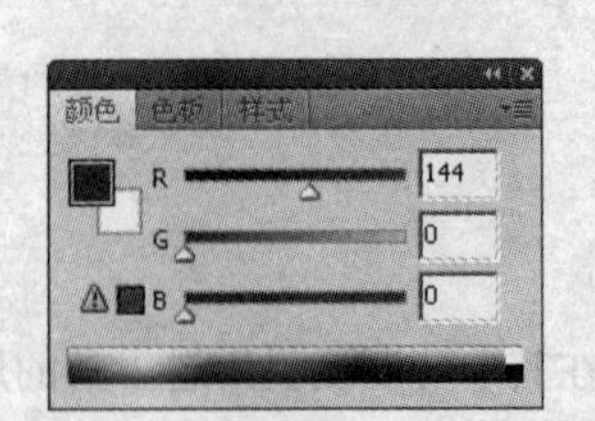

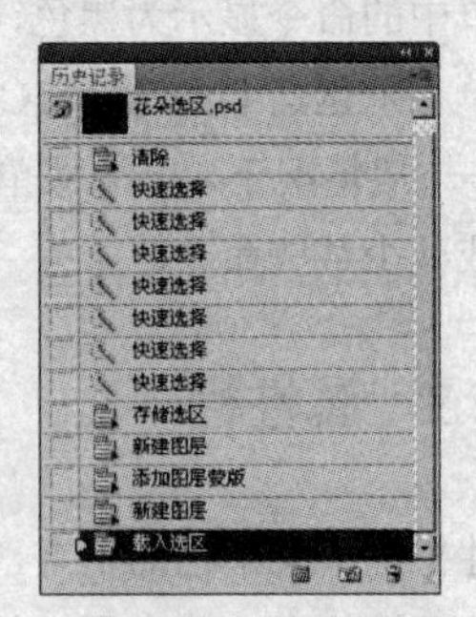

图 1.5.3 Photoshop CS4 的面板

各个面板的基本功能介绍如下：

图层面板：用于控制图层的操作，可以进行混合图像、新建图层、合并图层以及应用图层样式等操作。

通道面板：用于记录图像的颜色数据和保存蒙版内容。在通道中可以进行各种通道操作，如切换显示通道内容、载入选区、保存和编辑蒙版等。

路径面板：用于建立矢量式的图像路径，并可转换路径为选区，也可对其进行描边等操作。

导航器面板：用于显示图像的缩览图，可用来缩放显示比例，迅速移动图像显示内容。

直方图面板：使用直方图可以查看整个图像或图像某个区域中的色调分布状况，主要用于统计色调分布的状况。

信息面板：用于显示当前鼠标光标所在区域的颜色、位置、大小以及不透明度等信息。

颜色面板：用于选择或设置颜色，以便用工具进行绘图和填充等操作。

色板面板：功能类似于颜色面板，用于选择颜色。

样式面板：此面板中预设了一些图层样式效果，可随时将其应用于图像或文字中。

历史记录面板：在此面板中自动记录了以前操作的过程，用于恢复图像或指定恢复某一步操作。

动作面板：用于录制一连串的编辑操作，以实现操作自动化。

默认设置下，Photoshop 中的面板按类分为 3～6 组，如果要同时使用同一组中的两个不同面板，需要来回切换，此时可将这两个面板分离，同时在屏幕上显示出来。其分离的方法很简单，只需在面板标签上按住鼠标左键并拖动，拖出面板后释放鼠标，就可以将两个面板分开。

1.5.6 对话框

Photoshop CS4 中的许多功能都需要通过对话框来操作，如色调和颜色调整与滤镜等许多操作都是在对话框中进行的。不同的命令打开的对话框是不一样的，因此，不同的对话框就会有不同的功能设置。只有将对话框的选项进行重新设置后，该命令功能才能起作用。虽然各个对话框功能设置不一样，但是组成对话框的各个部分却基本相似。

例如选择菜单栏中的文件(F)→色彩范围(C)...命令，可弹出色彩范围对话框，如图 1.5.4 所示，选择菜单栏中的滤镜(T)→风格化→浮雕效果...命令，可弹出浮雕效果对话框，如图 1.5.5 所示。从这两个对话框中可以看出，对话框一般由图中所示的几部分组成。

单选按钮：在同一个选项区中只能选择其中一个，不能多选也不能一个不选，当单选按钮中出现小圆点时表示选中。

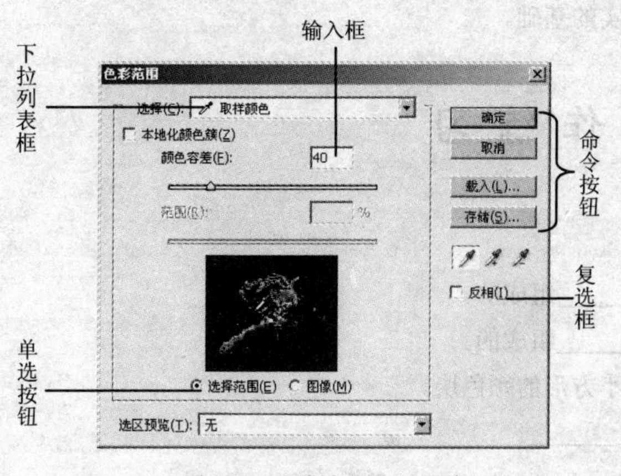

图 1.5.4 “色彩范围”对话框

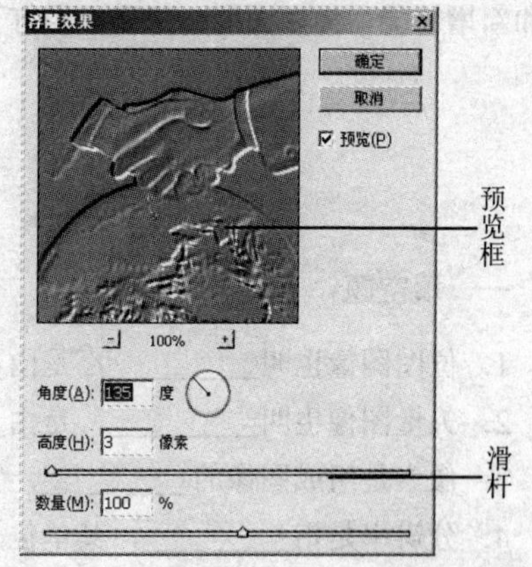

图 1.5.5 “浮雕效果”对话框

复选框：在同一选项区中可以同时选中多个，也可以一个不选。当复选框中出现“√”号时，表示复选框被选中；反之表示没选中，就不会起作用。

输入框：用于输入文字或一个指定范围的数值。

滑杆：用于调整参数的设置值，滑杆经常会带有一个输入框，配合滑杆使用。当使用鼠标拖动滑杆上的小三角滑块时，其对应的输入框中会显示出数值，也可以直接在输入框中输入数值进行精确的设置。

下拉列表框：单击下拉列表框可弹出一个下拉列表，从中可以选择需要的选项设置。

预览框：用于显示改变对话框设置后的效果。

命令按钮：几乎在所有的对话框中都可以看到 确定 与 取消 这两个按钮。这两个按钮在对话框中起着决定性的作用，单击 确定 按钮，表示确认对话框中的更改并关闭对话框，而单击 取消 按钮，则表示关闭对话框而不保存更改设置。

1.5.7 图像窗口

图像窗口是图像文件的显示区域，也是编辑与处理图像的区域。用户还可对图像窗口进行各种操作，如改变图像窗口的大小、缩放窗口或移动窗口位置等。

图像窗口包括标题栏、最大/最小化按钮、滚动条、文档大小以及图像显示比例等几个部分。并且在 Photoshop CS4 图像窗口的下方显示着图像的显示比例、文档大小与滚动条。

1.5.8 状态栏

Photoshop CS4 中的状态栏和以前版本有所不同，它位于打开图像文件窗口的最底部，用来显示当前操作的状态信息，例如图像的当前放大倍数和文件大小，以及使用当前工具的简要说明等。

本 章 小 结

本章介绍了 Photoshop 简介、Photoshop 的相关概念、Photoshop CS4 的新增功能、Photoshop CS4 的启动与退出以及 Photoshop CS4 的工作界面。通过本章的学习，可使读者了解 Photoshop 的相关概念和新增功能，为后面的学习和应用打下坚实的基础。

操作练习

一、填空题

1. 位图图像也叫________，是由________组成的。

2. 矢量图像也叫________，是由________组成的。

3. 像素是组成图像的________，它是小方形的颜色块。

4. 分辨率是指________，其单位是________。

5. Photoshop CS4 的操作界面是由________、________、________、________、________、________和________组成的。

二、选择题

1. （ ）格式是 Photoshop 软件默认的图像文件格式。

（A）EPS （B）TIFF
（C）PSD （D）JPG

2. （ ）格式是一种图像文件压缩率很高的有损压缩文件格式。

（A）PSD （B）JPEG
（C）GIF （D）TIFF

3. Photoshop CS4 中使用的各种工具存放在（ ）中。

（A）菜单 （B）工具箱
（C）工具选项框 （D）调色板

4. 按（ ）键可切换前景色与背景色。

（A）X （B）S
（C）D （D）B

三、简答题

1. 在 Photoshop 中分辨率有哪几种类型？

2. 简述 Photoshop CS4 的新增功能。

四、上机操作题

1. 使用多种方法启动与退出 Photoshop CS4。

2. 打开一个图像文件，分别调整图像的分辨率，并对其进行比较。

第 2 章　Photoshop CS4 的基本操作

掌握中文 Photoshop CS4 的基本操作，对于熟练使用 Photoshop 进行平面作品创作很有必要，这些基本操作包括文件的基本操作、自定义工作界面、图像的缩放、辅助工具的使用以及软件的优化等内容。

知识要点

- 文件的基本操作
- 自定义工作界面
- 图像的缩放
- 图像窗口的基本操作
- 屏幕显示模式
- 辅助工具的使用
- 软件的优化

2.1　文件的基本操作

文件是一个常用的计算机术语，简单地说，文件是软件在计算机中的存储形式。在 Photoshop CS4 的 文件(F) 菜单中提供了新建、打开以及保存等操作命令，通过这些命令可以对图像文件进行基本的编辑和操作。

2.1.1　新建文件

启动 Photoshop CS4 后，如果想要建立一个新图像文件，可按以下操作进行：

选择菜单栏中的 文件(F) → 新建(N)... 命令，或按“Ctrl+N”键，弹出“新建”对话框，如图 2.1.1 所示。

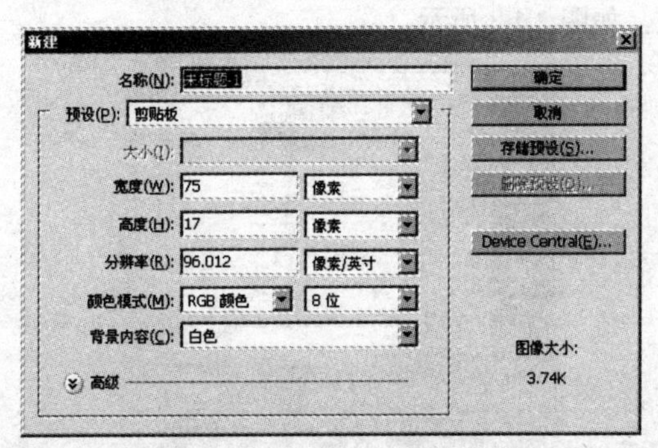

图 2.1.1　“新建”对话框

在 名称(N): 输入框中输入新文件的名称。若不输入，Photoshop 默认的新建文件名为“未标题-1”，如连续新建多个，则文件按顺序默认为“未标题-2”“未标题-3”……依此类推。

在宽度(W):与高度(H):输入框中输入数值，可设置图像的宽度与高度值。在设置前需要确定文件尺寸的单位，即在其后面的下拉列表中选择需要的单位，有像素、英寸、厘米、毫米、点、派卡与列。

在分辨率(R):输入框中输入数值，可设置图像的分辨率，也可在其后面的下拉列表中选择分辨率的单位，有像素/英寸与像素/厘米两种，通常使用的单位为像素/英寸。

在颜色模式(M):下拉列表中选择图像的色彩模式，同时可在该列表框后面设置色彩模式的位数，有1位、8位与16位。

在背景内容(C):下拉列表中设置新图像的背景层颜色，有白色、背景色与透明 3种。如果选择背景色选项，则背景层的颜色与工具箱中的背景色颜色框中的颜色相同。

设置好参数后，单击确定按钮，即可新建一个空白图像文件，如图 2.1.2 所示。

图 2.1.2　新建的空白图像文件

2.1.2　打开文件

在 Photoshop CS4 中，用户可以用打开(O)...、打开为...和最近打开文件(T) 3 个命令来打开图像文件，下面进行具体介绍。

1. “打开”命令

利用“打开”命令可打开一个已经存在的图像。选择文件(E)→打开(O)...命令，或按“Ctrl+O”键，可弹出“打开”对话框，如图 2.1.3 所示。

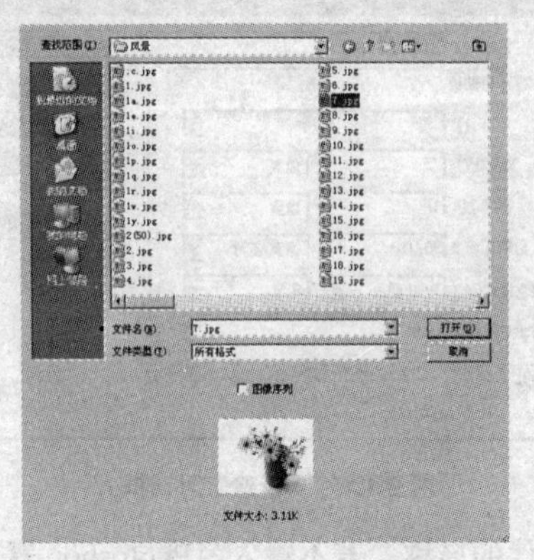

图 2.1.3　“打开”对话框

在“打开”对话框的查找范围(I):下拉列表中选择打开文件所在的路径，然后在文件名(N):文本框中输入需要打开的文件名称，单击打开(O)按钮，即可打开所选的图像文件。

如果想指定打开文件的格式，可以在文件类型(T):下拉列表中选择需要的文件格式，当选择了“所有格式”选项时，可以显示在该目录下的所有格式的文件。当用户选中某个文件后，在对话框的下方会显示出所选图像的预览效果和文件的大小，确认以后单击打开(O)按钮即可打开该文件。

技巧：在“打开”对话框中选择文件后，用鼠标左键双击该文件即可打开所选的图像文件。

2．“打开为”命令

利用“打开为”命令可以将某个图像文件以某种特定的方式打开。选择文件(F)→打开为...命令，或按“Alt+Ctrl+Shift+O”键，弹出“打开为”对话框，如图 2.1.4 所示，该对话框与“打开”对话框基本相同，只是少了一个所选图像的预览效果图标。

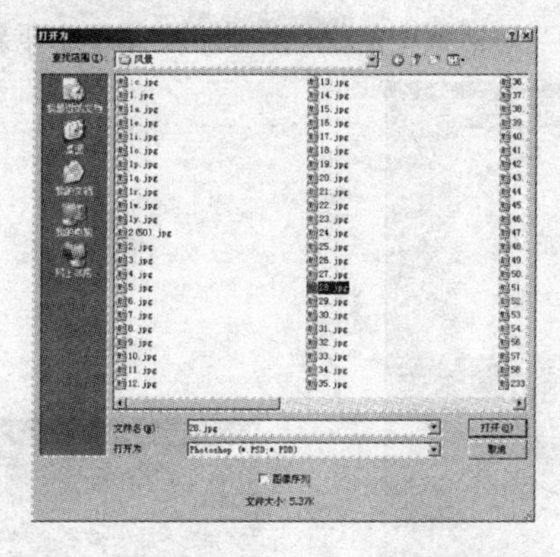

图 2.1.4 “打开为”对话框

在“打开为”对话框中选择需要打开的文件，然后在打开为下拉列表中选择需要的文件格式，设置完成后，单击打开(O)按钮即可打开图像文件。

技巧：用户还可以一次性打开多个连续的或者不连续的文件。在选择文件的同时按住“Ctrl”键可以选择多个不连续的文件，按住“Shift”键可以选择多个连续的文件。

3．“最近打开文件”命令

利用“最近打开文件”命令可以打开最近打开过的文件。选择文件(F)→最近打开文件(T)命令，将弹出最近打开过的文件列表，用户可以根据需要直接单击相应的文件名将其打开。

2.1.3 保存文件

对图像编辑完成后，就需要对其进行保存，在 Photoshop CS4 中，用户可以用存储(S)、存储为(A)...和存储为 Web 和设备所用格式(D)... 3 个命令来保存文件，下面进行具体介绍。

1．“存储”命令

利用“存储”命令可以快速地保存当前正在编辑的文件。选择文件(F)→存储(S)命令，或按“Ctrl+S”键，可自动将编辑过的文件以原路径、原文件名、原文件格式存入磁盘中，并且覆盖原始的文件。

注意：若要保存的文件是第一次保存，选择“存储”命令相当于执行“存储为”命令，可弹出“存储为”对话框（见图 2.1.5），在该对话框中只要指定存储的路径及文件名称即可。

2．“存储为”命令

利用“存储为”命令可以将文件保存为另一个副本图像，这样不会覆盖原来的文件。选择 文件(F) → 存储为(A)... 命令，或按“Ctrl+Shift+S”键，可弹出“存储为”对话框，如图 2.1.5 所示。

在“存储为”对话框的 保存在(I): 下拉列表中选择保存文件的位置，在 文件名(N): 文本框中输入要保存文件的名称，在 格式(F): 下拉列表中选择需要的文件格式。设置完成后，单击 保存(S) 按钮，即可保存图像。

若在保存图像时，输入的文件名与原有的文件名相同，则会弹出如图 2.1.6 所示的提示框，提示用户是否用现在保存的文件替换已有的文件，单击 确定 按钮，即可替换原来的文件；单击 取消 按钮，则可在“存储为”对话框中的 文件名(N): 文本框中重新输入新的文件名来进行保存。

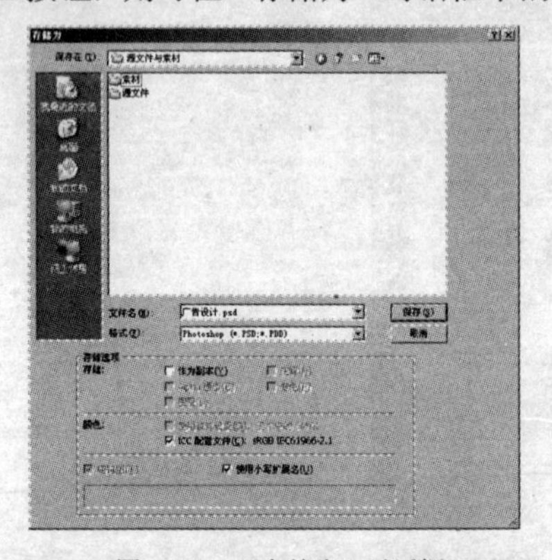

图 2.1.5 “存储为”对话框

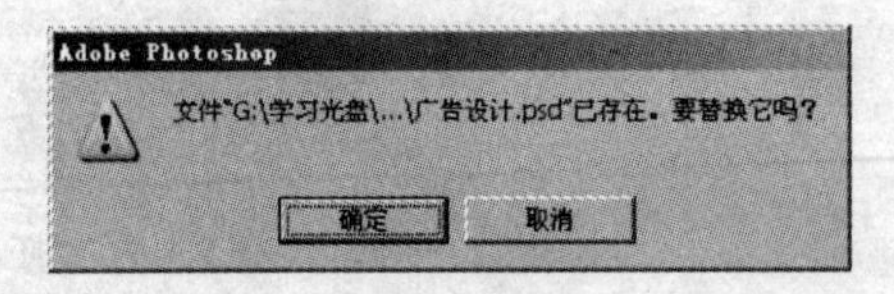

图 2.1.6 提示框

3．“存储为 Web 所用格式”命令

利用“存储为 Web 所用格式”命令可以对图像进行优化，然后保存为适用于网页的格式。选择 文件(F) → 存储为 Web 和设备所用格式(D)... 命令，或按快捷键“Alt+Ctrl+Shift+S”，可弹出“存储为 Web 所用格式”对话框，如图 2.1.7 所示。

图 2.1.7 “存储为 Web 所用格式”对话框

在“存储为 Web 所用格式”对话框左上角有 4 个标签，单击它们可分别以 4 种不同的视图预览

图像，即原稿、优化、双联（优化与原图比较）、四联（3 种不同优化与原图对比）。在视图的左下方，预览时还会显示图像所用的格式、尺寸以及使用指定 Modem 在互联网上的下载时间（Modem 可选 14.1 KB/s，28.8 KB/s 或 56.6 KB/s）等信息。

2.1.4 置入文件

在 Photoshop CS4 中，可以通过置入(L)...命令，将不同格式的文件导入到当前编辑的文件中，并自动转换为智能对象图层。其具体操作步骤如下：

（1）新建或打开一个图像文件，选择菜单栏中的文件(F)→置入(L)...命令，弹出“置入”对话框，如图 2.1.8 所示。

（2）选择需要置入的文件名称，单击置入(P)按钮，此时置入的图像文件将被包围在一个控制框内，如图 2.1.9 所示，可以拖动控制框调整图像的大小、位置和方向。

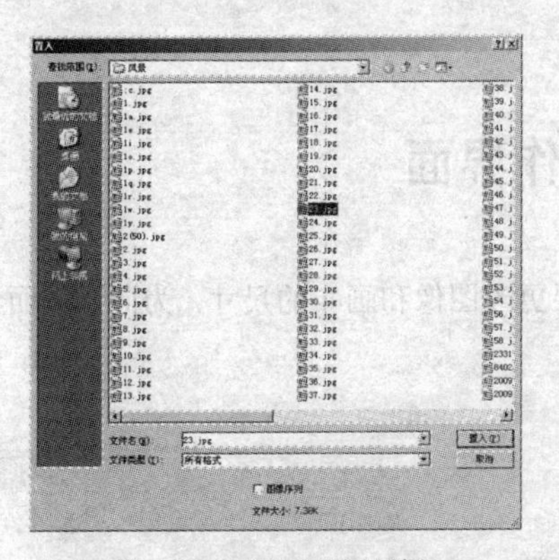

图 2.1.8 “置入”对话框

图 2.1.9 置入图像文件

（3）按回车键确认置入图像，此时在图层面板中也会增加相应的新图层，如图 2.1.10 所示。

图 2.1.10 置入 JPEG 图像后的效果

2.1.5 关闭文件

图像文件编辑完成后，对于不再需要的图像文件可以将其关闭。关闭图像的方法有以下几种：

（1）选择菜单栏中的文件(F)→关闭(C)命令。

（2）单击图像标签的右方的“关闭”按钮×。

（3）按“Ctrl+W”键或“Ctrl+F4”键。

如果要关闭 Photoshop CS4 中打开的多个文件，可选择菜单栏中的文件(F)→关闭全部命令或按“Ctrl+Alt+W”键。

若要关闭的图像文件进行过编辑和处理又没有及时保存，则会在关闭图像时弹出提示框，提示用户关闭前是否保存对图像文件的修改。单击是(Y)按钮，存储图像中修改的部分并关闭文件；单击否(N)按钮，图像的修改部分将不被保存；单击取消按钮，图像文件将不会被关闭，维持现状。

2.1.6 恢复文件

在对文件进行编辑时，如果对修改的结果不满意，可选择文件(F)→恢复(V)命令，可以将文件恢复至最近一次保存的状态。

2.2 自定义工作界面

在编辑图像时，根据工作的需要，用户可能经常需要更改图像和画布的尺寸，为此，下面将介绍调整图像和画布的操作方法。

2.2.1 改变图像大小

利用图像大小(I)...命令，可以更改图像的大小、打印尺寸以及图像的分辨率。具体操作方法如下：

（1）打开一幅需要改变大小的图像，如图 2.2.1 所示。

（2）选择菜单栏中的图像(I)→图像大小(I)...命令，弹出“图像大小”对话框，如图 2.2.2 所示。

图 2.2.1　打开的图像

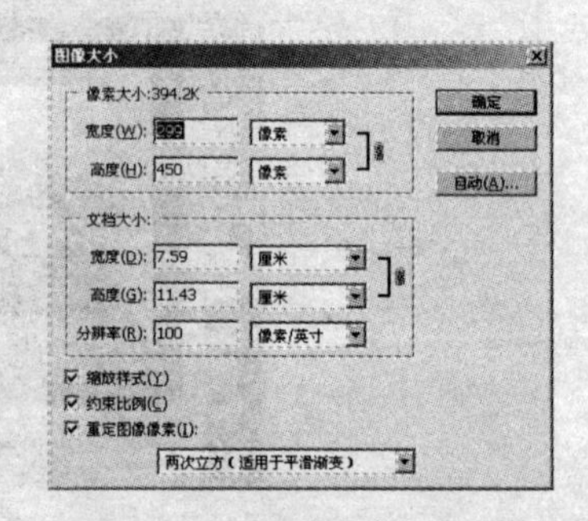

图 2.2.2　“图像大小”对话框

（3）在像素大小:选项区中的宽度(W):与高度(H):输入框中可设置图像的宽度与高度。改变像素大小后，会直接影响图像的品质、屏幕图像的大小以及打印效果。

（4）在文档大小:选项区中可设置图像的打印尺寸与分辨率。默认状态下，宽度(D):与高度(G):被锁定，即改变宽度(D):与高度(G):中的任何一项，另一项都会按相应的比例改变。

（5）设置好参数后，单击确定按钮，即可改变图像的大小，，如图 2.2.3 所示。

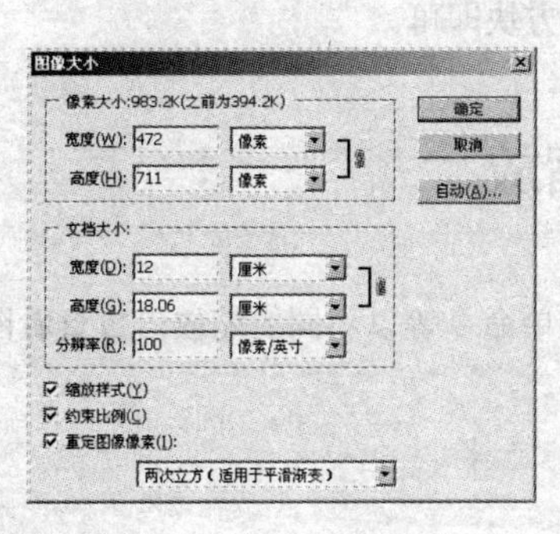

图 2.2.3　改变图像大小

2.2.2　改变画布大小

改变画布大小的具体操作方法如下：

（1）打开一个需要改变画布大小的图像文件，如图 2.2.1 所示。

（2）选择菜单栏中的 图像(I) → 画布大小(S)... 命令，弹出 画布大小 对话框，如图 2.2.4 所示。

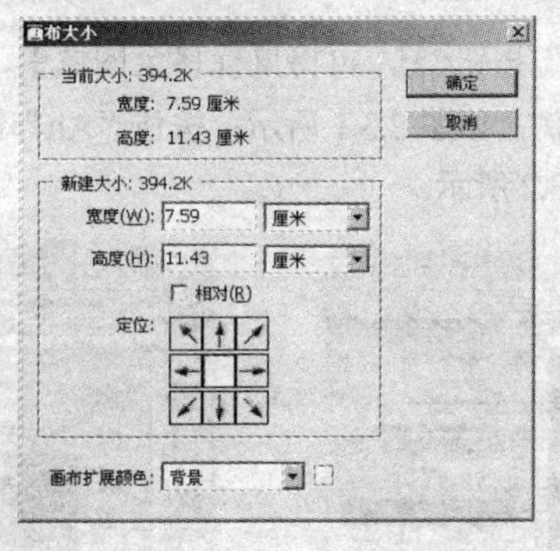

图 2.2.4　“画布大小”对话框

（3）在 新建大小: 选项区中的 宽度(W): 与 高度(H): 输入框中输入数值，可重新设置图像的画布大小；在 定位: 选项区中可选择画布的扩展或收缩方向，单击其中的任何一个方向箭头，该箭头的位置可变为白色，图像就会以该位置为中心进行设置。

（4）单击 确定 按钮，可以按所设置的参数改变画布大小，如图 2.2.5 所示。

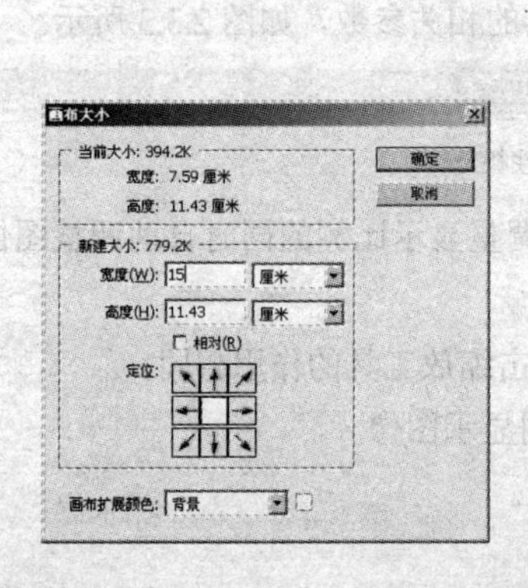

图 2.2.5　改变画布大小

默认状态下，图像位于画布中心，画布向四周扩展或向中心收缩，画布颜色为背景色。如果希望图像位于其他位置，只须单击 定位: 选项区中相应位置的小方块即可。

2.3　图像的缩放

缩放图像显示比例的方法有很多，如使用缩放工具、菜单命令等以不同的缩放倍数查看图像的不同区域。

2.3.1　图像显示比例

缩放图像的显示比例是 Photoshop CS4 处理图像的一大功能。使用此功能可以对图像局部细节进行缩放显示，以便于修改。图像的显示比例是图像中的每个像素和屏幕上一个光点的比例关系，而不是与图像实际尺寸的比例，因此改变图像的显示比例不会改变图像的尺寸大小与分辨率。

2.3.2　使用缩放工具

单击工具箱中的“缩放工具”按钮，再将鼠标移至图像中，光标会变成放大镜形状，在图像中单击即可放大图像的显示比例，如图 2.3.1 所示；按住“Alt”键，光标将显示为形状，单击图像则缩小图像显示比例，如图 2.3.2 所示。

图 2.3.1　放大显示

图 2.3.2　缩小显示

当选择了缩放工具后，其对应的属性栏将显示缩放工具的相关参数，如图 2.3.3 所示。

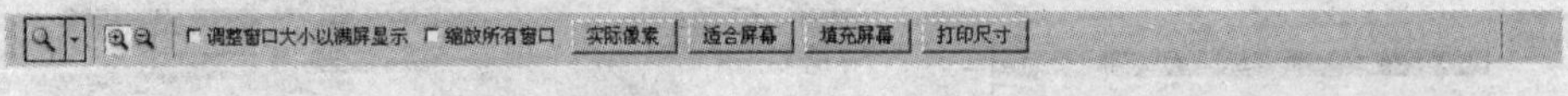

调整窗口大小以满屏显示　缩放所有窗口　实际像素　适合屏幕　填充屏幕　打印尺寸

图 2.3.3　“缩放工具”属性栏

选中 调整窗口大小以满屏显示 复选框，Photoshop CS4 会在调整显示比例的同时自动调整图像窗口大小，使图像以最合适的窗口大小显示。

单击 实际像素 按钮，图像将以 100%的比例显示，与双击缩放工具的作用相同。

单击 适合屏幕 按钮，可在窗口中以最合适的大小和比例显示图像。

单击 填充屏幕 按钮，可以在窗口中以最大比例显示图像。

单击 打印尺寸 按钮，可使图像以实际打印的尺寸显示。

2.3.3　使用菜单命令

在“视图(V)”菜单中有 5 个可用于控制图像显示比例的命令，也可在选择缩放工具后，在图像窗口中单击鼠标右键，弹出快捷菜单，如图 2.3.4 所示，其中的命令都与“缩放工具”属性栏中的选项相对应。

图 2.3.4　缩放菜单

2.3.4　在区域内移动图像

图像显示比例放大数倍后，在图像窗口中就只能显示某一区域的内容，此时可以拖动滚动条来查看图像的全部。但有时在全屏显示模式下，图像窗口不显示滚动条，因此，就须要单击工具箱中的“抓手工具”按钮来移动图像进行显示，如图 2.3.5 所示。

图 2.3.5　使用抓手工具移动显示图像

2.4　图像窗口的基本操作

在 Photoshop CS4 中处理图像时，为了更清晰地查看图像或处理图像，需要对图像窗口的显示方式进行设置。

2.4.1 改变图像窗口的位置与大小

图像窗口可以根据需要进行放大或缩小，其操作方法很简单，只须将鼠标移到图像窗口的边框或四角上，当光标变为双箭头形状时，按住鼠标左键并拖动即可改变其大小，如图 2.4.1 所示。

图 2.4.1 改变图像窗口大小

要把一个图像窗口摆放到工作界面的合适位置，就需要对图像窗口进行移动。将光标移到窗口的标题栏，按住鼠标左键拖动，即可随意将图像窗口摆放到合适位置。

2.4.2 图像窗口的叠放

在处理图像时，为了方便操作，需要将图像窗口最小化或最大化显示，这时只须要单击图像窗口右上角的“最小化”按钮与“最大化”按钮即可。

如果在 Photoshop CS4 中打开了多个图像窗口，屏幕显示会很乱，为了方便查看，可对多个窗口进行排列。选择菜单栏中的 窗口(W) → 排列(A) 命令，打开“排列”子菜单，如图 2.4.2 所示。

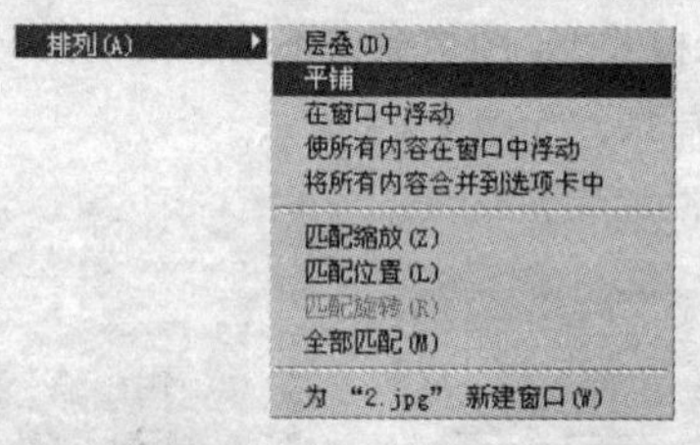

图 2.4.2 “排列”子菜单

利用“排列”子菜单中的命令可以对 Photoshop CS4 中打开的多个窗口进行排列，如图 2.4.3 所示为对打开的多个窗口应用层叠和平铺方式的效果。

图 2.4.3 应用层叠和平铺方式效果

2.5　屏幕显示模式

为了方便操作，Photoshop CS4 提供了 3 种不同的屏幕显示模式，分别为标准屏幕模式、带有菜单栏的全屏模式和全屏模式。

（1）选择菜单栏中的 视图(V) → 屏幕模式(M) → 标准屏幕模式 命令，可以显示默认窗口。在此模式下的窗口可显示 Photoshop CS4 的所有组件，图像较大时，两侧会有滚动栏，如图 2.5.1 所示。

图 2.5.1　标准屏幕模式

（2）选择菜单栏中的 视图(V) → 屏幕模式(M) → 带有菜单栏的全屏模式 命令，可切换至带有菜单栏及工具栏的全屏窗口，但不显示标题栏和滚动栏，如图 2.5.2 所示。

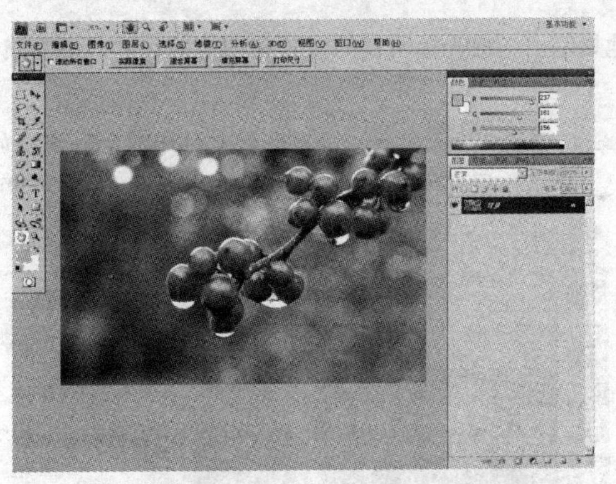

图 2.5.2　带有菜单栏的全屏模式

（3）选择菜单栏中的 视图(V) → 屏幕模式(M) → 全屏模式 命令，系统将弹出如图 2.5.3 所示的“信息”对话框，提醒用户返回其他模式的操作方法。

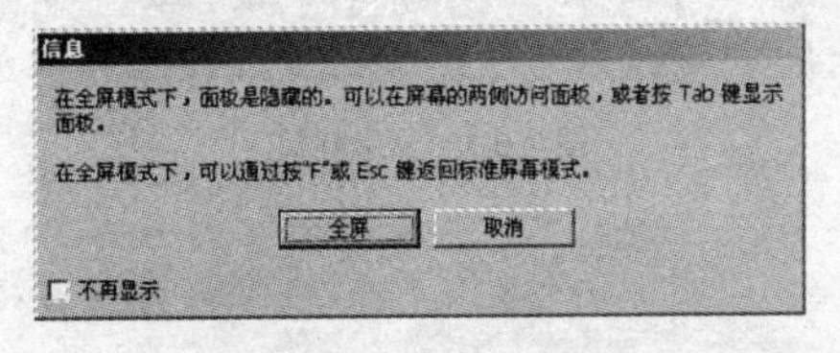

图 2.5.3　“信息”对话框

在该对话框中单击 全屏 按钮，可切换至全屏窗口，但不显示标题栏、菜单栏和滚动栏。在该模式下，按“Tab”键将会隐藏所有的工具栏，如图 2.5.4 所示。

图 2.5.4　全屏模式

2.6　辅助工具的使用

制作一幅图像作品，可以通过使用 Photoshop 提供的标尺、参考线、网格以及标尺工具来协助完成图像的制作。

2.6.1　标尺

使用标尺可以准确地显示出当前光标所在的位置和图像的尺寸，还可以让用户更准确地对齐对象和选取范围。

选择菜单栏中的 视图(V) → 标尺(R) 命令，可在图像文件中显示标尺，如图 2.6.1 所示。在图像中移动鼠标，可以在标尺上显示出鼠标所在位置的坐标值。按“Ctrl+R”键可以隐藏或显示标尺。

图 2.6.1　显示标尺

2.6.2　参考线

用户可以利用参考线精确定位图像的位置。在图像文件中显示标尺以后，用鼠标指针从水平的标

尺上可拖曳出水平参考线，从垂直标尺上可拖曳出垂直参考线，如图 2.6.2 所示。

图 2.6.2　添加参考线

若要移动某条参考线，可单击工具箱中的“移动工具”按钮，再将鼠标光标移动到相应的参考线上，当光标变为形状时，拖曳鼠标即可，如图 2.6.3 所示。也可将参考线拖动到图像窗口外直接删除。

图 2.6.3　移动参考线位置

另外，用户还可以使用“新建参考线”命令来添加参考线。选择 视图(V) → 新建参考线(E)... 命令，弹出“新建参考线”对话框，如图 2.6.4 所示，在其中设置位置和方向以后，单击 确定 按钮，即可为图像添加一条参考线。

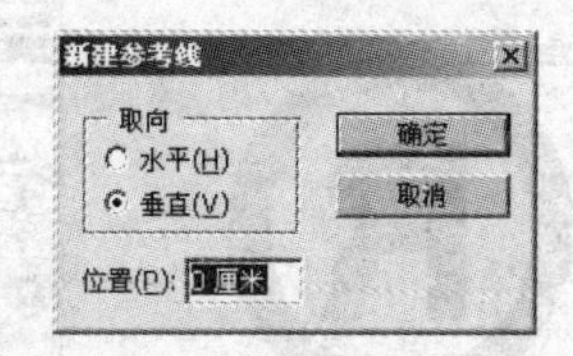

图 2.6.4　“新建参考线”对话框

技巧：在图像中添加参考线后，按“Ctrl+H”键可显示或隐藏所添加的参考线。

2.6.3 网格

网格可用来对齐参考线，也可在制作图像的过程中对齐物体。要显示网格，可选择菜单栏中的 视图(V) → 显示(H) → 网格(G) 命令，此时会在图像文件中显示出网格，如图 2.6.5 所示。

图 2.6.5　显示网格

显示网格后，就可以沿网格线创建图像的选取范围，移动或对齐图像。在不需要显示网格时，也可隐藏网格。选择菜单栏中的 视图(V) → 显示额外内容(X) 命令，或按“Ctrl+H”键来隐藏网格。

2.6.4 标尺工具

利用标尺工具可以快速测量图像中任意区域两点间的距离，该工具一般配合信息面板或其属性栏来使用。单击工具箱中的“标尺工具”按钮，其属性栏如图 2.6.6 所示。

X: 508.00　Y: 152.00　W: 162.00　H: 282.00　A: -60.1°　L1: 325.22　L2:　☑ 使用测量比例　清除

图 2.6.6　“标尺工具”属性栏

使用标尺工具在图像中需要测量的起点处单击，然后将鼠标移动到另一点处再单击形成一条直线，测量结果就会显示在信息面板中，如图 2.6.7 所示。

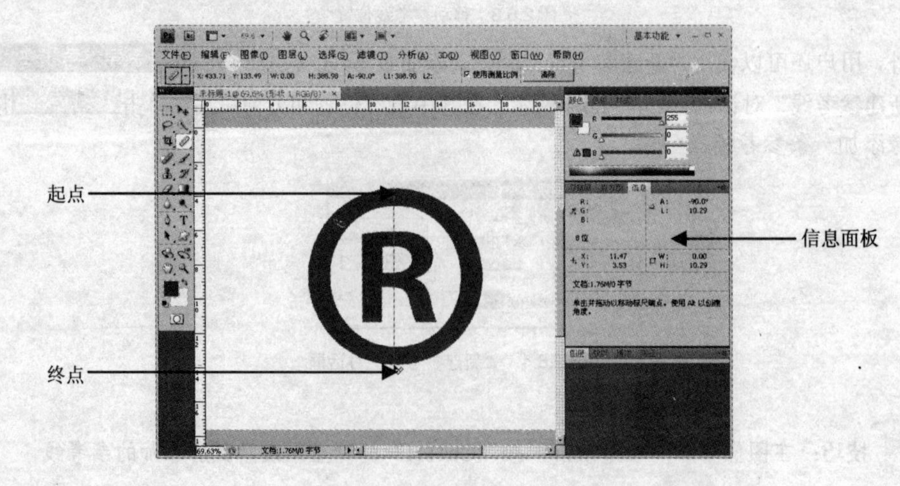

图 2.6.7　测量两点间的距离

2.7　软件的优化

在使用 Photoshop CS4 之前，需要对 Photoshop 的预设选项进行优化，这样可以更有效地提高软件的运行效率，加快工作速度，节约时间。Photoshop 的环境变量设置命令都集中在编辑(E)→首选项(N)命令子菜单中，如图 2.7.1 所示。利用这些命令可以对 Photoshop CS4 中的各项系统参数进行设置。

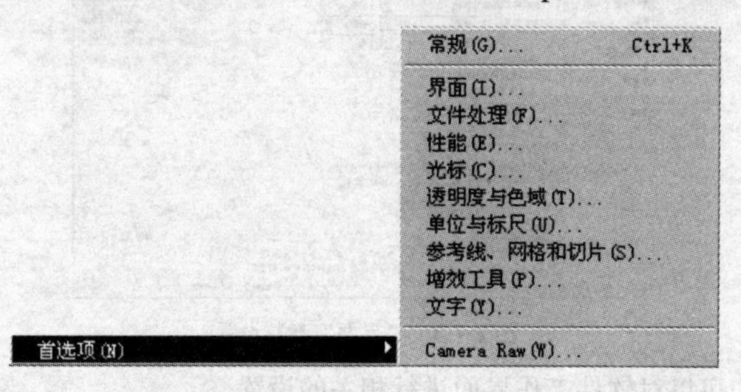

图 2.7.1　“首选项”子菜单

2.7.1　常规的优化

选择编辑(E)→首选项(N)→常规(G)...命令，或按“Ctrl+K”键，将弹出“首选项”对话框中的“常规”参数设置选项，如图 2.7.2 所示。

在该对话框中可以对 Photoshop CS4 软件进行总体的设置。

在拾色器(C):下拉列表中可以选择与 Photoshop 匹配的颜色系统，默认设置为 Adobe 选项，因为它是与 Photoshop 匹配最好的颜色系统。除非用户有特殊的需要，否则不要轻易改变默认的设置。

在图像插值(I):下拉列表中可以选择软件在重新计算分辨率时增加或减少像素的方式。

选中☑导出剪贴板(X)复选框，将使用系统剪贴板作为缓冲和暂存，实现 Photoshop 和其他程序之间的快速交换。

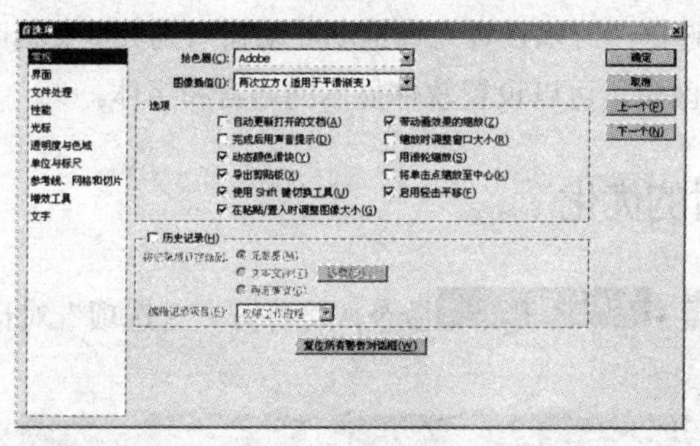

图 2.7.2　“首选项”对话框的“常规”参数设置

选中☑缩放时调整窗口大小(R)复选框，允许用户在通过键盘操作缩放图像时，调整文档窗口的大小。

选中☑自动更新打开的文档(A)复选框，当退出 Photoshop 软件时会对打开的文档进行自动更新。

选中☑完成后用声音提示(D)复选框，Photoshop 将在每条命令执行后发出提示声音。

选中☑动态颜色滑块(Y)复选框，修改颜色时色彩滑块平滑移动。

选中☑使用 Shift 键切换工具(U)复选框，要在同一组中以快捷方式切换不同的工具时，必须按“Shift”键。

2.7.2 界面的优化

选择 编辑(E) → 首选项(N) → 界面(I)... 命令，将打开“首选项”对话框中的“界面”参数设置选项，如图 2.7.3 所示。

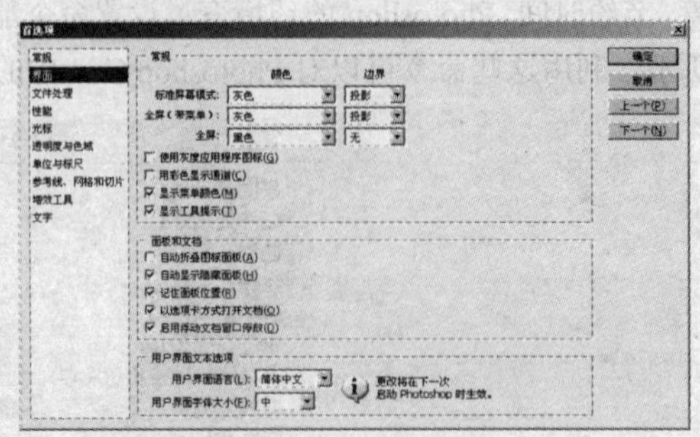

图 2.7.3 “界面”参数设置

在该对话框中用户可以对软件工作界面进行相关的设置。

在 常规 选项区中，可以对一些常规选项进行设置。其中在 标准屏幕模式: 下拉列表中可以设置工作界面显示为标准屏幕模式时的颜色和边界；在 全屏（带菜单）: 下拉列表中可以设置工作界面显示为全屏时的颜色和边界；在 全屏: 下拉列表中可以设置工作界面显示为全屏时的颜色和边界。选中 ☑ 使用灰度应用程序图标(G) 复选框，可以使用灰度图标代替应用程序中的彩色图标；选中 ☑ 用彩色显示通道(C) 复选框，可以将通道的缩览图中的图像以通道对应的颜色显示；选中 ☑ 显示菜单颜色(M) 复选框，可以在菜单中以不同颜色来突出不同命令类型；选中 ☑ 显示工具提示(T) 复选框，可以设置将鼠标光标移动到工具上时，在光标下方显示该工具的相关信息。

在 面板和文档 选项区中，可以对面板和文档进行设置。选中 ☑ 自动折叠图标面板(A) 复选框，可以自动折叠面板图标；选中 ☑ 自动显示隐藏面板(H) 复选框，可以设置当鼠标滑过时显示或隐藏面板；选中 ☑ 记住面板位置(R) 复选框，可以设置每次退出 Photoshop CS4 时系统都会保存面板的状态及位置；选中 ☑ 以选项卡方式打开文档(O) 复选框，可以设置打开文档的方式是选项卡，取消选中时则为浮动；选中 ☑ 启用浮动文档窗口停放(D) 复选框，可以设置允许拖动浮动窗口到其他文档时以选项卡方式显示。

在 用户界面文本选项 选项区中，可以设置软件显示的语言和字体。

2.7.3 文件处理时的优化

选择 编辑(E) → 首选项(N) → 文件处理(F)... 命令，将打开“首选项”对话框中的“文件处理”参数设置选项，如图 2.7.4 所示。

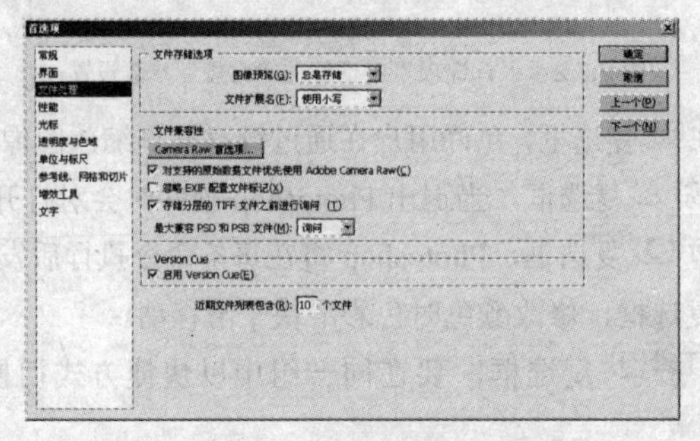

图 2.7.4 “文件处理”参数设置

在该对话框中用户可以设置是否存储图像的缩微预览图，以及是否用大写字母表示文件的扩展名等选项。

在图像预览(G):下拉列表中选择存储时询问选项，可以避免 Photoshop 在保存图像的时候再保存一个 ICON 格式的文件而浪费磁盘空间。

在文件扩展名(E):下拉列表中可以选择用于设置文件扩展名的大小写状态，包括使用小写和使用大写两个选项。

在文件兼容性选项区中，可设置是否让文件最大限度向低版本兼容。

在近期文件列表包含(R):输入框中输入数值，可以设置在 Photoshop 中的文件(F)→最近打开文件(T)命令子菜单中显示的最近使用过的文件的数量。系统默认的为 10 个文件，但最多不能超过 30 个，即输入框中输入的数值最大值为 30。

2.7.4 性能的优化

选择编辑(E)→首选项(N)→性能(E)...命令，将打开"首选项"对话框中的"性能"参数设置选项，如图 2.7.5 所示。在该对话框中可以对软件处理图像时的内存、暂存空间和历史记录进行设置。

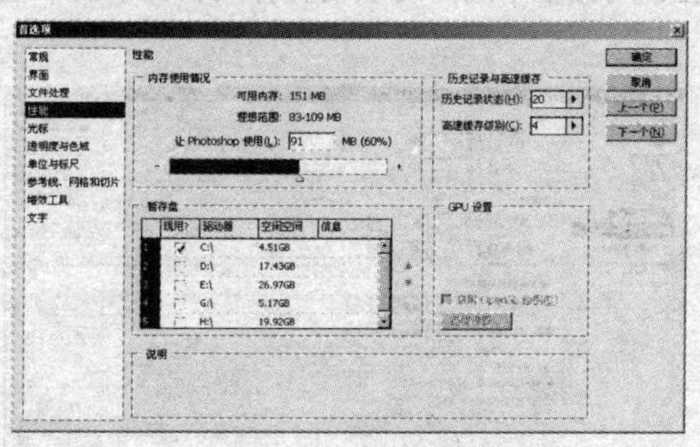

图 2.7.5 "性能"参数设置

2.7.5 光标的优化

选择编辑(E)→首选项(N)→光标命令，将打开"首选项"对话框中的"光标"参数设置选项，如图 2.7.6 所示。在该对话框中用户可以对软件处理图像时使用的工具图标进行相应的显示设置。

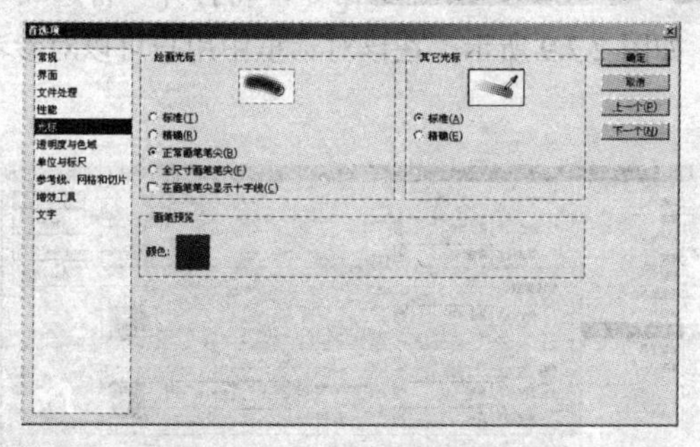

图 2.7.6 "光标"参数设置

2.7.6 透明度与色域的优化

选择编辑(E)→首选项(N)→透明度与色域(T)...命令，将打开"首选项"对话框中的"透明度与色域”参数设置选项，如图 2.7.7 所示。在该对话框中可设置以哪种方式显示图像透明的部分，即设置透明区域的网格属性，包括网格的颜色、大小等。

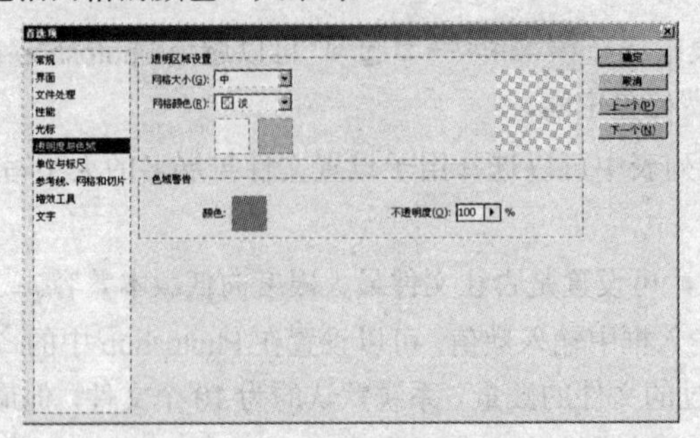

图 2.7.7 “透明度与色域”参数设置

2.7.7 单位和标尺的优化

选择 编辑(E) → 首选项(N) → 单位与标尺 命令，将打开“首选项”对话框中的“单位和标尺”参数设置选项，如图 2.7.8 所示。在该对话框中用户可以设置标尺和文字的单位、图像的尺寸以及打印分辨率和屏幕分辨率等。

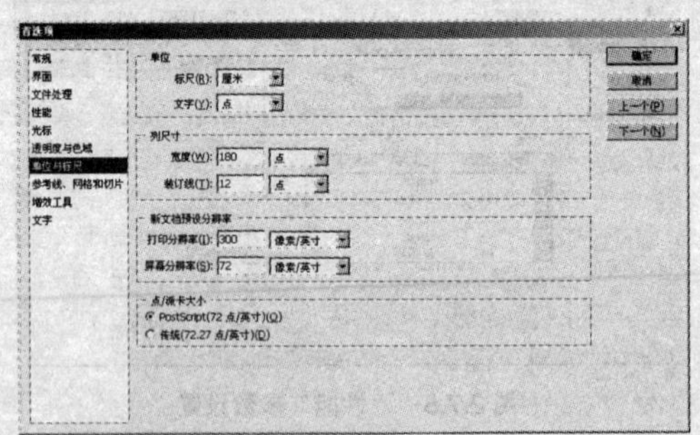

图 2.7.8 “单位和标尺”参数设置

2.7.8 参考线、网格和切片的优化

选择 编辑(E) → 首选项(N) → 参考线、网格和切片 命令，将打开“首选项”对话框中的“参考线、网格和切片”参数设置选项，如图 2.7.9 所示。在该对话框中用户可以对参考线、智能参考线、网格和切片进行相应的设置。

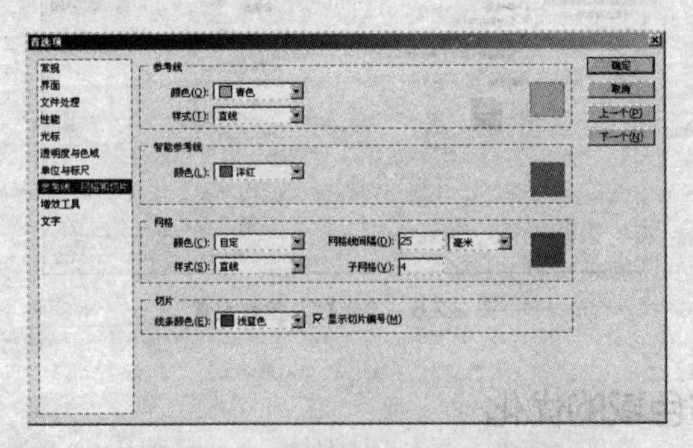

图 2.7.9 “参考线、网格和切片”参数设置

2.7.9　增效工具的优化

选择编辑(E)→首选项(N)→增效工具命令，将打开“首选项”对话框中的“增效工具”参数设置选项，如图 2.7.10 所示。在该对话框中用户可以选择其他公司制作的滤镜插件和设置旧版本的增效工具。

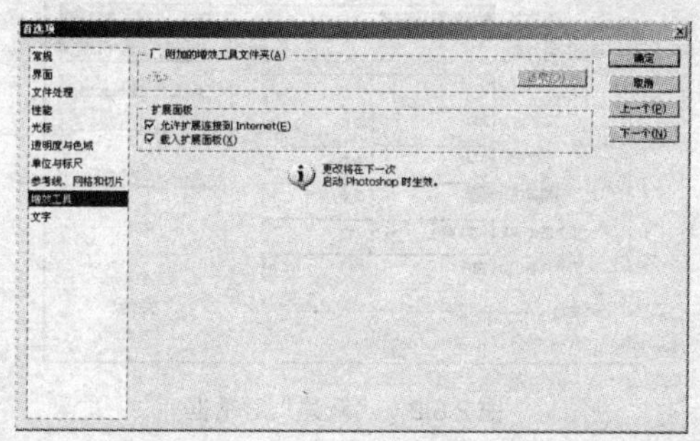

图 2.7.10　“增效工具”参数设置

2.7.10　文字的优化

选择编辑(E)→首选项(N)→文字命令，将打开“首选项”对话框中的“文字”参数设置选项，如图 2.7.11 所示。在该对话框中用户可以对字体名称和字体大小等相关参数进行设置。

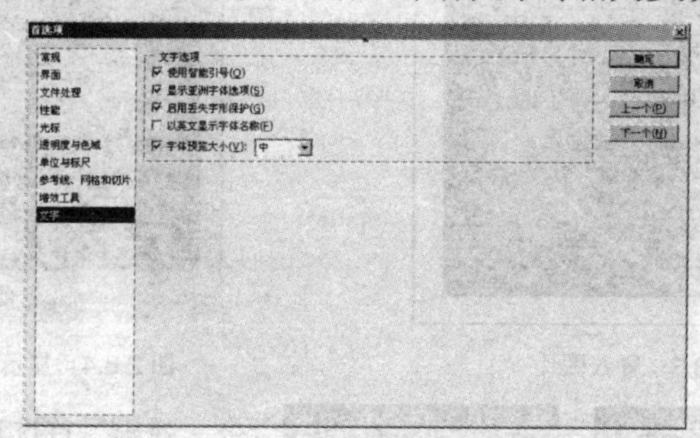

图 2.7.11　“文字”参数设置

2.8　课堂实训——制作打散图像效果

本节主要利用所学的知识制作打散图像效果，最终效果如图 2.8.1 所示。

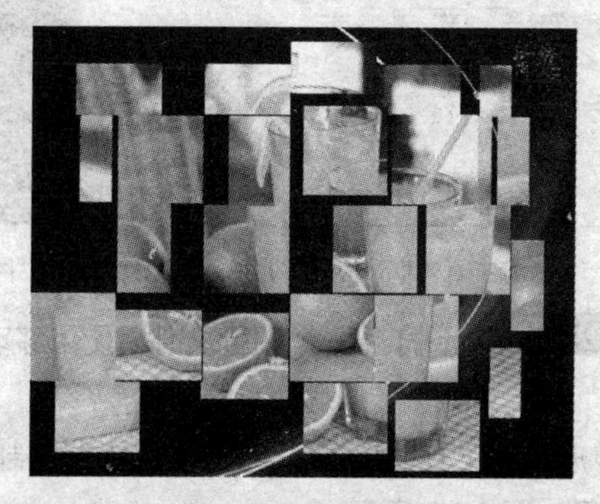

图 2.8.1　最终效果图

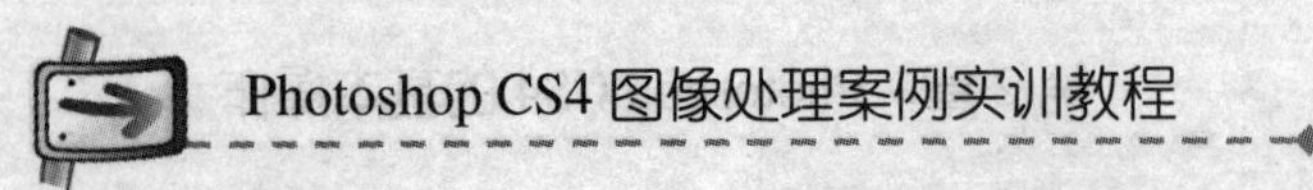

操作步骤

（1）选择菜单栏中的文件(F)→新建(N)...命令，弹出“新建”对话框，设置其对话框参数如图 2.8.2 所示。设置完成后，单击确定按钮，即可新建一个图像文件。

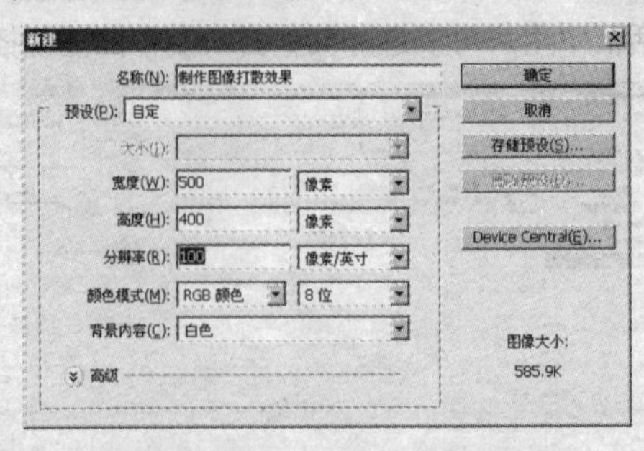

图 2.8.2　“新建”对话框

（2）选择文件(F)→置入(L)...命令，弹出“置入”对话框，从中选择需要置入的图片，单击置入(P)按钮，即可将所选的图片置入到图像中，如图 2.8.3 所示。

（3）在新建图像中拖动控制框调整图像的大小及位置，然后按“Ctrl+R”键显示标尺，再按“Ctrl+H”键显示网格，效果如图 2.8.4 所示。

图 2.8.3　置入图片

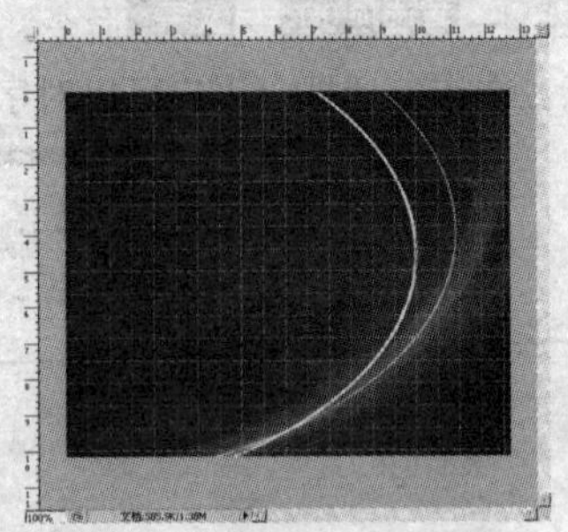

图 2.8.4　显示标尺和网格

（4）选择编辑(E)→首选项(N)→参考线、网格和切片命令，弹出“首选项”对话框，设置其对话框参数如图 2.8.5 所示。设置好参数后，单击确定按钮，效果如图 2.8.6 所示。

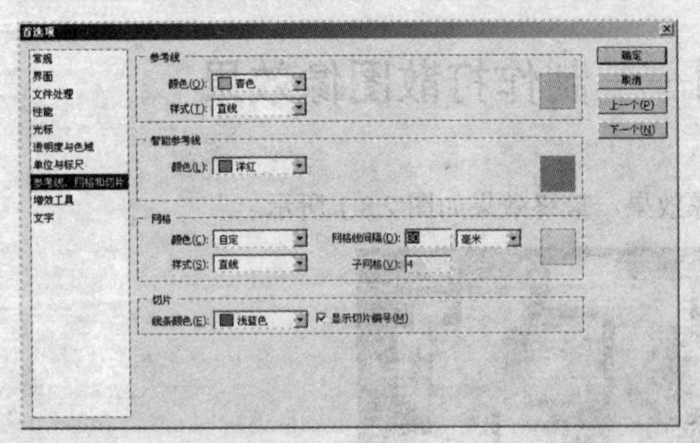

图 2.8.5　“首选项”对话框

图 2.8.6　优化网格效果

（5）选择文件(F)→打开(O)...命令，打开一个图像文件，使用移动工具将其拖曳到新建图像中，效果如图 2.8.7 所示。

（6）单击工具箱中的“矩形选框工具”按钮，沿网格线在复制的图片上绘制选区，再使用移动工具移动选区内的图像，效果如图 2.8.8 所示。

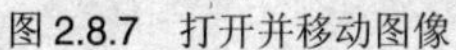

图 2.8.7　打开并移动图像

图 2.8.8　移动选区内的图像

（7）继续使用矩形选框工具沿网格线创建选区，再使用移动工具移动选区内的图像，按照此方法制作整个图像的打散效果，如图 2.8.9 所示。

图 2.8.9　制作图像的打散效果

（8）分别按“Ctrl+R”键和“Ctrl+H”键隐藏标尺与网格，最终效果如图 2.8.1 所示。

本 章 小 结

本章介绍了 Photoshop CS4 中文件的基本操作、自定义工作界面、图像的缩放、图像窗口的基本操作、屏幕显示模式、辅助工具的使用以及软件的优化等知识。通过本章的学习，可使读者能够熟练掌握 Photoshop CS4 的基本操作方法与技巧，从而更好的把握创作的流程。

操 作 练 习

一、填空题

1．________是一个常用的计算机术语，简单地说，________是软件在计算机中的存储形式。

2．在 Photoshop 中要保存文件，其快捷键是________。

3．Photoshop CS4 提供了________种不同的屏幕显示模式，分别为________、________、________和________。

4．如果要关闭 Photoshop CS4 中打开的多个文件，可按________键。

5．如果在 Photoshop CS4 中打开了多个图像窗口，屏幕显示会很乱，为了方便查看，可对多个窗口进行________。

6．在 Photoshop CS4 中，可以通过________命令，将不同格式的文件导入到当前编辑的文件中，并自动转换为智能对象图层。

7．使用________工具在图像中单击即可改变图像的显示比例。

8．利用________可以快速测量图像中任意区域两点间的距离，该工具一般配合信息面板或其属性栏来使用。

9．在 Photoshop CS4 中，用户可以利用________精确定位图像的位置。

10．按________键，即可弹出“首选项”对话框。

二、选择题

1．在 Photoshop CS4 中，新建文件的快捷键是（　）。

（A）Ctrl+O　　（B）Ctrl +A

（C）Ctrl+N　　（D）Ctrl +Shift+I

2．若要在 Photoshop CS4 中打开图像文件，可按（　）键。

（A）Alt+O　　（B）Ctrl+O

（C）Alt+B　　（D）Ctrl+B

3．在 Photoshop CS4 中，“存储为”命令的快捷键是（　）。

（A）Ctrl +Shift+I　　（B）Ctrl +H

（C）Ctrl +Shift+S　　（D）Ctrl+S

4．按住“Ctrl”键双击 Photoshop 操作空间将执行（　）操作。

（A）置入　　（B）导出

（C）新建　　（D）打开

5．在 Photoshop CS4 中，显示“画布大小”对话框的快捷键是（　）。

（A）Alt + Ctrl +R　　（B）Alt + Ctrl +I

（C）Alt + Ctrl +C　　（D）Ctrl +Shift+O

6．在“图像大小”对话框中可以（　）。

（A）修改图像的像素大小　　（B）修改图像的分辨率

（C）修改图像运算属性　　（D）修改图像的文档大小

7．按（　）键，可以在图像中显示标尺。

（A）Ctrl+R　　（B）Alt+R

（C）Ctrl+N　　（D）Alt+N

三、简答题

1．如何更改图像和画布的大小？

2．在 Photoshop CS4 中如何改变屏幕显示模式？

3．简述如何对软件进行优化。

四、上机操作题

1．试着利用本章所讲的内容，使用不同的方式打开一幅图像，并将其存储为另一种格式。

2．创建一个新图形文件，再置入一个.AI 格式的文件，并对其添加标尺和参考线，最后将此图形文件保存起来。

第 3 章　选区的创建与编辑

在 Photoshop CS4 中，关于图像处理的操作几乎都与当前的选区有关，因为操作只对选取的图像部分有效而对未选取的图像无效，因此，掌握选区的创建与编辑是提高图像处理的关键。

知识要点

- 选区的概念
- 创建选区
- 修改选区
- 编辑选区
- 选区内图像的编辑
- 选区的特殊操作

3.1　选区的概念

选区是指通过工具或者相应命令在图像上创建的选取范围。创建选取范围后，可以将选取的区域进行隔离，以便复制、移动、填充或颜色校正。因此，要对图像进行编辑，首先要了解在 Photoshop CS4 中创建选区的方法和技巧。

选区是一个用来隔离图像的封闭区域，当在图像中创建选区后，选区边界看上去就像是一圈蚂蚁线，选区内的图像将被编辑，选区外的图像则被保护，不会产生任何变化，如图 3.1.1 所示。Photoshop CS4 中提供了多种创建选区的工具，如选框工具、套索工具、魔棒工具等，用户应熟练掌握这些工具和命令的使用方法。

图 3.1.1　选区的示意图

3.2　创 建 选 区

在 Photoshop CS4 中，创建选区最简单快速的方法是利用工具箱中的选取工具创建。这些选取工具包括选框工具、套索工具与魔棒工具。其中选框工具可以创建各种几何形状的选区；套索工具可以更加自由准确地建立选区；魔棒工具能够区分图像中相似的颜色，从而实现对某颜色区域的快速选取。使用选取工具在图像中某个区域进行选取时，会出现闪烁的虚框，虚框内的区域就是选取的图像。

3.2.1 创建规则选区

在 Photoshop CS4 中，利用选框工具组可在图像中创建规则的几何形状选区，如图 3.2.1 所示。

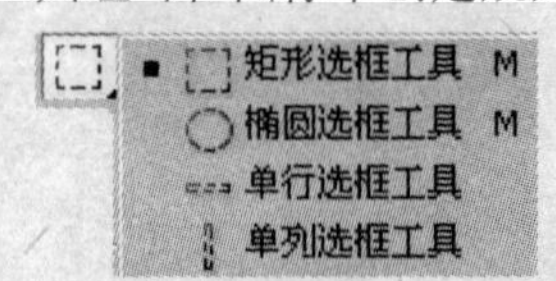

图 3.2.1 选框工具组

1. 矩形选框工具

利用矩形选框工具可在图像中创建长方形或正方形选区。单击工具箱中的“矩形选框工具”按钮，在图像中单击并拖动鼠标即可创建选区，其属性栏如图 3.2.2 所示。

图 3.2.2 “矩形选框工具”属性栏

提示：在按住“Shift”键的同时在图像中拖动鼠标，可以创建正方形选区；在按住“Alt”键的同时拖动鼠标，可在图像中创建以鼠标拖动点为中心向四周扩展的矩形选区。

用鼠标单击按钮，可打开如图 3.2.3 所示的面板。单击其右上角的按钮，可弹出如图 3.2.4 所示的面板菜单，其中的“复位工具”命令用于将当前工具的属性设置恢复为默认值；“复位所有工具”命令用于将工具箱中所有工具的属性恢复为默认值。单击面板右侧的“创建新工具预设”按钮，可弹出“新建工具预设”对话框，设置完参数后，单击 确定 按钮，将会在面板菜单中添加新的预设工具，如图 3.2.5 所示，在此列表框中可以转换使用的绘图工具。

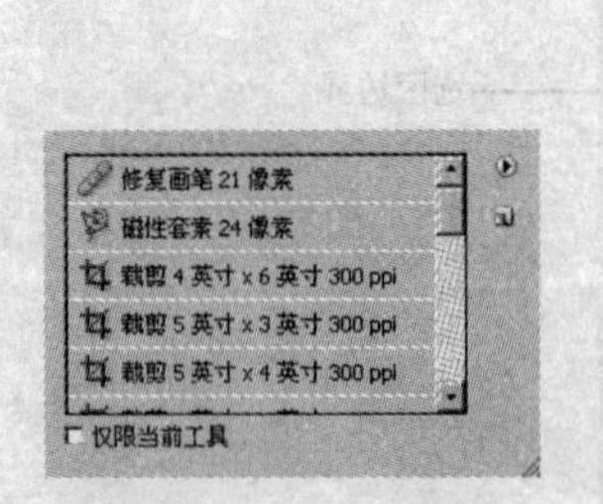

图 3.2.3 复位工具面板

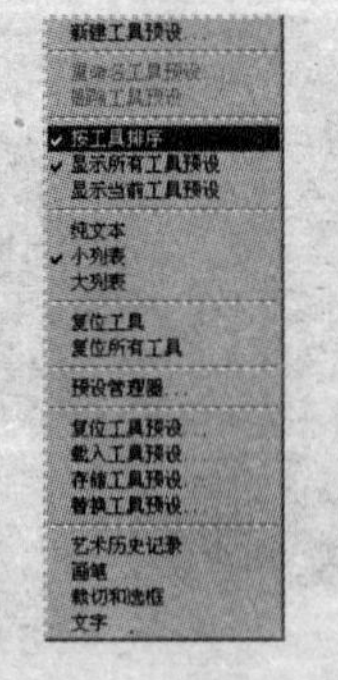

图 3.2.4 面板菜单

图 3.2.5 工具预设列表框

在“矩形选框工具”属性栏中提供了 4 种创建选区的方式。

“新选区”按钮：单击此按钮，可以创建一个新的选区，若在绘制之前还有其他的选区，新建的选区将会替代原来的选区。

“添加到选区”按钮：单击此按钮，可以在图像中原有选区的基础上添加创建的选区，从而得到一个新的选区或增加一个新的选区，其效果如图 3.2.6 所示。

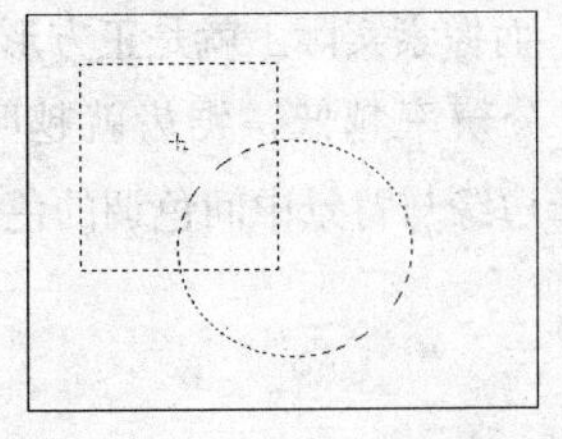

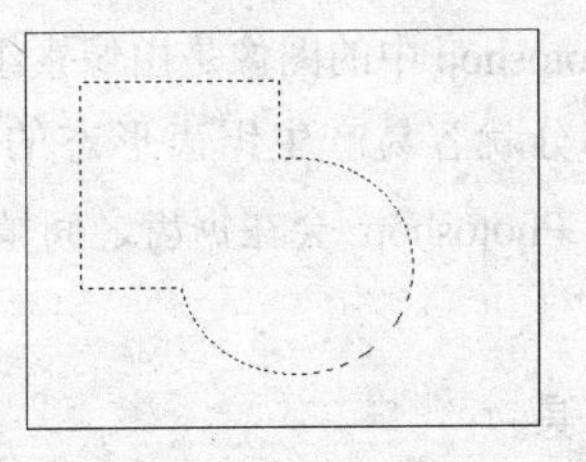

图 3.2.6　添加到选区效果

"从选区减去"按钮：单击此按钮，可以在图像中原有选区的基础上减去创建的选区，从而得到一个新的选区，其效果如图 3.2.7 所示。

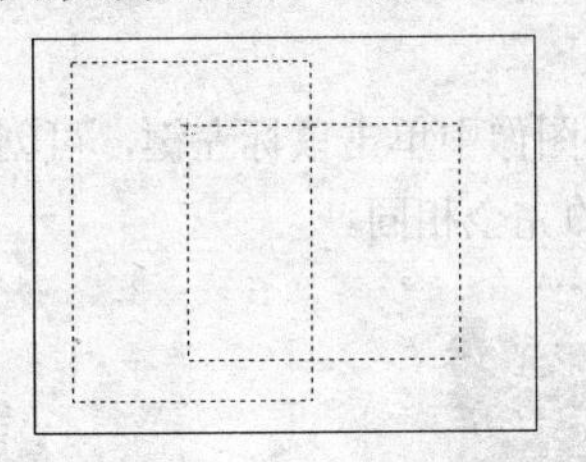

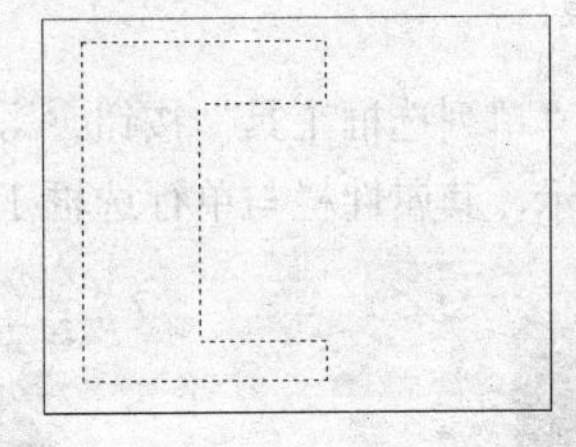

图 3.2.7　从选区减去效果

"与选区交叉"按钮：单击此按钮，可得到原有选区和新创建选区相交部分的选区，其效果如图 3.2.8 所示。

技巧：在创建新选区的同时按下"Shift"键，可进行"添加到选区"的操作；按下"Alt"键，可进行"从选区减去"的操作；按下"Alt + Shift"键，可进行"与选区交叉"的操作。

羽化: 0 px：可用于设定选区边缘的羽化程度。

样式:：在其下拉列表中有 3 个选项，分别是正常、固定比例和固定大小，如图 3.2.9 所示。其中固定比例可固定矩形选区的长宽比例，而固定大小是用来创建长和宽固定的选区。

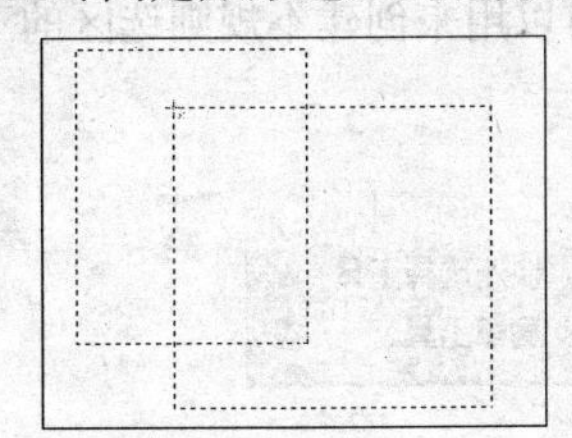

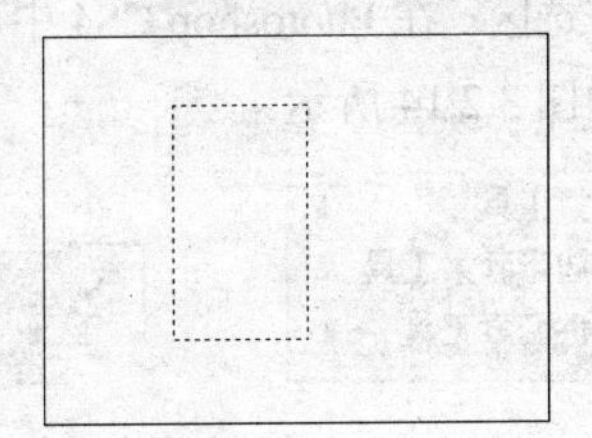

图 3.2.8　与选区交叉效果

图 3.2.9　样式下拉列表

2. 椭圆选框工具

利用椭圆选框工具可以在图像中创建规则的椭圆形或圆形选区，单击工具箱中的"椭圆选框工具"按钮，其属性栏如图 3.2.10 所示。

图 3.2.10　"椭圆选框工具"属性栏

在图像中按住鼠标左键并拖动即可创建椭圆形选区，如图 3.2.11 所示；在按住"Shift"键的同时单击并拖动鼠标可得到圆形选区；在按住"Alt"键的同时单击并拖动鼠标可在图像中创建以鼠标拖动点为中心向四周扩展的圆形选区。

"椭圆选框工具"属性栏与"矩形选框工具"属性栏的用法相似，只是椭圆选框工具多了一个 ☑ 消除锯齿 复选框，选中此复选框，所选择的区域就具有了消除锯齿功能，在图像中选取的图像边缘会更平滑。因为 Photoshop 中的图像是由像素组成的，而像素实际上就是正方形的色块，因此在图像中斜线或圆弧的部分就容易产生锯齿形态的边缘，分辨率越低，锯齿就越明显。此时只有选中 ☑消除锯齿 复选框，Photoshop 会在锯齿之间填入介于边缘与背景中间色调的色彩，使锯齿的边缘变得较为平滑。

3. 单行选框工具

单击工具箱中的“单行选框工具”按钮，在图像中单击鼠标左键，可创建一个像素高的单行选区，如图 3.2.12 所示。其属性栏中只有选择样式可用，用法与矩形选框工具相同。

4. 单列选框工具

单击工具箱中的“单列选框工具”按钮，在图像中单击鼠标左键，可创建一个像素宽的单列选区，如图 3.2.13 所示，其属性栏与单行选框工具的完全相同。

图 3.2.11 创建椭圆选区

图 3.2.12 创建单行选区

图 3.2.13 创建单列选区

3.2.2 创建不规则选区

所谓的不规则选区是指随意性强，不被局限在几何形状内，可以是用鼠标任意创建的，也可以是通过计算而得到的单个选区或多个选区。在 Photoshop CS4 中可以用来创建不规则选区的工具分别放在套索工具组和魔棒工具组中，如图 3.2.14 所示。

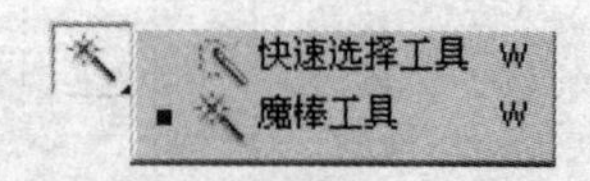

图 3.2.14 套索与魔棒工具组

1. 套索工具

利用套索工具可以创建任意形状的选区，也可创建一些较复杂的选区。单击工具箱中的“套索工具”按钮，其属性栏如图 3.2.15 所示。在图像中需要选取的区域按住鼠标左键拖动，当鼠标指针回到选取的起点位置时释放鼠标左键，即可创建一个不规则的选区，如图 3.2.16 所示。

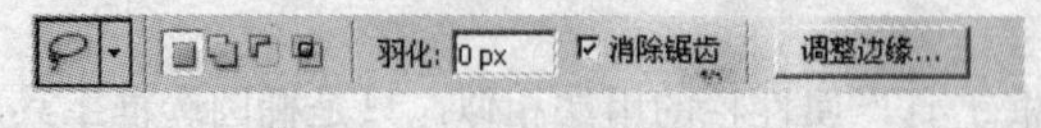

图 3.2.15 “套索工具”属性栏

图 3.2.16 使用套索工具创建的选区

套索工具也可以设置消除锯齿与羽化边缘的功能，选中☑消除锯齿复选框，可用来设置选区边缘的柔和程度。在羽化:输入框中输入数值，可设置选区的边缘效果，使选区边界产生一个过渡段。

2. 多边形套索工具

利用多边形套索工具可以创建比较精确的图像选区，该工具一般用于选取边界多为直线或边界曲折的复杂图形。单击工具箱中的“多边形套索工具”按钮，在图像中单击鼠标左键创建选区的起点，然后拖动鼠标将会引出直线段，并在多边形的转折点处单击鼠标，作为多边形的一个顶点，用户可根据自己的需要创建多个顶点，最后使其回到起点处，当鼠标光标变为形状时单击，即可闭合选区，如图 3.2.17 所示。

图 3.2.17　使用多边形套索工具创建的选区

使用多边形套索工具创建选区时，按住“Shift”键可以按水平、垂直或 45° 的方向绘制选区，如图 3.2.18 所示。

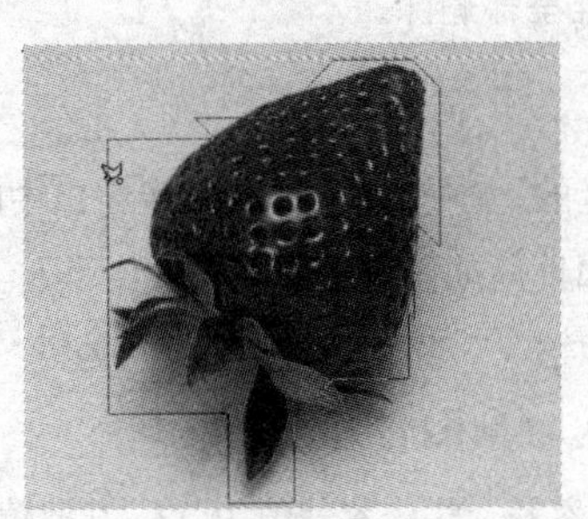

图 3.2.18　使用多边形套索工具按方向绘制选区

提示：使用多边形套索工具创建选区时，如果选择的线段终点没有回到起点，那么双击鼠标左键，Photoshop 就会自动连接起点与终点，成为一个封闭的选区。

3. 磁性套索工具

利用磁性套索工具可以快速地选取图像中与背景对比强烈而且边缘复杂的对象。单击工具箱中的“磁性套索工具”按钮，其属性栏如图 3.2.19 所示。

羽化: 5 px　☑消除锯齿　宽度: 10 px　对比度: 10%　频率: 57　调整边缘...

图 3.2.19　“磁性套索工具”属性栏

在宽度:输入框中输入数值，可设置磁性套索工具在选取时指定检测的边缘宽度。其取值范围为 1～256 像素，数值越小，检测越精确。

在对比度:输入框中输入数值，可设置选取时的边缘反差。取值范围为 1%～100%。数值越大，反差越大，选取的范围越精确。

在频率:输入框中输入数值，可设置选取时的定点数。在创建选区的过程中，路径上产生了很多节点，这些节点起到了定位的作用。其取值范围为 1～100，数值越大，则产生的节点越多。

单击按钮，可以改变绘图板压力，以改变画笔宽度。

选择磁性套索工具，在图像中要建立选区部分的边缘上任选一点单击左键，作为起始点，然后沿着要建立的选区边缘拖动鼠标，该工具会自动在图像中对比最强烈的边缘绘制路径，增加固定点。在选取的过程中，若绘制的选区没有与所需选区对齐，可以根据需要单击鼠标左键加入固定点。当光标呈形状时，单击鼠标左键即可封闭选区，效果如图 3.2.20 所示。

图 3.2.20　使用磁性套索工具创建的选区

技巧：在利用磁性套索工具创建选区的过程中，若对选取的区域不满意，可通过按“Delete”键将其删除，然后再进行选取，按“Esc”键可一次性全部删除。

4．魔棒工具

魔棒工具是根据一定的颜色范围来创建图像选区的。一般用于选取图像窗口中颜色相同或相近的图像。单击工具箱中的“魔棒工具”按钮，其属性栏如图 3.2.21 所示。

容差: 32　☑ 消除锯齿　☑ 连续　□ 对所有图层取样　调整边缘...

图 3.2.21　“魔棒工具”属性栏

在容差:输入框中输入数值，可设置选取颜色时的容差。默认容差值为 32，其取值范围为 0～255，输入的数值越大，则选取的颜色范围越相近，选取的范围也就越小。

选中☑ 消除锯齿复选框，可设置所选区域是否具备消除锯齿的功能。

选中☑ 连续复选框，表示只能选中单击处邻近区域中的相同像素；如果未选中此复选框，则能够选中符合该像素要求的所有区域，如图 3.1.22 所示。在默认情况下，该复选框是被选中的。

图 3.1.22　选中与未选中“连续”复选框时创建的选区

选中☑ 对所有图层取样复选框，在具有多个图层的图像中，可选取所有层中相近的颜色；如果未选中此复选框，则魔棒工具只对当前选中的图层起作用。

技巧：在利用魔棒工具创建选区时，按住“Shift”键可同时选择多个区域。

5. 快速选择工具

在处理图像时，对于背景色比较单一且与图像反差较大的图像，快速选择工具有着得天独厚的优势。“快速选择工具”属性栏如图 3.2.23 所示。

画笔： 10 □对所有图层取样 □自动增强 调整边缘...

图 3.2.23　“快速选择工具”属性栏

“快速选择工具”属性栏中各选项含义如下：

“新选区”按钮：单击此按钮，则表示创建新选区。

“增加到选区”按钮：在鼠标拖动过程中选区不断增加。

“从选区减去”按钮：从大的选区中减去小的选区。

用鼠标单击 画笔: 右侧的下拉按钮，可快速选择工具笔触的大小。

选中 ☑对所有图层取样 复选框，表示基于所有图层（而不是仅基于当前选定图层）创建一个选区。

选中 ☑自动增强 复选框，表示减少选区边界的粗糙度和块效应。“自动增强”自动将选区向图像边缘进一步靠近并应用一些边缘调整，效果如图 3.2.24 所示。也可以通过在“调整边缘”对话框中使用“平滑”“对比度”和“半径”选项手动应用这些边缘调整。

图 3.2.24　快速选择工具的应用

3.2.3　全选命令

利用全选命令可以一次性将整幅图像全部选取。其方法很简单，首先打开一幅图像，然后选择 选择(S) → 全部(A) 命令，或按“Ctrl+A”键，可将图像全部选取，效果如图 3.2.25 所示。

图 3.2.25　应用“全选”命令创建的选区

3.3 修改选区

修改选区的命令包括边界、平滑、扩展、收缩和羽化5个，它们都集中在选择(S)→修改(M)命令子菜单中，如图3.3.1所示。用户利用这些命令可以对已有的选区进行更加精确的调整，以得到需要的选区。

3.3.1 扩边选区

利用"边界"命令可以用一个扩大的选区减去原选区，得到一个环形选区。具体的操作方法如下：

（1）打开一幅图像，并在其中创建选区，效果如图3.3.2所示。

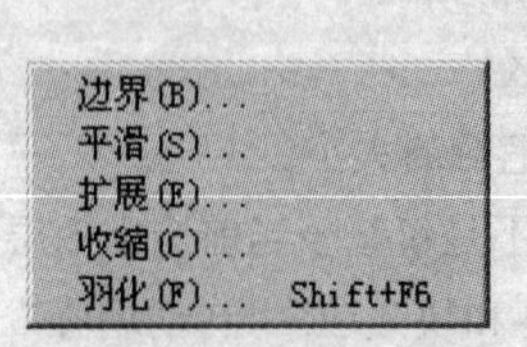

图3.3.1 修改子菜单

图3.3.2 打开图像并创建选区

（2）选择选择(S)→修改(M)→边界(B)...命令，弹出"边界选区"对话框，如图3.3.3所示。

（3）在宽度(W):输入框中输入数值，可设置边框的大小。

（4）设置完成后，单击确定按钮，效果如图3.3.4所示。

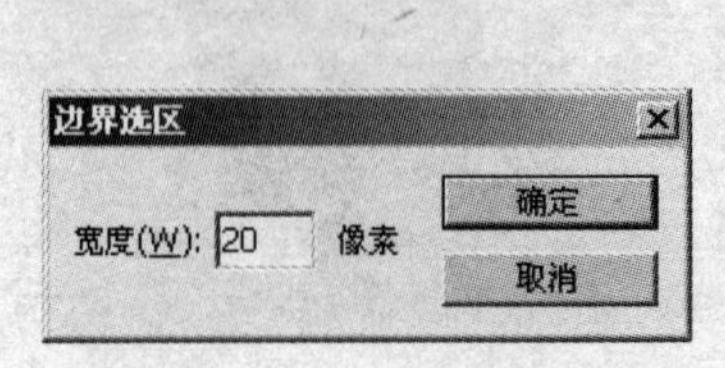

图3.3.3 "边界选区"对话框

图3.3.4 选区的扩边效果

3.3.2 平滑选区

"平滑"命令通过在选区边缘上增加或减少像素来改变边缘的粗糙程度，以达到一种平滑的选区效果。

以如图3.3.2所示图像选区为基础，选择选择(S)→修改(M)→平滑(S)...命令，弹出"平滑选区"对话框，设置参数如图3.3.5所示。设置完成后，单击确定按钮，效果如图3.3.6所示。

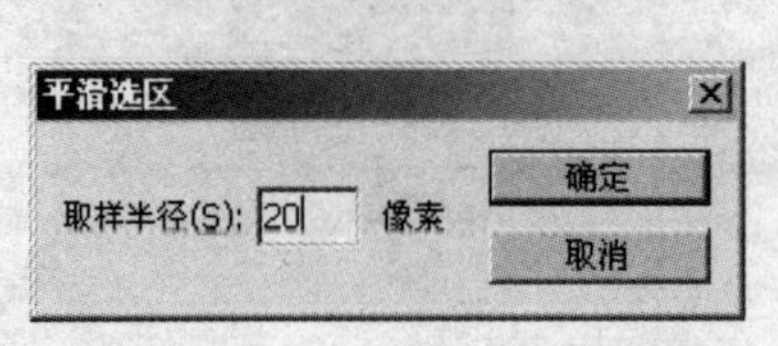

图3.3.5 "平滑选区"对话框

图3.3.6 选区的平滑效果

3.3.3　扩展选区

“扩展”命令可将当前的选区按设定的数值向外扩充，以达到扩展选区的效果。

以如图 3.3.2 所示图像选区为基础，选择 选择(S) → 修改(M) → 扩展(E)... 命令，弹出“扩展选区”对话框，设置参数如图 3.3.7 所示。设置完成后，单击 确定 按钮，效果如图 3.3.8 所示。

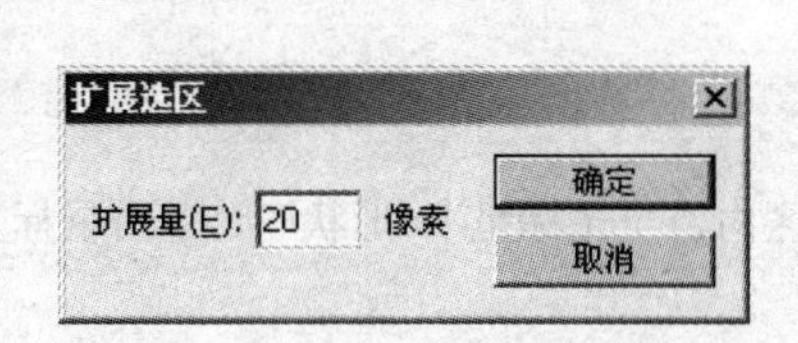

图 3.3.7　“扩展选区”对话框

图 3.3.8　选区的扩展效果

3.3.4　收缩选区

“收缩”命令可将当前的选区按设定的数值向内收缩，以达到收缩选区的效果。

以如图 3.3.2 所示图像选区为基础，选择 选择(S) → 修改(M) → 收缩(C)... 命令，弹出“收缩选区”对话框，设置参数如图 3.3.9 所示。设置完成后，单击 确定 按钮，效果如图 3.3.10 所示。

图 3.3.9　“收缩选区”对话框

图 3.3.10　选区的收缩效果

3.3.5　羽化选区

如果图像中创建的选区不规则，其边缘就会出现锯齿，使图像显得生硬且不光滑，利用“羽化”命令可使生硬的图像边缘变得柔和。

以如图 3.3.2 所示图像选区为基础，选择 选择(S) → 修改(M) → 羽化(F)... Shift+F6 命令，弹出“羽化选区”对话框，设置参数如图 3.3.11 所示。设置完成后，单击 确定 按钮，效果如图 3.3.12 所示。

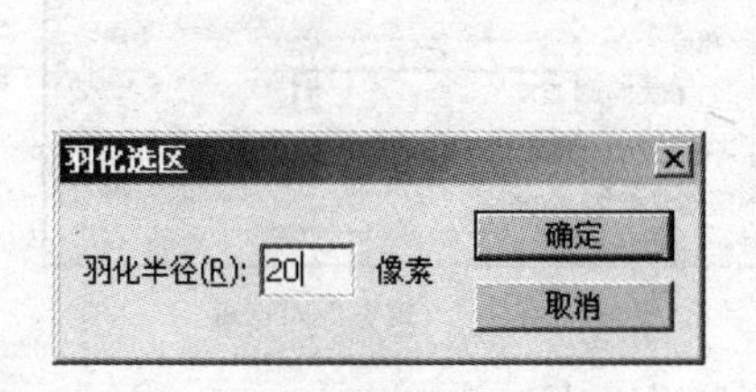

图 3.3.11　“羽化选区”对话框

图 3.3.12　选区的羽化效果

3.4 编辑选区

选区的修改与调整包括选区的移动、填充、描边、变换、反向、扩大选取、选取相似以及取消选择等操作，下面将进行具体介绍。

3.4.1 移动选区

在 Photoshop CS4 中可用以下方法移动选区。

（1）在图像中创建选区后，将鼠标移动到选区内，当光标呈 形状时，单击鼠标左键并拖动即可移动选区，效果如图 3.4.1 所示。

创建选区

移动后的选区

图 3.4.1 移动选区效果

（2）在图像中创建选区后，按键盘上的方向键，每按一次选区就会向方向键指示的方向移动 1 个像素；在按方向键的同时按住“Shift”键，每按一次，选区就会向方向键指示的方向移动 10 个像素。

3.4.2 填充选区

利用“填充”命令可以在创建的选区内部填充颜色或图案。下面通过一个例子介绍“填充”命令的使用方法，具体的操作步骤如下：

（1）打开一个图像文件，使用快速选择工具创建一个选区，效果如图 3.4.2 所示。

（2）选择 编辑(E) → 填充(L)... 命令，弹出“填充”对话框，如图 3.4.3 所示。

图 3.4.2 创建选区

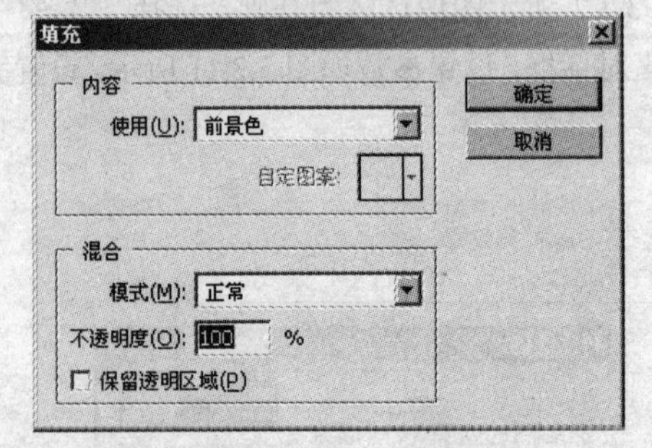

图 3.4.3 “填充”对话框

（3）在 使用(U): 下拉列表中可以选择填充时所使用的对象。

（4）在自定图案:下拉列表中可以选择所需要的图案样式。该选项只有在使用(U):下拉列表中选择“图案”选项后才能被激活。

（5）在模式(M):下拉列表中可以选择填充时的混合模式。

（6）在不透明度(O):输入框中输入数值，可以设置填充时的不透明程度。

（7）选中☑保留透明区域(P)复选框，填充时将不影响图层中的透明区域。

（8）设置完成后，单击确定按钮即可填充选区，如图 3.4.4 所示为使用前景色和图案填充选区效果。

图 3.4.4　填充选区效果

3.4.3　描边选区

利用“描边”命令可以为创建的选区进行描边处理。下面通过一个例子来介绍“描边”命令的使用方法，具体的操作步骤如下：

（1）以如图 3.4.2 所示的选区为基础，选择编辑(E)→描边(S)...命令，弹出“描边”对话框。

（2）在宽度(W):输入框中输入数值，可设置描边的边框宽度。

（3）单击颜色:后的颜色框，可从弹出的“拾色器”对话框中选择合适的描边颜色。

（4）在位置选项区中可以选择描边的位置，分别为位于选区边框的内边界、边界中和外边界。

（5）设置完成后，单击确定按钮，即可对创建的选区进行描边，效果如图 3.4.5 所示。

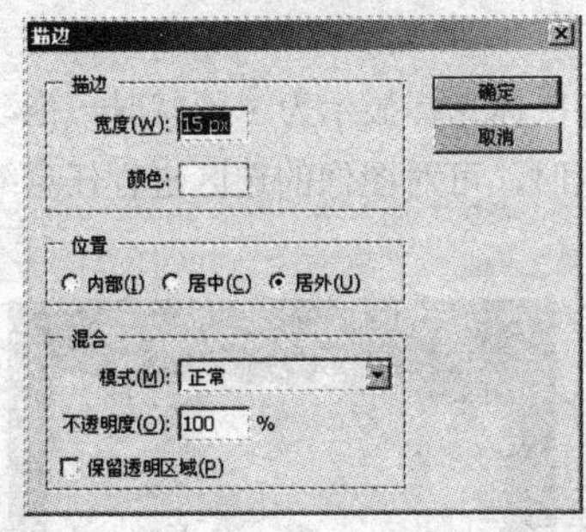

图 3.4.5　描边选区效果

3.4.4　变换选区

选择选择(S)→变换选区(T)命令，图像选区周围出现一个调节框，如图 3.4.6 所示。

图 3.4.6　选区调节框

此时，在属性栏位置出现“自由变换”属性栏，如图 3.4.7 所示。

X: 647.0 px　Δ Y: 438.5 px　W: 100.0%　H: 100.0%　△ 0.0 度　H: 0.0 度　V: 0.0 度

图 3.4.7　“自由变换”属性栏

W: 100.0%　H: 100.0%：用户可以在输入框中输入数值，设定宽度和高度的缩放比例。

△ 0.0 度：用户可以在该输入框中输入数值，设定旋转的角度。

H: 0.0 度 V: 0.0 度：用户可以在输入框中输入数值，设定水平斜切和垂直斜切的角度。

：单击该按钮，可以在自由变换和变形模式之间切换，如图 3.4.8 所示。

图 3.4.8　选区的自由变换模式和变形模式

：单击该按钮，表示取消对选区的自由变换。

：单击该按钮，表示确认对选区的自由变换。

除了可以在属性栏中输入数值来设置自由变换的属性外，还可以直接在图像中拖动鼠标，对图像进行自由变换。具体的操作步骤如下：

（1）将鼠标移动至选区调节框中的调节点处，当鼠标光标显示为 形状时，拖动鼠标即可旋转选区，效果如图 3.4.9 所示。当鼠标光标显示为↗形状时，可对图像的选区进行任意缩放，效果如图 3.4.10 所示。

图 3.4.9　旋转选区

图 3.4.10　缩小选区

（2）按住“Ctrl+Shift”键，将鼠标光标移动至选区调节框中的调节点处，可对图像的选区进行水平方向或垂直方向的斜切变形，如图 3.4.11 所示。

图 3.4.11　选区的水平斜切和垂直斜切

（3）按住“Ctrl”键，将鼠标光标移动至选区调节框中的调节点处，可对图像的选区进行任意扭曲变形，如图 3.4.12 所示。

图 3.4.12　选区的任意扭曲

（4）按住“Ctrl+Shift+Alt”键，将鼠标移动至调节框中的调节点处，可以对图像的选区进行水平方向或垂直方向的扭曲变形，如图 3.4.13 所示。

图 3.4.13　选区的水平扭曲和垂直扭曲

3.4.5　反向选区

利用“反向”命令可以将当前图像中的选区和非选区进行互换。用户可通过以下 3 种方法来对选区进行反向。

（1）在图像中创建选区，选择 选择(S) → 反向(I) 命令来实现。

（2）按“Ctrl+Shift+I”键，也可反向选区。

（3）在图像选区内单击鼠标右键，在弹出的快捷菜单中选择 选择反向 命令，即可反向选区，效果如图 3.4.14 所示。

图 3.4.14　反向选区效果图

3.4.6　扩大选取

利用“扩大选取”命令可以在原有选区的基础上使选区在图像上延伸，将连续的、色彩相似的图像一起扩充到选区内，还可以更灵活地控制选区。使用快速选择工具创建一个选区，然后选择 选择(S) → 扩大选取(G) 命令，效果如图 3.4.15 所示。

图 3.4.15　扩大选取效果图

3.4.7　选取相似

利用“选取相似”命令可将选区在图像上延伸，把图像中所有不连续的且与原选区颜色相近的区域选取。使用快速选择工具创建选区，然后选择 选择(S) → 选取相似(R) 命令，效果如图 3.4.16 所示。

图 3.4.16　选取相似效果图

3.4.8　取消选择

若要取消创建的选区，可选择菜单栏中的 选择(S) → 取消选择(D) 命令，或按“Ctrl+D”键，即可取消创建的选区。

3.5　选区内图像的编辑

本节主要介绍选区内图像的编辑，包括对图像文件进行复制、粘贴、删除、羽化和变形等操作，以下将进行具体介绍。

3.5.1　复制与粘贴图像

利用编辑(E)菜单中的拷贝(C)和粘贴(P)命令可对选区内的图像进行复制或粘贴，还可通过按“Ctrl+C”键复制图像，按“Ctrl+V”键粘贴图像。具体的操作方法如下：

（1）打开一幅图像，利用选取工具在需要复制的部分创建选区，如图 3.5.1 所示。

（2）按“Ctrl+C”键复制选区内的图像，然后按“Ctrl+V”键对复制的选区内图像进行粘贴。

（3）单击工具箱中的“移动工具”按钮，将粘贴后的图像移动到目标位置，效果如图 3.5.2 所示。

图 3.5.1　创建选区效果

图 3.5.2　粘贴后的图像

技巧：在图像中需要复制的部分创建选区，然后在按住“Alt”键的同时利用移动工具移动选区内的图像，也可复制并粘贴图像。

用户也可同时打开两幅图像，将其中一幅图像中的内容复制并粘贴到另外一幅图像中，其操作方法和在一幅图像中的操作方法相同，这里不再赘述。

3.5.2　删除和羽化图像

在处理图像时，有时需要对部分图像进行删除，必须先对图像中需要删除的部分创建选区，再选择编辑(E)→清除(E)命令，或按“Delete”键进行删除。如果图像中创建的选区不规则，其边缘就会出现锯齿，使图像显得生硬且不光滑，利用选择(S)→修改(M)→羽化(F)...命令可使生硬的图像边缘变得柔和。

下面将通过举例来介绍删除和羽化图像的方法，具体操作步骤如下：

（1）打开一幅图像，单击工具箱中的“矩形选框工具”按钮，在图像中创建一矩形选区，如图 3.5.3 所示。

（2）选择选择(S)→修改(M)→羽化(F)...命令，或按“Shift+F6”键，都可弹出“羽化选区”对话框，设置参数如图 3.5.4 所示。

图 3.5.3　打开图像并创建选区

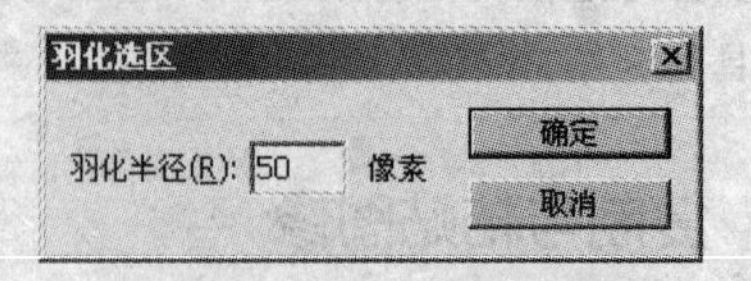

图 3.5.4　“羽化选区”对话框

（3）设置完成后，单击 确定 按钮，然后按“Ctrl+Shift+I”键反选选区，效果如图 3.5.5 所示。

（4）选择 编辑(E) → 清除(E) 命令，或按“Delete”键删除羽化后的选区内的图像，按“Ctrl+D”键取消选区，效果如图 3.5.6 所示。

图 3.5.5　反选选区效果

图 3.5.6　删除并取消选区效果

3.5.3　变换选区内图像

在 Photoshop CS4 中提供了许多图像变形样式，可利用 编辑(E) 菜单中的 自由变换(F) 和 变换 两个命令来完成，以下将进行具体介绍。

1．“自由变换”命令

利用“自由变换”命令可对图像进行缩放、旋转、扭曲、透视和变形等各种变形操作，具体的操作方法如下：

（1）打开一个图像文件，单击工具箱中的“磁性套索工具”按钮，在图像中创建选区，效果如图 3.5.7 所示。

（2）选择 编辑(E) → 自由变换(F) 命令，在图像周围会出现 8 个调节框，如图 3.5.8 所示。

图 3.5.7　打开图像并创建选区

图 3.5.8　应用“自由变换”命令

（3）将鼠标指针置于矩形框周围的节点上单击并拖动，即可将选区内图像放大或缩小，如图 3.5.9 所示为放大选区内的图像效果。

（4）将鼠标指针置于矩形框周围节点以外，当指针变成形状时单击并移动鼠标可旋转图像，如图 3.5.10 所示。

图 3.5.9　放大图像效果

图 3.5.10　旋转图像效果

另外，执行“自由变换”命令以后，在其属性栏中还增加了“变形图像”按钮，单击此按钮其属性栏中会弹出下拉列表框，单击右侧的下三角按钮，则可弹出变形图像下拉列表，如图 3.5.11 所示。

图 3.5.11　变形图像下拉列表

以下列举 7 种图像变形效果，如图 3.5.12 所示。

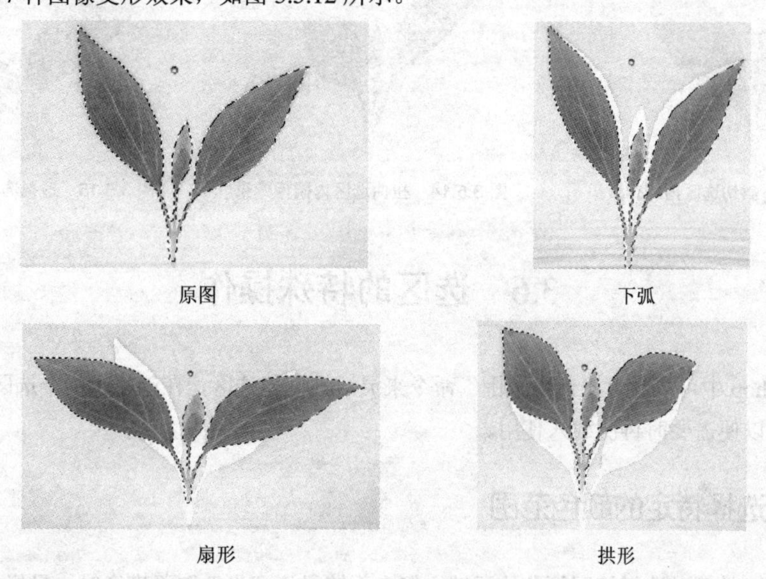

图 3.5.12　7 种变形图像效果

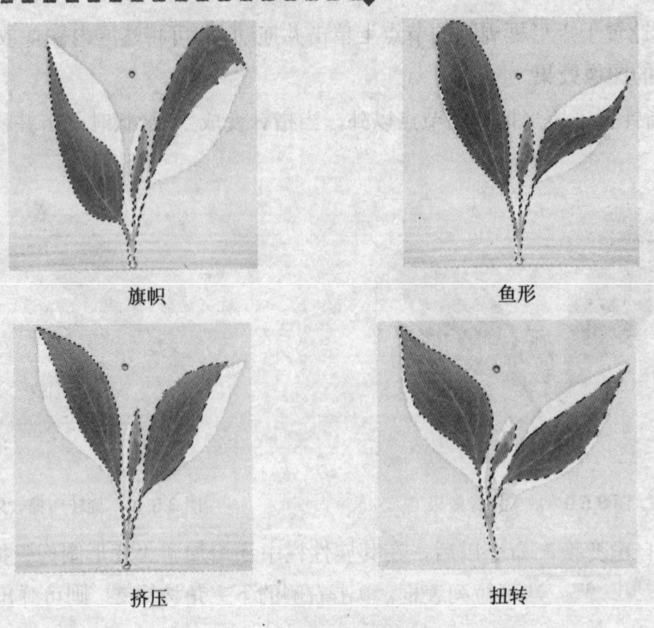

旗帜　　鱼形

挤压　　扭转

图 3.5.12　7 种变形图像效果（续）

2．“变换”命令

利用“变换”命令可对图像进行斜切、扭曲、透视等操作，具体的操作方法如下：

以如图 3.5.7 所示的图像选区为例，选择 编辑(E) → 变换 → 斜切(K) 命令，在图像周围会显示控制框，单击鼠标并调整控制框周围的节点，效果如图 3.5.13 所示。

利用 扭曲(D) 和 透视(P) 命令变形选区内图像的方法和 斜切(K) 命令相同，扭曲效果和透视效果如图 3.5.14 和图 3.5.15 所示。

图 3.5.13　斜切选区内图像效果

图 3.5.14　扭曲选区内图像效果

图 3.5.15　透视选区内图像效果

3.6　选区的特殊操作

在 Photoshop 中可以通过“色彩范围”命令来灵活地创建选区，在创建了一个选区后，还可以将其保存起来，以便需要时再次载入使用。

3.6.1　选择特定的颜色范围

使用魔棒工具可以选择相同颜色的区域，但它不够灵活。当选取不满意时，只好重新选择一次。为此，Photoshop 又提供了一种比魔棒工具更具有弹性的选择方法，即利用“色彩范围”命令创建选

区。使用此方法选择区域，不但可以边预览边调整，还可以不断地完善。

选择选择(S)→色彩范围(C)...命令，可弹出“色彩范围”对话框，如图3.6.1所示。在选择(C):下拉列表中可以选择一种设置颜色范围的方式，如图3.6.2所示。

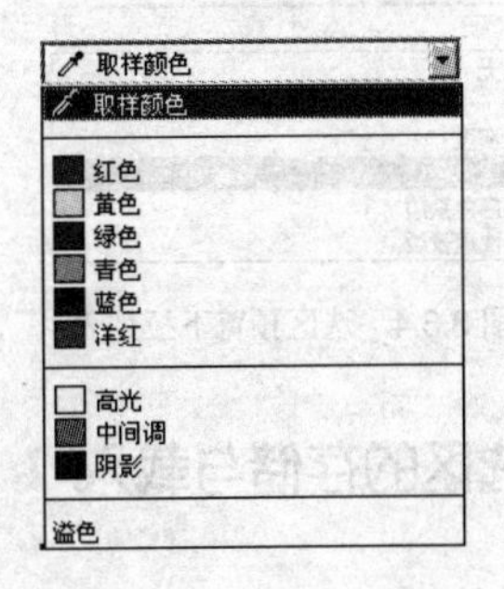

图3.6.1　“色彩范围”对话框　　　　图3.6.2　选择下拉列表

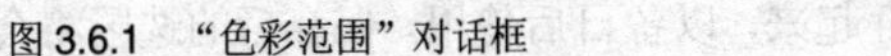

选择取样颜色选项，可以用吸管吸取颜色。将鼠标指针移到图像窗口中或预览框中时，鼠标指针会变成吸管形状，单击可选中需要的颜色，同时配合颜色容差(E):选项可调整颜色选取的范围。

在颜色容差(E):输入框中输入数值或拖动滑块，可调整色彩范围。数值越小，选取的色彩范围越小；数值越大，则包含的相近颜色越多，选取的色彩范围就越大。其取值范围为0～200，如图3.6.3所示。

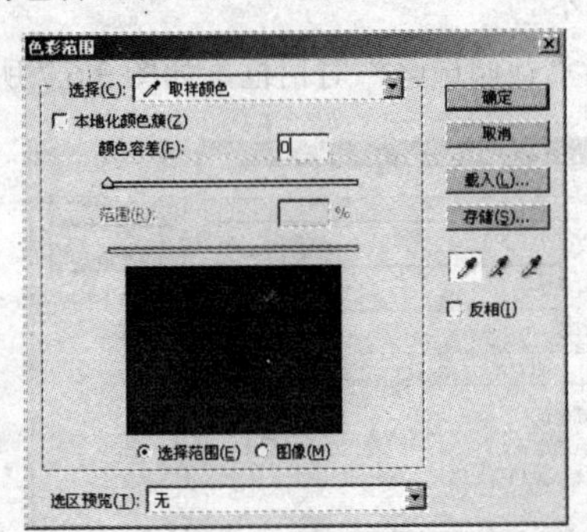

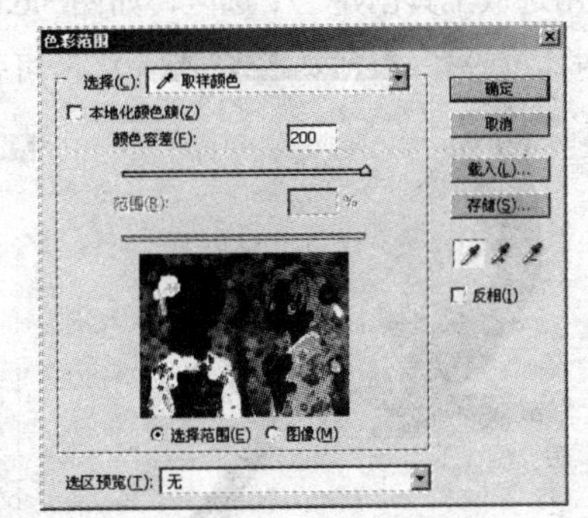

图3.6.3　设置颜色容差

图像预览框用于观察图像选区的形成情况，它包括两个选项。选中⊙选择范围(E)单选按钮，图像预览框中显示的是选择的范围。其中白色为选中的区域，黑色为未选中的区域；如果取消选中该单选按钮，则图像预览框中为全黑色。选中⊙图像(M)单选按钮，图像预览框中显示的是原始图像，用于观察和选择。

单击选区预览(T):下拉列表框，可从弹出的下拉列表中选择一种选项，用来设置图像窗口对所创建的选区进行预览的方式，它提供了5种方式，如图3.6.4所示。

选择无选项，表示在图像窗口中将以正常的图像内容显示。

选择灰度选项，表示在图像窗口中以灰色调显示未被选择的区域。

选择黑色杂边选项，表示在图像窗口中以黑色显示未被选择的区域。

选择白色杂边选项，表示在图像窗口中以白色显示未被选择的区域。

选择快速蒙版选项，表示在图像窗口中以默认的蒙版颜色显示未被选择的区域。

如果对所选的区域不满意，可单击“色彩范围”对话框中的“添加到取样”按钮，在预览框中或图像窗口中单击，可以增加选区；单击“从取样中减去”按钮，在图像中单击可减少选区。

设置好参数后，单击 确定 按钮，可得到如图 3.6.5 所示的选区效果。

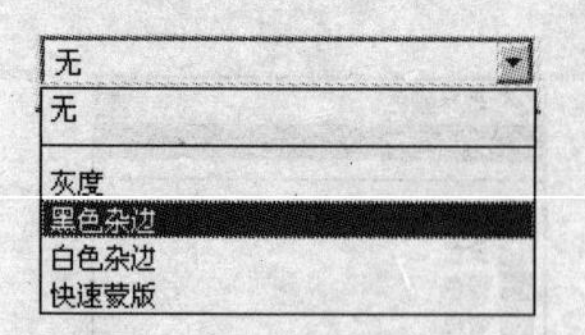

图 3.6.4　选区预览下拉列表

图 3.6.5　使用色彩范围创建选区

3.6.2　选区的存储与载入

在使用完选区之后，可以将它保存起来，以备日后使用。保存后的选区将会作为一个蒙版显示在通道面板中，当需要使用时可以从通道面板中载入。

1．存储选区

存储选区是将当前图像中的选区以 Alpha 通道的形式保存起来，具体的操作方法如下：

（1）使用选取工具创建一个选区，如图 3.6.6 所示。

（2）选择 选择(S) → 存储选区(V)... 命令，可弹出“存储选区”对话框，如图 3.6.7 所示。

图 3.6.6　创建的选区

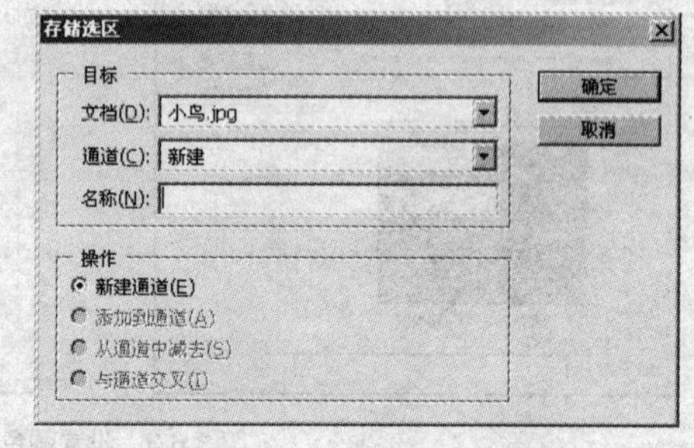

图 3.6.7　“存储选区”对话框

（3）在“存储选区”对话框中可以设置各项参数，其各参数的含义如下：

1）在 文档(D): 下拉列表框中可设置保存选区时的文件位置，默认为当前图像文件，也可以选择 新建 选项，新建一个图像窗口进行保存。

2）在 通道(C): 下拉列表中可以选择一个目的通道。默认情况下，选区被存储在新通道中，也可以将选区存储到所选图像的任何现有通道中。

3）在 名称(N): 输入框中可输入新通道的名称，在此可输入“小鸟”。该选项只有在 通道(C): 下拉列表中选择了 新建 选项时才有效。

4）在 操作 选项区中可设置保存时的选区与原有选区之间的组合关系，默认为选中 ⊙新建通道(E) 单选按钮。

（4）设置好参数后，单击 确定 按钮，即可保存选区，如图 3.6.8 所示。

2．载入选区

存储选区后可以载入选区，具体操作步骤如下：

（1）选择选择(S)→载入选区(L)...命令，可弹出“载入选区”对话框，如图3.6.9所示。

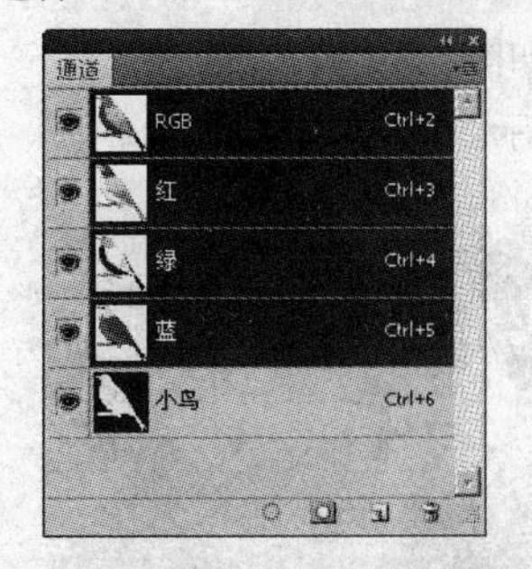

图3.6.8　保存选区

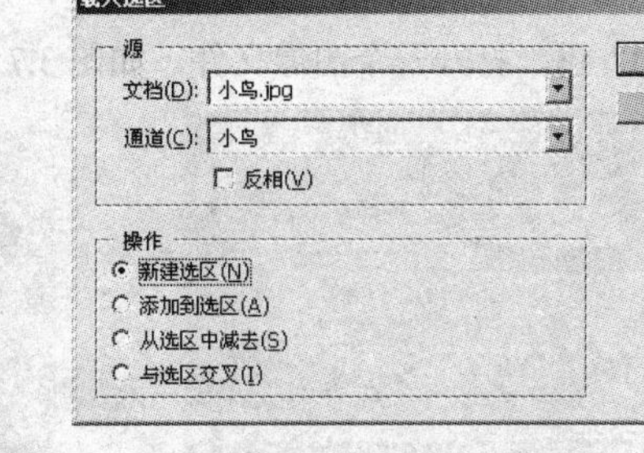

图3.6.9　“载入选区”对话框

（2）在该对话框中可以设置各项参数，其各参数含义如下：

1）在文档(D):下拉列表中可选择图像的文件名，即从哪一个图像中载入的。

2）在通道(C):下拉列表中可选择通道的名称，即载入哪一个通道中的选区。

3）选中☑反相(V)复选框，可使未选区域与已选区域互换，即反选选区。

4）在操作选项区中，选中⊙新建选区(N)单选按钮，可将所选的通道作为新的选区载入到当前图像中；选中⊙添加到选区(A)单选按钮，可将载入的选区与原有选区相加；选中⊙从选区中减去(S)单选按钮，可将载入的选区与原有选区相减；选中⊙与选区交叉(I)单选按钮，可使载入的选区与原有选区交叉重叠在一起。

（3）设置好参数后，单击确定按钮，即可载入选区，效果如图3.6.10所示。

图3.6.10　载入选区效果

3.7　课堂实训——制作羽化效果

本节主要利用所学的知识制作羽化效果，最终效果如图3.7.1所示。

图3.7.1　最终效果图

操作步骤

（1）新建一个图像文件，将其背景填充为粉红色，效果如图 3.7.2 所示。

（2）按“Ctrl+O”键，打开一个图像文件，如图 3.7.3 所示。

图 3.7.2　填充背景

图 3.7.3　打开的图像文件

（3）单击工具箱中的“移动工具”按钮，将其拖动到新建图像中，自动生成图层 1，按“Ctrl+T”键执行“自由变换”命令，调整其大小及位置。

（4）单击工具箱中的“椭圆选框工具”按钮，在图像中绘制一个椭圆选区，如图 3.7.4 所示。

（5）选择菜单栏中的 选择(S) → 修改(M) → 羽化(F)... 命令，弹出“羽化选区”对话框，设置其对话框参数如图 3.7.5 所示。设置好参数后，单击 确定 按钮。

图 3.7.4　绘制选区

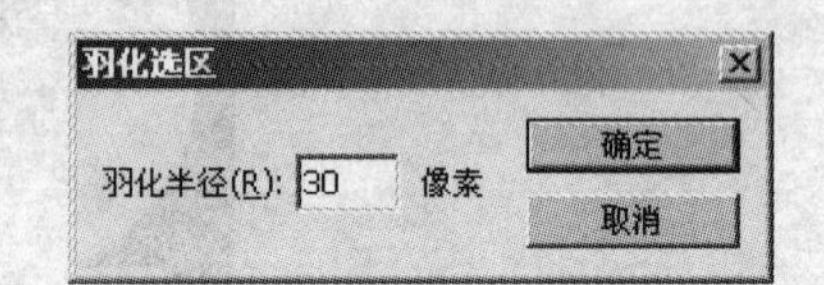

图 3.7.5　“羽化选区”对话框

（6）按“Ctrl+Shift+I”键反选选区，按“Delete”键删除羽化后选区的图像，效果如图 3.7.6 所示。

（7）将图层 1 作为当前图层，选择菜单栏中的 选择(S) → 载入选区(L)... 命令，效果如图 3.7.7 所示。

图 3.7.6　羽化效果

图 3.7.7　载入选区

（8）选择菜单栏中的 编辑(E) → 描边(S)... 命令，弹出“描边”对话框，设置其对话框参数如图 3.7.8 所示。

（9）设置好参数后，单击 确定 按钮，描边效果如图 3.7.9 所示。

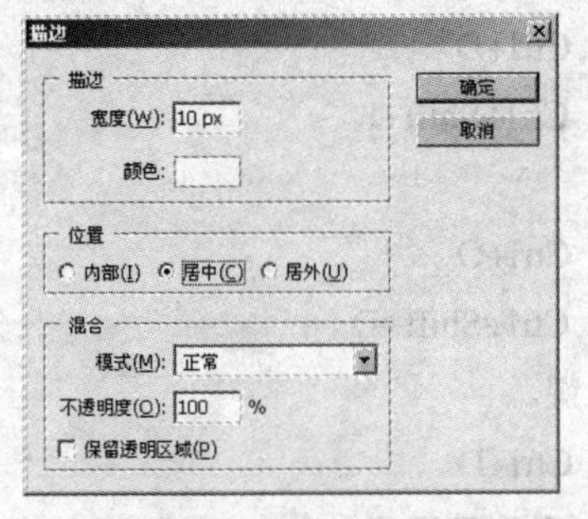

图 3.7.8　“描边”对话框

图 3.7.9　描边效果

（10）重复步骤（8）和（9）的操作，对选区添加黄色描边效果，最终效果如 3.7.1 所示。

本 章 小 结

本章主要介绍了选区的概念、选区的创建与修改以及选区及选区内图像的编辑等知识。通过本章的学习，可使读者掌握各种选区创建工具的使用方法与技巧，并能熟练地对选区及选区内的图像进行编辑，以便可以在处理图像的过程中更加快速地完成任务。

操 作 练 习

一、填空题

1. _________是指通过工具或者相应命令在图像上创建的选取范围。

2. 利用_________工具可以创建任意形状的选区，也可创建一些较复杂的选区。

3. 利用_________工具可以根据一定的颜色范围来创建图像选区。

4. 如果图像中创建的选区不规则，其边缘就会出现锯齿，使图像显得生硬且不光滑，利用_________命令可使生硬的图像边缘变得柔和。

5. 利用_________命令可以将当前图像中的选区和非选区进行互换。

6. 利用_________命令可将选区在图像上延伸，把图像中所有不连续的且与原选区颜色相近的区域选取。

7. 存储选区是将当前图像中的选区以_________的形式保存起来。

二、选择题

1. 下面不能用来创建规则选区的工具是（　）。

（A）矩形选框工具　　（B）椭圆选框工具

（C）套索工具　　（D）单行/单列选框工具

2. 在任何情况下，选择各种选框工具，并按住“Shift”键，然后在图像窗口中单击鼠标并拖动，都起着（　）选区的作用。

（A）镂空　　（B）增加

（C）减去　　（D）交叉

3．在 Photoshop CS4 中，“反向”命令的快捷键是（　）。

（A）Ctrl+I　　（B）Ctrl+D

（C）Ctrl+O　　（D）Ctrl+Shift+I

4．在 Photoshop CS4 中，“羽化”命令的快捷键是（　）。

（A）Ctrl+Shift+I　　（B）Ctrl+O

（C）Shift +F6　　（D）Ctrl+Shift+D

5．若要取消制作过程中不需要的选区，可按（　）键。

（A）Ctrl+N　　（B）Ctrl+D

（C）Ctrl+O　　（D）Ctrl+Shift+I

6．在按住（　）键的同时利用移动工具移动选区内的图像，可对选区内的图像进行复制。

（A）Alt　　（B）Ctrl

（C）Shift　　（D）Ctrl+Shift

三、简答题

1．在 Photoshop CS4 中，如何变换和平滑选区？

2．如何对选区进行存储和载入操作？

四、上机操作题

1．利用本章所学的知识，使用不同的工具创建选区。

2．使用椭圆选框工具创建一个选区，对选区进行修改和变形操作。

第4章　绘图与修图工具

在 Photoshop CS4 中，工具箱中提供的大部分工具都是绘图与修图工具，它们在绘画修饰方面起着举足轻重的作用。用户可以使用这些工具充分发挥自己的创作性，非常方便地对图像进行各种各样的编辑与修饰，从而制作出富有艺术性的作品。

知识要点

- 绘图工具
- 编辑图像
- 修饰图像
- 填充图像

4.1　绘图工具

绘图是制作图像的基础，利用绘图工具可以直接在绘图区中绘制图形。绘图的基本工具包括画笔工具和铅笔工具，此外还可以使用历史记录画笔工具、历史记录艺术画笔工具以及自定义画笔笔触来绘制图像。

4.1.1　画笔工具

画笔工具用于创建图像内柔和的色彩或黑白线条，它是绘制图像的主要工具。单击工具箱中的“画笔工具”按钮，在“画笔工具”属性栏中可以设置画笔的模式、不透明度及流量，并可以启用喷枪功能，其属性栏如图 4.1.1 所示。

画笔:　模式: 颜色　限制: 连续　容差: 30%　消除锯齿

图 4.1.1　“画笔工具”属性栏

在属性栏中单击画笔:右侧的下拉按钮，可打开预设的画笔面板，从中可选择合适的画笔大小。画笔面板提供了多种不同类型的画笔，如尖角、柔角、喷枪硬边、喷枪软边、粉笔、星形、干画笔、草以及叶片等。

在属性栏中的模式:下拉列表中可选择不同的混合模式，用于设置绘图的前景色与背景色之间的混合效果。

在属性栏中单击“喷枪工具”按钮，可设置画笔为喷枪工具，在此状态下绘制时所得到的笔画边缘更柔和。

在不透明度:输入框中输入数值，可设置绘图时绘图颜色的不透明度，输入的数值越大，绘制的效果越明显，反之越不明显。

在流量:输入框中输入数值，可以设置画笔工具绘图时笔墨扩散的速度，输入的数值越小，效果越不清晰。

使用画笔工具的具体操作方法为：打开一幅图像，选择工具箱中的画笔工具，在工具箱中单击"设置前景色"按钮，弹出"拾色器"对话框，在颜色滑杆中单击红色，然后在色谱中单击右上角的红色区域，设置前景色为红色，如图 4.1.2 所示。用画笔工具在图像中进行描绘，效果如图 4.1.3 所示。

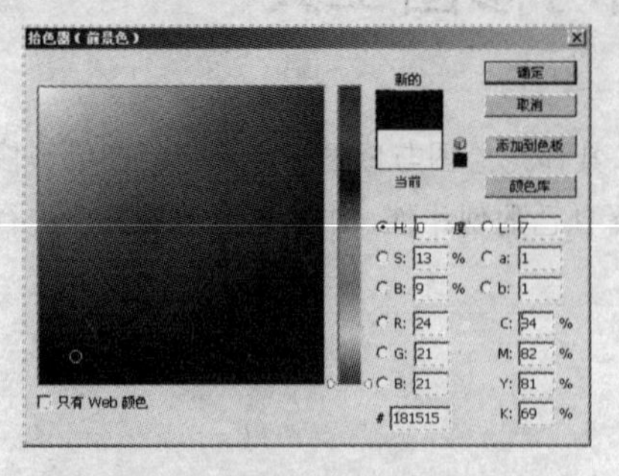

图 4.1.2 设置前景色

图 4.1.3 绘图效果

4.1.2 铅笔工具

铅笔工具用于创建类似硬边手画的直线，线条比较尖锐，对位图图像特别有用。其使用方法与画笔工具类似，单击工具箱中的"铅笔工具"按钮，其属性栏显示如图 4.1.4 所示。

图 4.1.4 "铅笔工具"属性栏

"铅笔工具"属性栏和画笔工具相比，多了一个☑自动抹除复选框，此功能是铅笔工具的特殊功能。选中此复选框，所绘制效果与鼠标单击起始点的像素有关，当鼠标起始点的像素颜色与前景色相同时，铅笔工具可表现出橡皮擦功能，并以背景色绘图；如果绘制时鼠标起始点的像素颜色不是前景色，则所绘制的颜色是前景色，效果如图 4.1.5 所示。

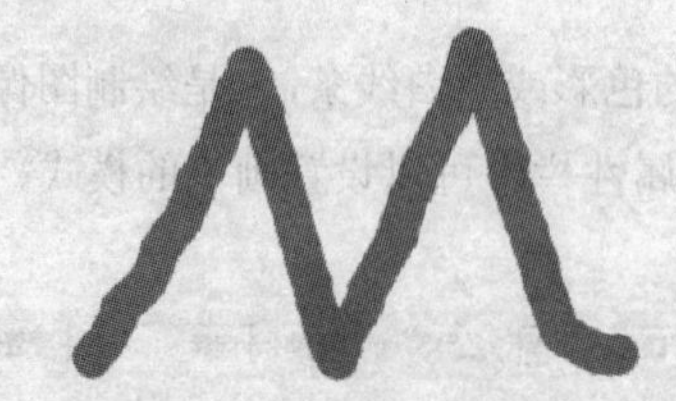

图 4.1.5 选中"自动涂抹"复选框后的效果

提示：在按住"Shift"键的同时单击"铅笔工具"按钮，在图像中拖动鼠标可绘制直线。

4.1.3 历史记录画笔工具

使用历史记录画笔工具可以将处理后的图像恢复到指定状态，该工具必须结合历史记录面板来进行操作。"历史记录画笔工具"属性栏如图 4.1.6 所示。

图 4.1.6 "历史记录画笔工具"属性栏

"历史记录画笔工具"属性栏中各选项含义与画笔工具相同，使用历史记录画笔工具和历史记录面板对图像进行恢复的具体操作方法如下：

（1）打开一幅图像，使用椭圆选框工具在图像中绘制选区，设置前景色为“黄色”，按“Alt+Delete”键填充选区，效果如图 4.1.7 所示。

（2）设置前景色与背景色都为红色，单击工具箱中的“画笔工具”按钮。

（3）在属性栏中设置画笔的大小、样式、不透明度以及流量，然后将鼠标移至图像中按住鼠标左键拖动，绘制蝴蝶图像，效果如图 4.1.8 所示。

图 4.1.7　绘制并填充椭圆

图 4.1.8　使用画笔工具绘制图像效果

（4）选择菜单栏中的窗口(W)→历史记录命令，打开历史记录面板，此时历史记录面板显示如图 4.1.9 所示。

（5）单击工具箱中的“历史记录画笔工具”按钮，然后在历史记录面板中的“打开”列表前单击图标，可设置历史记录画笔的源，此时小方块内会出现一个历史画笔图标，如图 4.1.10 所示。

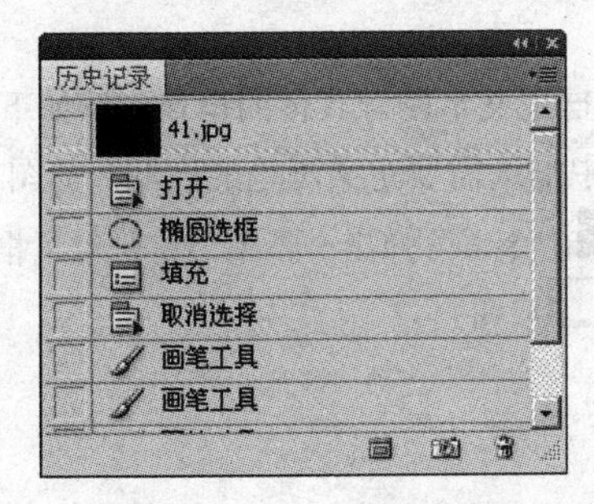

图 4.1.9　历史记录面板

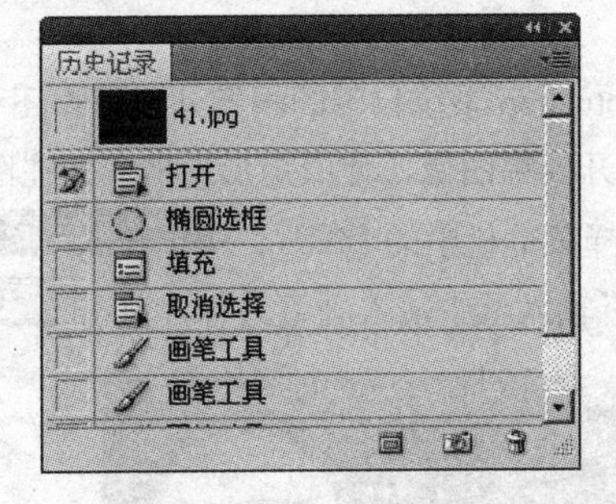

图 4.1.10　设置历史记录的源

（6）在“历史记录画笔工具”属性栏中设置好画笔的大小，按住鼠标左键在图像中需要恢复的区域来回拖动，此时可看到图像将回到打开状态时所显示的图像，效果如图 4.1.11 所示。

图 4.1.11　使用历史记录画笔工具恢复的图像

历史记录画笔工具和画笔工具一样，都是绘图工具，但它们又有其独特的作用。历史记录画笔工具不仅可以非常方便地恢复图像至任意操作，而且还可以结合属性栏中的笔刷形状、不透明度和色彩混合模式等选项制作出特殊的效果。使用此工具必须结合历史记录面板，此工具比历史记录面板更具灵活性，可以有选择地恢复图像的某一部分。

4.1.4 历史记录艺术画笔工具

历史记录艺术画笔工具可利用指定的历史状态或快照作为绘画来源绘制各种艺术效果。单击工具箱中的“历史记录艺术画笔工具”按钮，可以根据属性栏中提供的多种样式对图像进行多种艺术效果处理，如图 4.1.12 所示。

原图

效果图

图 4.1.12 使用历史记录艺术画笔工具的效果

4.1.5 自定义画笔笔触

除了 Photoshop 系统自带的画笔外，用户还可以自定义笔刷。具体的操作方法如下：

（1）打开一幅图像，使用矩形选框工具在图像中框选需要定义画笔的区域，如图 4.1.13 所示。

（2）选择菜单栏中的 编辑(E) → 定义画笔预设(B)... 命令，可弹出“画笔名称”对话框，如图 4.1.14 所示，在 名称: 输入框中输入画笔名称，单击 确定 按钮。

图 4.1.13 选择图像中的某一区域

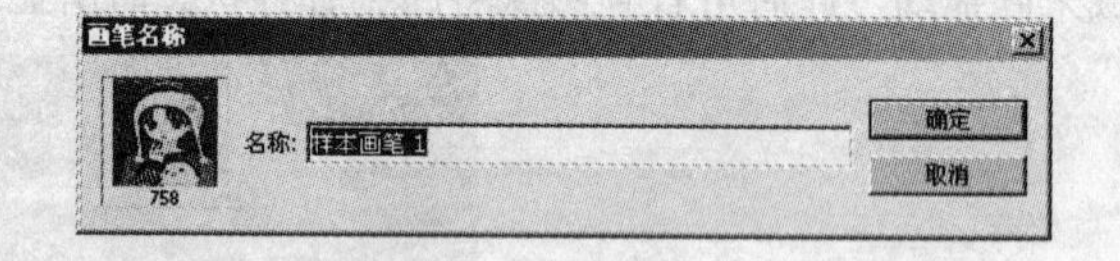

图 4.1.14 “画笔名称”对话框

（3）此时，单击“切换画笔面板”按钮，或按“F5”键可打开画笔面板，在其面板中显示出自定义的新画笔，如图 4.1.15 所示。

定义特殊画笔时，只能定义画笔形状，而不能定义画笔颜色。这是因为用画笔绘图时的颜色都是由前景色来决定的。

选择画笔工具后，在画笔面板左侧选择 画笔笔尖形状 选项，可显示出该选项参数，如图 4.1.16 所示，然后在面板右上方选择要进行设置的画笔，再在下方设置画笔的直径、角度、圆度以及间距等选项。

直径：用于设置画笔直径大小。

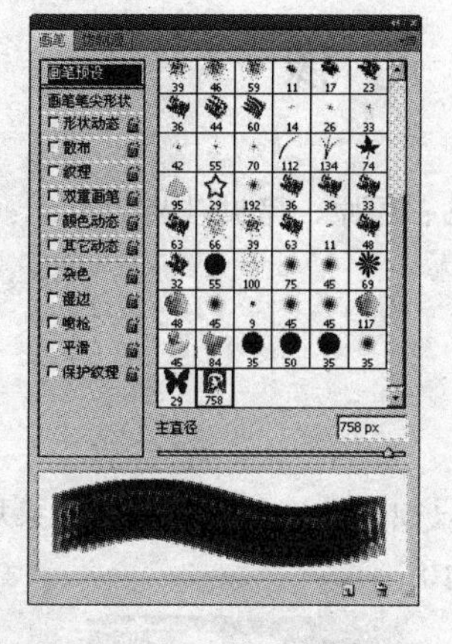

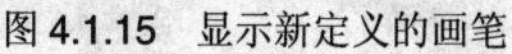

图 4.1.15 显示新定义的画笔

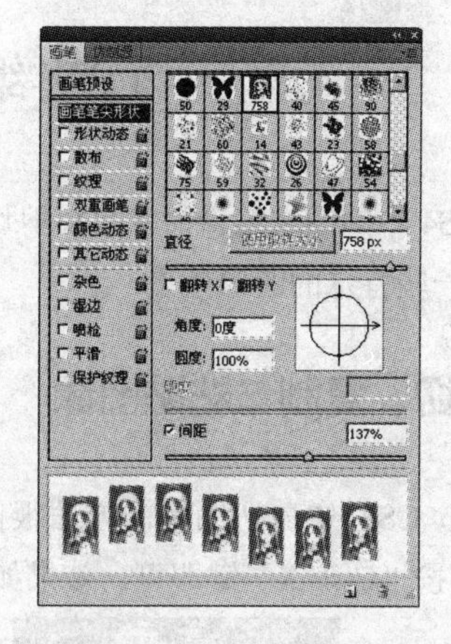

图 4.1.16 画笔笔尖形状参数

角度:：用于设置画笔角度。设置时可在输入框中输入 0%～100%之间的数值，或用鼠标拖动其右侧框中的箭头进行调整。

圆度:：用于设置椭圆画笔长轴和短轴的比例。

☑间距：用于设置绘制线条时两个绘制点之间的中心距离。

设置好参数后，即可在图像中拖曳鼠标绘制图像，效果如图 4.1.17 所示。

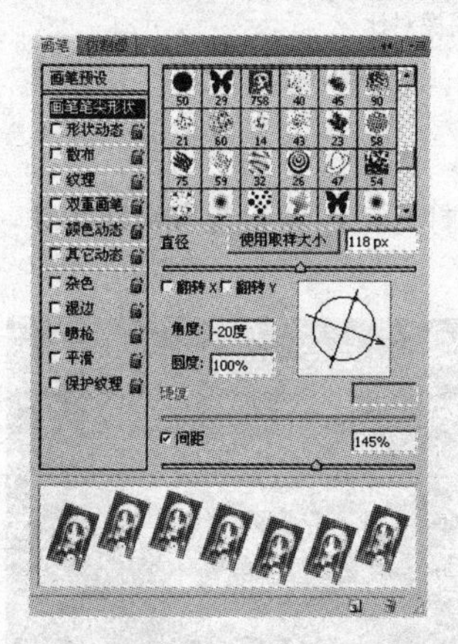

图 4.1.17 设置"画笔笔尖形状"选项后的效果

除了上述参数设置外，用户还可以自定义画笔的其他效果。

（1）选中画笔笔尖形状选项，可以设置笔触的形状、大小、硬度以及间距等参数。

（2）选中☑形状动态复选框，可以设置笔尖形状的抖动大小和抖动方向等参数。

（3）选中☑散布复选框，可以设置以笔触的中心为轴向两边散布的数量和数量抖动的大小。

（4）选中☑纹理复选框，可以设置画笔的纹理，在画布上用画笔工具绘图时，会出现一个该图案的轮廓。

（5）选中☑双重画笔复选框，可使用两个笔尖创建画笔笔迹，还可以设置画笔形状、直径、数量和间距等参数。

（6）选中☑颜色动态复选框，可以随机地产生各种颜色，并且可以设置饱和度等各种抖动幅度。

（7）选中☑其它动态复选框，可以调整不透明度抖动和流量抖动的幅度。

（8）☑杂色、☑湿边、☑喷枪、☑平滑、☑保护纹理等复选框，也可以用来设置画笔属性，但没有参数设置选项，只要选中复选框即可。

4.2 编 辑 图 像

Photoshop CS4 中的图像编辑命令包括剪切、粘贴、还原、拷贝以及贴入等，利用这些编辑命令可以快速地制作一些特殊的图像效果。

4.2.1 剪切、复制与粘贴图像

在 Photoshop CS4 中剪切图像的方法很简单，只须要选中该图像，选择菜单栏中的编辑(E)→剪切(T)命令，或按“Ctrl+X”键即可，效果如图 4.2.1 所示。

图 4.2.1 剪切前后的图像对比

复制与粘贴图像的具体操作方法如下：

（1）打开一个图像文件，如图 4.2.2 所示。

（2）单击工具箱中的“快速选择工具”按钮，在打开的图像中选取荷花图像，效果如图 4.2.3 所示。

图 4.2.2 打开的图像

图 4.2.3 创建选区

（3）选择菜单栏中的编辑(E)→拷贝(C)命令，或按“Ctrl+C”键，将选区内的图像复制到剪贴板上。

（4）打开另一幅如图 4.2.4 所示的图像，选择菜单栏中的编辑(E)→粘贴(P)命令，或按“Ctrl+V”键多次，即可将剪贴板中的图像多次粘贴到该图像中，效果如图 4.2.5 所示。

图 4.2.4 打开的图像

图 4.2.5 粘贴选区中的图像到另一幅图像中

4.2.2　合并拷贝和贴入图像

选择菜单栏中的编辑(E)→合并拷贝(Y)与贴入(I)命令，可实现复制与粘贴图像操作。

选择合并拷贝(Y)命令，可用于复制图像中的所有图层，即在不影响原图像的情况下，将选区内的所有图层均复制并放入剪贴板中。

选择贴入(I)命令之前，先在图像中创建一个选区，并且该图像必须要有除背景图层以外的其他图层，否则此命令不可用。

贴入图像的具体操作方法如下：

（1）打开一幅图像，按“Ctrl+A”键全选整幅图像，如图4.2.6所示。

（2）按“Ctrl+C”键复制所选择的整幅图像到剪贴板上，再打开一幅图像，并在图像中创建选区，如图4.2.7所示。

图4.2.6　全选图像

图4.2.7　创建选区

（3）选择菜单栏中的编辑(E)→贴入(I)命令，或按“Ctrl+Shift+V”键，可将剪贴板上的图像粘贴到选区中，效果如图4.2.8所示。

图4.2.8　使用“贴入”命令后的效果

4.2.3　移动与清除图像

在Photoshop CS4中处理图像时，有时需要将当前图层中的图像、选区中的图像移动或清除，这时可以使用移动工具或清除图像功能来完成。

使用移动工具移动图像的具体操作方法如下：

（1）按“Ctrl+O”键，打开一个图像文件。

（2）单击工具箱中的“快速选择工具”按钮，在图像中需要移动的区域创建选区，效果如图4.2.9所示。

（3）单击工具箱中的“移动工具”按钮，将鼠标移至选区内按住鼠标左键拖动，即可将选区内的图像移至需要的位置，效果如图 4.2.10 所示。

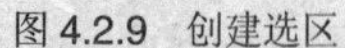
图 4.2.9　创建选区

图 4.2.10　移动选区内图像效果

使用移动工具除了可以移动选区内的图像外，还可以移动图层中的图像，其方法是：选择要移动的图层，然后选择移动工具，在要移动的图像上按住鼠标左键拖动即可。

清除图像的方法是：先使用选取工具在图像中选择需要删除的区域，然后选择菜单栏中的编辑(E)→清除(E)命令，或按“Delete”键即可，删除后的图像区域会以背景色填充。

4.2.4　变换图像

在 Photoshop CS4 中，可以对整个图层、选区中的图像、路径以及形状进行变换操作，包括缩放、旋转、扭曲、斜切以及透视等。

1．旋转与翻转图像

选择菜单栏中的图像(I)→图像旋转(G)命令，弹出如图 4.2.11 所示的子菜单，从中选择相应的命令可对整个图像进行旋转与翻转操作。

180 度(1)
90 度(顺时针)(9)
90 度(逆时针)(0)
任意角度(A)...
水平翻转画布(H)
垂直翻转画布(V)

图 4.2.11　图像旋转子菜单

选择180 度(1)命令，可将整个图像旋转半圈，即旋转 180°。

选择90 度(顺时针)(9)命令，可将整个图像按顺时针方向旋转 90°。

选择90 度(逆时针)(0)命令，可将整个图像按逆时针方向旋转 90°。

选择水平翻转画布(H)或垂直翻转画布(V)命令，将整个图像沿垂直轴水平翻转或沿水平轴垂直翻转，如图 4.2.12 所示。

原图像

水平翻转

垂直翻转

图 4.2.12　翻转图像

选择任意角度(A)...命令，按指定的角度旋转图像。

提示：使用图像旋转子菜单中的命令之前，不需要选取任何范围，它是针对整个图像的。

所以，即使在图像中选取了范围，使用各种旋转与翻转命令时仍然是对整个图像进行。

2．旋转与翻转局部图像

对局部图像的旋转与翻转就是对选区内的图像或一个普通图层中的图像进行操作。

选择菜单栏中的编辑(E)→变换命令，弹出其子菜单，从中选择相应的命令可对局部图像进行旋转与翻转操作。例如，创建一个选区后，选择菜单栏中的编辑(E)→变换→水平翻转(H)命令，可将选区内的图像水平翻转，效果如图 4.2.13 所示。

图 4.2.13　水平翻转选区内的图像

3．自由变换图像

要对图像进行自由变换，可选择菜单栏中的编辑(E)→变换命令，弹出如图 4.2.14 所示的子菜单。从中选择相应的命令，可对选区中的图像或普通图层中的图像进行相应的变换操作，此处选择透视(P)命令，效果如图 4.2.15 所示。

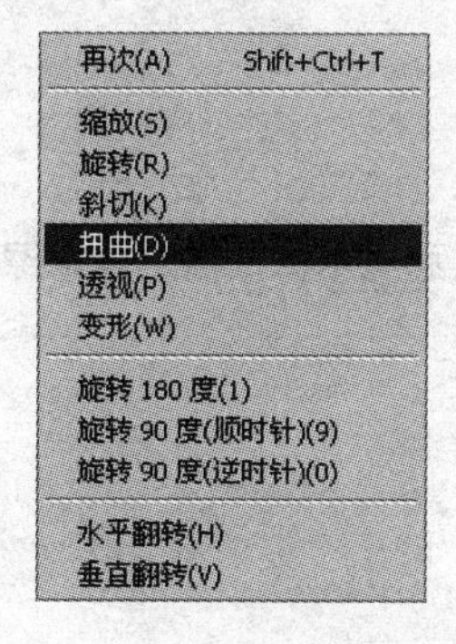

图 4.2.14　变换子菜单

图 4.2.15　透视图像效果

4.2.5　裁切图像

裁切图像是移去整个图像中的部分图像以形成突出或加强构图效果的过程。可以使用工具箱中的裁切工具来进行裁切图像，其具体的操作步骤如下：

（1）打开一幅需要裁切的图像，单击工具箱中的“裁切工具”按钮，在需要裁切的图像中拖动鼠标，创建带有控制点的裁切框，如图 4.2.16 所示。

（2）将光标移至控制点，当光标变成、形状时，按住鼠标左键并拖动对裁切框进行旋转、缩放等操作，如图 4.2.17 所示。

（3）将光标移至裁切框内，当光标变成形状时，按住鼠标左键并拖动，即可将裁切框移动至其他位置。在裁切框内双击鼠标左键，即可裁切图像，如图 4.2.18 所示。

图 4.2.16 创建裁切框

图 4.2.17 旋转裁切框

创建裁切框之后，可在其属性栏中选中☑透视复选框，然后用鼠标拖动裁切框上的控制点，将裁切框进行透视变形，如图 4.2.19 所示。

图 4.2.18 裁切图像

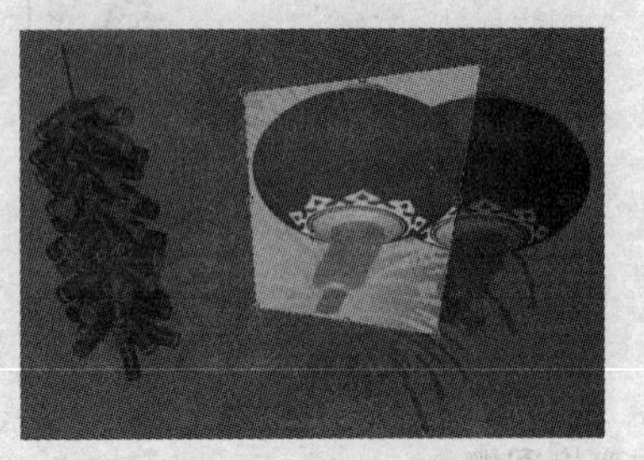
图 4.2.19 透视变形裁切框

按住“Alt”键拖动裁切框上的控制点，则可以以原中心点为开始点将裁切框进行缩放；若按住“Shift”键拖动裁切框上的控制点，则可将高与宽等比例缩放；若按住“Shift+Alt”键拖动裁切框上的控制点，则以原中心点为开始点，将高与宽等比例缩放。

4.2.6 擦除图像

要想擦除图像，可以利用工具箱中的橡皮擦工具、背景橡皮擦工具和魔术橡皮擦工具来擦除图像。这些工具位于工具箱中的橡皮擦工具组中，如图 4.2.20 所示。

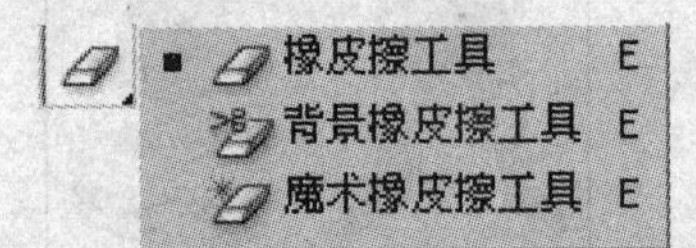

图 4.2.20 橡皮擦工具组

1. 橡皮擦工具

使用橡皮擦工具擦除图像时，会以设置的背景色填充图像中被擦除的部分。单击工具箱中的“橡皮擦工具”按钮，其属性栏如图 4.2.21 所示。

画笔: 79 模式: 画笔 不透明度: 100% 流量: 100% ☐抹到历史记录

图 4.2.21 “橡皮擦工具”属性栏

在“橡皮擦工具”属性栏中，模式:选项用于设置所要进行的擦除模式。在该选项的下拉列表中提供了 3 种擦除模式。画笔选项以画笔效果进行擦除；铅笔选项以铅笔效果进行擦除；块选项以方块形状效果进行擦除。如图 4.2.22 所示为不同擦除模式下的擦除效果。

选中☑抹到历史记录复选框，使用橡皮擦工具就如使用历史记录画笔工具一样，可将指定的图像区域恢复至快照或某一操作步骤的状态。

图 4.2.22　不同模式下的擦除效果

注意：选择橡皮擦工具后，在图像中单击并拖动鼠标即可擦除图像。如果擦除的图像图层被部分锁定，擦除区域的颜色以背景色取代；如果擦除的图像图层未被锁定，擦除的区域将变成透明的区域，显示出原始背景层。

2．背景橡皮擦工具

背景橡皮擦工具可以清除图层中指定范围内的颜色像素，并以透明色代替被擦除的图像区域。单击工具箱中的“背景橡皮擦工具”按钮，其属性栏如图 4.2.23 所示。

画笔：13　限制：连续　容差：50%　保护前景色

图 4.2.23　“背景橡皮擦工具”属性栏

该属性栏中的各选项含义介绍如下：

画笔：该选项用于设置画笔的直径、硬度、间距等属性。

限制：用于设置擦除的限制模式。在该选项的下拉列表中可以选择擦除时的擦除方式，包括 3 个选项：连续、不连续和查找边缘。使用“不连续”方式擦除时只擦除与擦除区域相连的颜色；使用“连续”方式擦除时将擦除图层上所有取样颜色；使用“查找边缘”方式擦除时能较好地保留擦除位置颜色反差较大的边缘轮廓。

容差：用于确定擦除图像或选区的颜色容差范围。

保护前景色：用于防止擦除与工具栏中相匹配的颜色区域。

：用于确定擦除的取样方式，有连续、一次、背景色板 3 种模式。如果选择“连续”选项，进行擦除时会连续取样；如果选择“一次”选项，进行擦除时仅擦除按下鼠标左键时指针所在位置的颜色，并将该颜色设置为基准颜色进行擦除；如果选择“背景色板”选项，则只擦除图像中包含当前背景色的图像区域。如图 4.2.24 所示为应用不同擦除取样方式对手提袋进行擦除的效果。

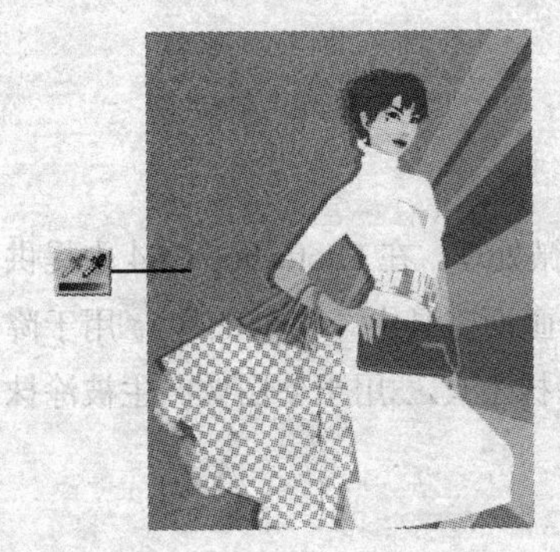
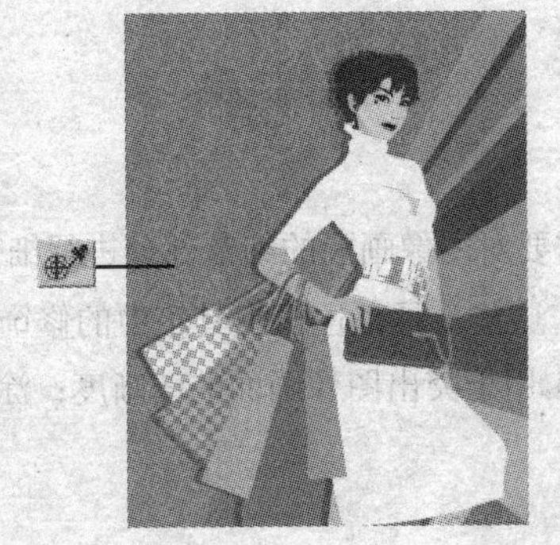

图 4.2.24　利用背景橡皮擦工具擦除图像效果

3．魔术橡皮擦工具

利用魔术橡皮擦工具可以擦除图像中颜色相近的区域，并且以透明色代替被擦除的区域。其擦除范围由属性栏中的容差值来控制，该工具的使用方法与魔棒工具相似，单击工具箱中的“魔术橡皮擦工具”按钮，其属性栏如图 4.2.25 所示，然后在图像中需要擦除的区域单击鼠标，即可将与鼠标指针所在位置相近的颜色擦除。

容差: 32 ☑消除锯齿 ☑连续 □对所有图层取样 不透明度: 100%

图 4.2.25 “魔术橡皮擦工具”属性栏

在容差:输入框中输入数值，可以设置擦除颜色范围的大小，输入的数值越小，则擦除的范围越小。

选中☑消除锯齿复选框，可以消除擦除图像时的边缘锯齿现象。

选中☑连续复选框，在擦除时只对连续的、符合颜色容差要求的像素进行擦除，如图 4.2.26（a）所示；而未选中“连续”复选框时，擦除图像的效果如图 4.2.26（b）所示。

（a）

（b）

图 4.2.26 利用魔术橡皮擦擦除图像效果

选中☑对所有图层取样复选框，可以针对所有图层中的图像进行操作。

在不透明度:输入框中输入数值，可以设置擦除画笔的不透明度。

4.3 修 饰 图 像

在 Photoshop CS4 中，可以对一些效果不满意的图像进行修饰，而且还可以对污点、划痕及旧照片等进行修复。

4.3.1 修饰图像画面

在处理图像的过程中，有时需要对图像画面的细节部分进行细微处理。在 Photoshop CS4 中提供了多个用于图像画面处理的工具，这些工具都位于工具箱中的修饰画面工具中。模糊工具用于降低图像画面的清晰度；锐化工具用于突出图像画面的清晰度；涂抹工具用于使图像产生被涂抹过的水彩画效果。

1．模糊工具

模糊工具可以柔化图像中突出的色彩和较硬的边缘，使图像中的色彩过渡平滑，从而达到模糊图像的效果。单击工具箱中的“模糊工具”按钮，其属性栏如图4.3.1所示。

画笔: 13 模式: 正常 强度: 50% 对所有图层取样

图4.3.1 “模糊工具”属性栏

在 模式: 下拉列表中可以设置画笔的模糊模式，包括 正常、变暗、变亮、色相、饱和度、颜色 和 明度。

在 强度: 输入框中可以设置图像处理的模糊程度，数值越大，其模糊效果就越明显。

选中 ☑对所有图层取样 复选框，模糊处理可以对所有的图层中的图像进行操作；若不选中该复选框，模糊处理只能对当前图层中的图像进行操作。

首先打开一幅图像，在“模糊工具”属性栏中设置画笔大小、模式和模糊的强度，然后再将鼠标光标移至图像上单击并拖动即可。如图4.3.2所示为对图像的画面进行模糊处理的效果。

图4.3.2 利用模糊工具处理图像效果

2. 锐化工具

锐化工具与模糊工具功能恰好相反，即通过增加图像相邻像素间的色彩反差使图像的边缘更加清晰。单击工具箱中的“锐化工具”按钮，其属性栏与模糊工具相同，这里不再赘述。在属性栏中设置好相关参数后，在图像中需要修饰的位置单击并拖动鼠标，即可使图像边缘变得更加清晰，效果如图4.3.3所示。

图4.3.3 利用锐化工具处理图像效果

3. 涂抹工具

涂抹工具可以模拟手指涂抹绘制的效果，在图像上以涂抹的方式融合附近的像素，创造柔和或模糊的效果。单击工具箱中的“涂抹工具”按钮，其属性栏如图4.3.4所示。

画笔: 13 模式: 正常 强度: 50% 对所有图层取样 手指绘画

图4.3.4 “涂抹工具”属性栏

该属性栏中的选项与“锐化工具”属性栏基本相同。选中 ☑手指绘画 复选框，可以设置涂抹的颜色，即在图像中涂抹时用前景色与图像中的颜色混合；如果不选中此复选框，涂抹工具使用的颜色则来自每一笔起点处的颜色。选中 ☑对所有图层取样 复选框，用于所有图层，可利用所有可见图层中的颜色数据来进行涂抹；若不选中此复选框，则涂抹工具只使用当前图层的颜色。如图 4.3.5 所示为对图像的画面进行涂抹处理的效果。

图 4.3.5　利用涂抹工具处理图像效果

4．减淡工具

利用减淡工具可以对图像中的暗调进行处理，增加图像的曝光度，使图像变亮。单击工具箱中的“减淡工具”按钮，其属性栏如图 4.3.6 所示。

画笔: 65 | 范围: 中间调 | 曝光度: 50% | ☑保护色调

图 4.3.6　“减淡工具”属性栏

范围: 下拉列表用于设置减淡工具所用的色调。其中 中间调 选项用于调整中等灰度区域的亮度；阴影 选项用于调整阴影区域的亮度；高光 选项用于调整高亮度区域的亮度。

曝光度: 输入框用于设置图像的减淡程度，其取值范围为 0～100%，输入的数值越大，对图像减淡的效果就越明显。

当需要对图像进行亮度处理时，可先打开一幅图像，然后单击需要减淡的图像区域即可将图像的颜色进行减淡，如图 4.3.7 所示为对图像的进行减淡处理的效果。

图 4.3.7　利用减淡工具处理图像效果

注意：在“减淡工具”属性栏的“画笔”下拉列表中包含着许多不同类型的画笔样式。选择边缘较柔和的画笔样式进行操作，可以产生曝光度变化比较缓和的效果；选择边缘较生硬的画笔样式进行操作，可以产生曝光度比较强烈的效果。

5．加深工具

加深工具可以改变图像特定区域的曝光度，使图像变暗。单击工具箱中的“加深工具”按钮，其属性栏如图 4.3.8 所示。

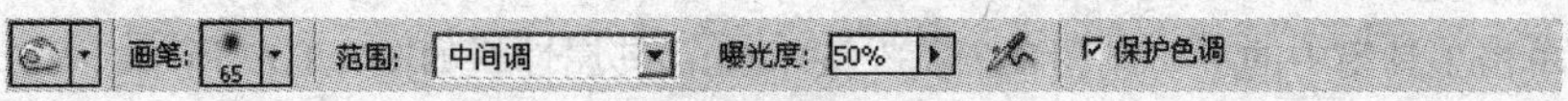

图 4.3.8　“加深工具”属性栏

在 范围: 下拉列表中可以选择 阴影 、 中间调 与 高光 选项。

在 曝光度: 输入框中输入数值，可设置图像曝光的强度。

当需要降低图像的曝光度时，可先打开一幅图像，然后单击需要加深的图像区域即可将图像的颜色进行加深，如图 4.3.9 所示为对图像的进行加深处理的效果。

图 4.3.9　利用加深工具处理图像效果

6. 海绵工具

使用海绵工具可以调整图像的饱和度。在灰度模式下，通过使灰阶远离或靠近中间灰度色调来增加或降低图像的对比度。单击工具箱中的“海绵工具”按钮，其属性栏如图 4.3.10 所示。

图 4.3.10　“海绵工具”属性栏

该属性栏中的 模式: 下拉列表用于设置饱和度调整模式。其中 降低饱和度 模式可降低图像颜色的饱和度，使图像中的灰度色调增强； 饱和 模式可增加图像颜色的饱和度，使图像中的灰度色调减少。如图 4.3.11 所示为应用降低饱和度模式后的效果。

图 4.3.11　使用海绵工具处理图像效果

4.3.2　修复图像画面的瑕疵

Photoshop CS4 提供了仿制图章工具、图案图章工具、污点修复画笔工具、修复画笔工具、修补工具和红眼工具等多个用于修复图像的工具。利用这些工具，用户可以有效地清除图像上的杂质、刮痕和褶皱等图像画面的瑕疵。

1. 仿制图章工具

仿制图章工具一般用来合成图像，它能将某部分图像或定义的图案复制到其他位置或文件中进行修补处理。单击工具箱中的“仿制图章工具”按钮，其属性栏如图 4.1.12 所示。

画笔: 21 模式: 正常 不透明度: 100% 流量: 100% ☑对齐 样本: 当前图层

图 4.1.12 “仿制图章工具”属性栏

用户在其中除了可以选择笔刷、不透明度和流量外，还可以设置下面两个选项。

在画笔:右侧单击下拉按钮，可从弹出的画笔预设面板中选择图章的画笔形状及大小。

选中☑对齐复选框，在复制图像时，不论中间停止多长时间，再按下鼠标左键复制图像时都不会间断图像的连续性；如果不选中此复选框，中途停止之后再次开始复制时，就会以再次单击的位置为中心，从最初取样点进行复制。因此，选中此复选框可以连续复制多个相同的图像。

选择仿制图章工具后，按住“Alt”键用鼠标在图像中单击，选中要复制的样本图像，然后在图像的目标位置单击并拖动鼠标即可进行复制，效果如图 4.1.13 所示。

图 4.1.13 使用仿制图章工具复制图像效果

2. 图案图章工具

图案图章工具可利用预先定义的图案作为复制对象进行复制，从而将定义的图案复制到图像中。单击工具箱中的“图案图章工具”按钮，其属性栏如图 4.1.14 所示。

画笔: 21 模式: 正常 不透明度: 100% 流量: 100% ☑对齐 ☐印象派效果

图 4.1.14 “图案图章工具”属性栏

在属性栏中单击下拉按钮，可在弹出的下拉列表中选择需要的图案。

选中☑印象派效果复选框，可对图案应用印象派艺术效果，复制时图案的笔触会变得扭曲、模糊。

选择图案图章工具后，在其属性栏中设置各项参数，然后在图像中的目标位置处单击鼠标左键并来回拖曳即可，效果如图 4.1.15 所示。

图 4.1.15 使用图案图章工具描绘图像效果

3. 污点修复画笔工具

污点修复画笔工具可以快速地修复图像中的污点以及其他不够完美的地方。污点修复画笔工具的工作原理与修复画笔工具相似，它从图像或图案中提取样本像素来涂改需要修复的地方，使需要修改的地方与样本像素在纹理、亮度和透明度上保持一致。单击工具箱中的“污点修复画笔工具”按钮，其属性栏如图 4.3.16 所示。

画笔: 19 模式: 正常 类型: ⊙ 近似匹配 ○ 创建纹理 □ 对所有图层取样

图 4.3.16　“污点修复画笔工具”属性栏

在类型:选项区中可以选择修复后的图像效果，包括⊙ 近似匹配和⊙ 创建纹理两个单选按钮。修复时选中⊙ 近似匹配单选按钮，则使用选区边缘周围的像素来查找要用做选定区域修补的图像；修复时选中⊙ 创建纹理单选按钮，则使用选区中的所有像素创建用于修复该区域的纹理。

选择污点修复画笔工具，然后在图像中想要去除的污点上单击或拖曳鼠标，即可将图像中的污点消除，而且被修改的区域可以无缝混合到周围图像中，效果如图 4.3.17 所示。

图 4.3.17　利用污点修复画笔工具修复图像效果

4. 修复画笔工具

使用修复画笔工具在复制或填充图案的时候，会将取样点的像素自然融入复制到的图像中，而且还可以将样本的纹理、光照、透明度和阴影与所修复的图像像素进行匹配，使被修复的图像和周围的图像完美结合。单击工具箱中的“修复画笔工具”按钮，其属性栏如图 4.3.18 所示。

画笔: 19 模式: 正常 源: ○ 取样 ⊙ 图案: □ 对齐 样本: 当前图层

图 4.3.18　“修复画笔工具”属性栏

在画笔:下拉列表中可设置笔尖的形状、大小、硬度以及角度等。

单击模式:右侧的正常下拉列表框，可从弹出的下拉列表中选择不同的混合模式。

选中☑ 对齐复选框，会以当前取样点为基准连续取样，这样无论是否连续进行修补操作，都可以连续应用样本像素；若不选中此复选框，则每次停止和继续绘画时，都会从初始取样点开始应用样本像素。

在源:选项区中提供了两个选项，可用于设置修复画笔工具复制图像的来源。选中⊙ 取样单选按钮，必须按住“Alt”键在图像中取样，然后对图像进行修复，效果如图 4.3.19 所示；选中⊙ 图案单选按钮，可单击右侧的下拉按钮，从弹出的预设图案样式中选择图案对图像进行修复，效果如图 4.3.20 所示。

图 4.3.19　取样修复

图 4.3.20　图案修复

5. 修补工具

使用修补工具可以用图像中其他区域或图案中的像素来修补选中的区域，与修复画笔工具一样，修补工具会将样本像素的纹理、光照和阴影与源像素进行匹配。单击工具箱中的“修补工具”按钮，其属性栏如图 4.3.21 所示。

图 4.3.21 “修补工具”属性栏

在修补:选项区中选中源单选按钮，拖动图像中的选区到另一个区域，则原选区中的图像会被目标位置处的图像填充。选中目标单选按钮，拖动图像中的选区到另一个区域，则会用原选区中的图像填充目标选区中的图像。选中透明复选框，可设置修补区域的透明度。单击使用图案按钮，可设置修补区域使用图案填充，并将图案融合到背景图像中。

使用修补工具修补图像的效果如图 4.3.22 所示。

图 4.3.22 使用修补工具修补图像

6. 红眼工具

使用红眼工具可消除用闪光灯拍摄的人物照片中的红眼，也可以消除用闪光灯拍摄的动物照片中的白色或绿色反光。单击工具箱中的“红眼工具”按钮，其属性栏如图 4.3.23 所示。

图 4.3.23 “红眼工具”属性栏

在瞳孔大小:文本框中可以设置瞳孔（眼睛暗色的中心）的大小。在变暗量:文本框中可以设置瞳孔的暗度，百分比越大，则变暗的程度越大。

使用红眼工具消除照片中的红眼效果如图 4.3.24 所示。

图 4.3.24 使用红眼工具修复照片中的红眼

4.4 填 充 图 像

Photoshop CS4 使用前景色绘画、填充和描边选区，使用背景色进行渐变填充和填充图像中被擦除的区域。

4.4.1 前景色与背景色

工具箱中提供了前景色与背景色两种颜色工具，如图 4.4.1 所示。在默认情况下，前景色为黑色，背景色为白色，如果查看的是 Alpha 通道，则默认的前景色为白色，背景色为黑色。

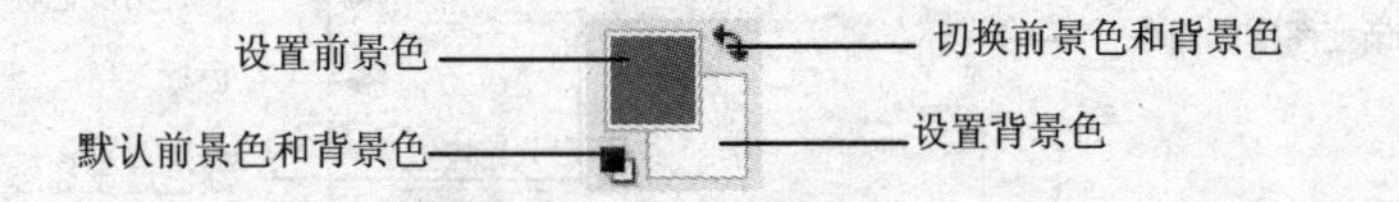

图 4.4.1 前景色与背景色设置

前景色可用于显示和设置当前所选绘图工具所使用的颜色，背景色可显示和设置图像的底色。设置背景色后，并不会立刻改变图像的背景色，只有在使用了与背景色有关的工具时，才会按背景色的设定来执行。比如，使用橡皮擦工具擦除图像时，其擦除的区域将会以背景色填充。

若要更改前景色或背景色，可单击工具箱中的“设置前景色”或“设置背景色”按钮，弹出“拾色器”对话框，如图 4.4.2 所示。

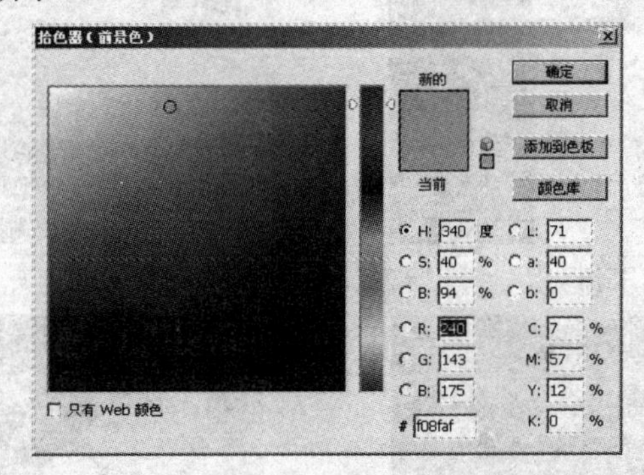

图 4.4.2 “拾色器”对话框

在此对话框中沿滑杆拖动三角形滑块或直接在颜色滑杆上单击所需的颜色区域，即可选择指定的颜色，也可在对话框右侧的 4 种颜色模式输入框中输入数值来设置前景色与背景色。例如，要在 RGB 模式下设置颜色，只须在 R，G，B 输入框中输入数值即可。

单击 确定 按钮，即可用所选择的颜色来作为前景色或背景色。

4.4.2 渐变工具

利用渐变工具可以使图像产生逐渐过渡的颜色效果，还可以产生透明的渐变效果。单击工具箱中的“渐变工具”按钮，其属性栏如图 4.4.3 所示。

图 4.4.3 “渐变工具”属性栏

单击右侧的按钮，可在打开的渐变样式面板中选择需要的渐变样式。

单击按钮，可以弹出“渐变编辑器”对话框，如图 4.4.4 所示，在其中用户可以自己编辑、修改或创建新的渐变样式。

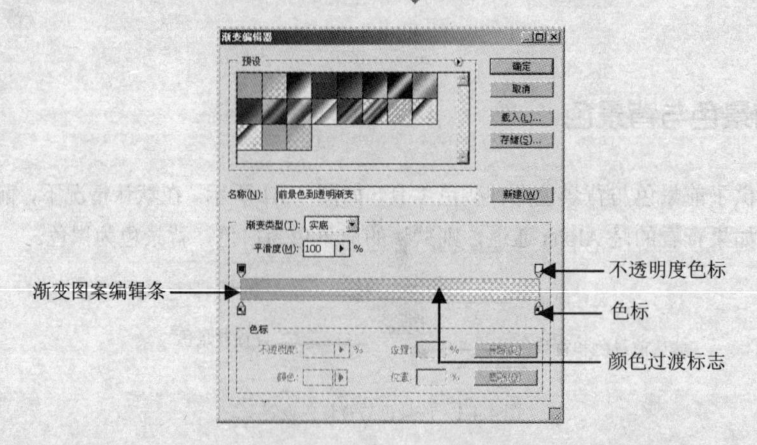

图 4.4.4 “渐变编辑器”对话框

在按钮组中，可以选择渐变的方式，从左至右分别为线性渐变、径向渐变、角度渐变、对称渐变及菱形渐变，其效果如图 4.4.5 所示。

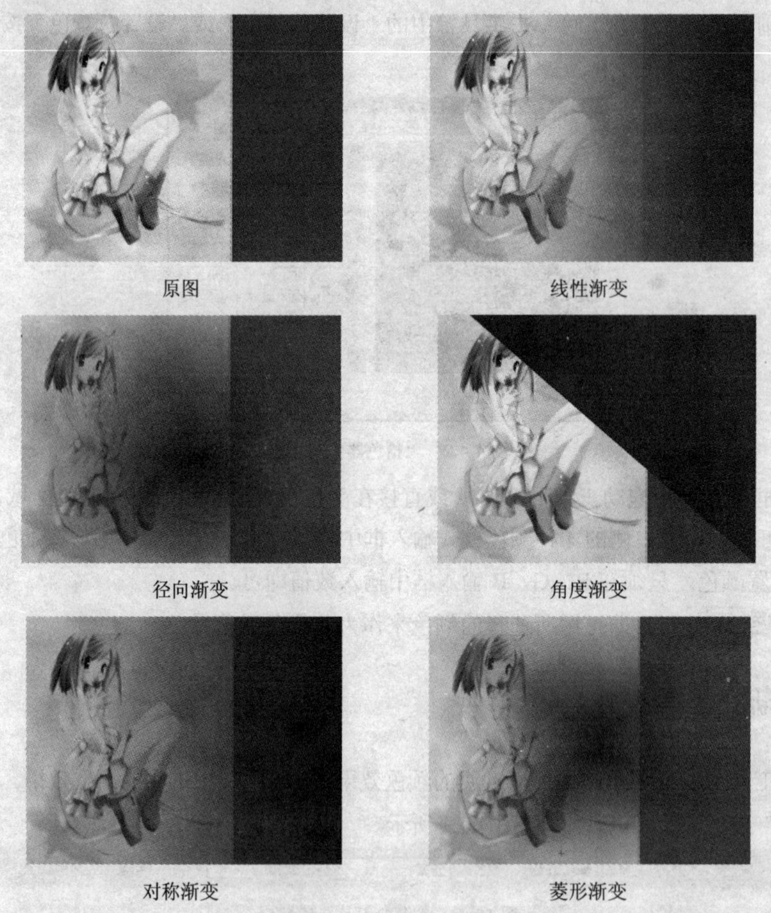

图 4.4.5 5 种渐变效果

选中 ☑反向 复选框，可产生与原来渐变相反的渐变效果。

选中 ☑仿色 复选框，可以在渐变过程中产生色彩抖动效果，把两种颜色之间的像素混合，使色彩过渡得平滑一些。

选中☑透明区域复选框，可以设置渐变效果的透明度。

技巧：若在拖动鼠标的过程中按住“Shift”键，则可按45°、水平或垂直方向进行渐变填充。拖动鼠标的距离越大，渐变效果越明显。

4.4.3　吸管工具

使用吸管工具不仅能从打开的图像中取样颜色，也可以指定新的前景色或背景色。单击工具箱中的“吸管工具”按钮，然后在需要的颜色上单击即可将该颜色设置为新前景色。如果在单击颜色的同时按住“Alt”键，则可以将选中的颜色设置为新背景色。“吸管工具”属性栏如图4.4.6所示。

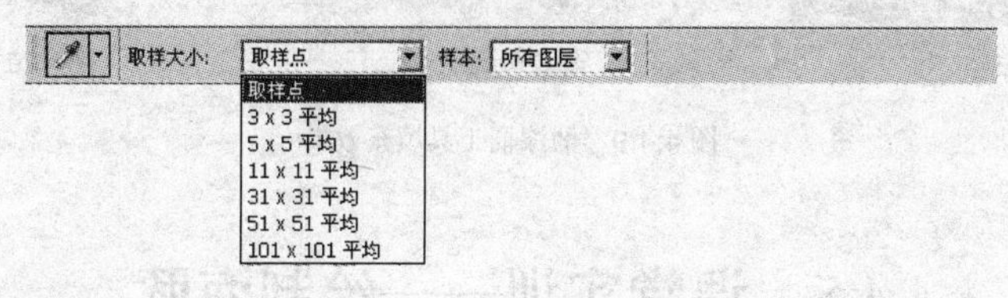

图4.4.6　“吸管工具”属性栏

在取样大小:下拉列表中可以选择吸取颜色时的取样大小。选择取样点选项时，可以读取所选区域的像素值；选择3 x 3 平均或5 x 5 平均选项时，可以读取所选区域内指定像素的平均值。修改吸管的取样大小会影响信息面板中显示的颜色数值。

在工具箱中选择吸管工具下方的颜色取样工具，利用该工具可以吸取到图像中任意一点的颜色，并以数字的形式在信息面板中表示出来。如图4.4.7（a）所示为未取样时的信息面板，图4.4.7（b）为取样后的信息面板。

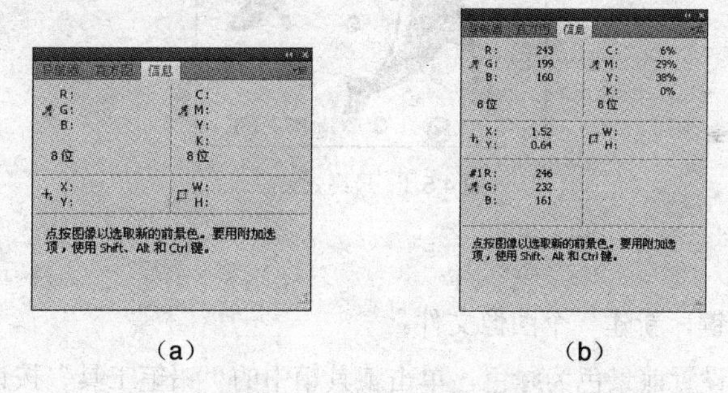

（a）　　　　（b）

图4.4.7　取样前后的信息面板

4.4.4　油漆桶工具

使用油漆桶工具可以对图像进行颜色或图案的填充，其属性栏如图4.4.8所示。

图4.4.8　“油漆桶工具”属性栏

（1）前景：在该选项的下拉列表中有“前景”和“图案”两个选项，用于设置对图像或选区的填充是选用前景色还是选用图案。

（2）容差：在其输入框中输入数值确定被填充区域的颜色范围。容差值越大，填充区域越大。

（3）☑消除锯齿：选中该复选框，表示消除填充区域边缘的锯齿。

（4）☑连续的：选中该复选框，表示只填充与鼠标上次单击颜色相同或相近的所有邻近区域。

（5）☑所有图层：选中该复选框，表示填充所有可见图层，否则只填充当前可见图层。

使用油漆桶工具对图像进行颜色填充和图案填充的效果如图 4.4.9 所示。

原图

前景色填充

图案填充

图 4.4.9　油漆桶工具填充效果

4.5　课堂实训——绘制海豚

本节主要利用所学的知识绘制海豚，最终效果如图 4.5.1 所示。

图 4.5.1　最终效果图

操作步骤

（1）按“Ctrl+N”键，新建一个图像文件。

（2）新建图层 1，设置前景色为绿色，单击工具箱中的“铅笔工具”按钮，在新建图像中绘制一个如图 4.5.2 所示的海豚轮廓。

（3）设置前景色为蓝色，单击工具箱中的“画笔工具”按钮，将轮廓内部描绘为蓝色，效果如图 4.5.3 所示。

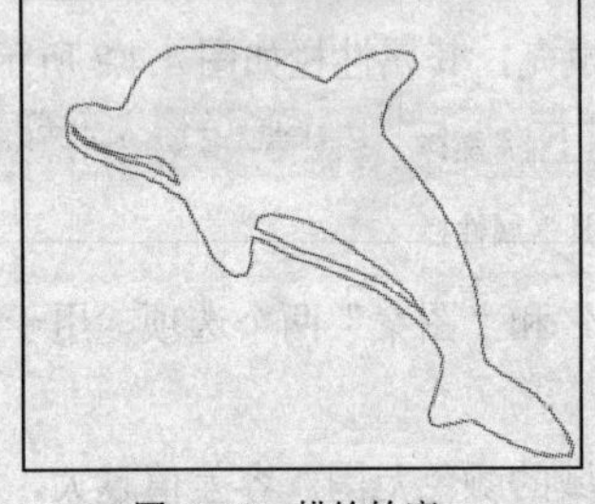
图 4.5.2　描绘轮廓

图 4.5.3　描绘轮廓内部色彩

（4）单击工具箱中的“椭圆选框工具”按钮，在新建图像中绘制一个圆，作为海豚的眼睛，并将其填充为黑色，效果如图 4.5.4 所示。

（5）再使用椭圆工具在绘制的圆上绘制一个白色的小圆，效果如图 4.5.5 所示。

图 4.5.4　绘制并填充圆

图 4.5.5　绘制小圆

（6）选中图层 1，选择 选择(S) → 载入选区(O)... 命令，弹出“载入选区”对话框，设置其对话框参数如图 4.5.6 所示。设置好参数后，单击 确定 按钮，将图层 1 载入选区。

（7）按“Ctrl+C”键将选区内的图像复制到剪贴板上，然后按“Ctrl+V”键，将其粘贴到适当的位置。

（8）选择 编辑(E) → 变换 → 水平翻转(H) 命令，对复制后的图像进行水平翻转，然后按“Ctrl+T”键，对其进行旋转和缩放操作，效果如图 4.5.7 所示。

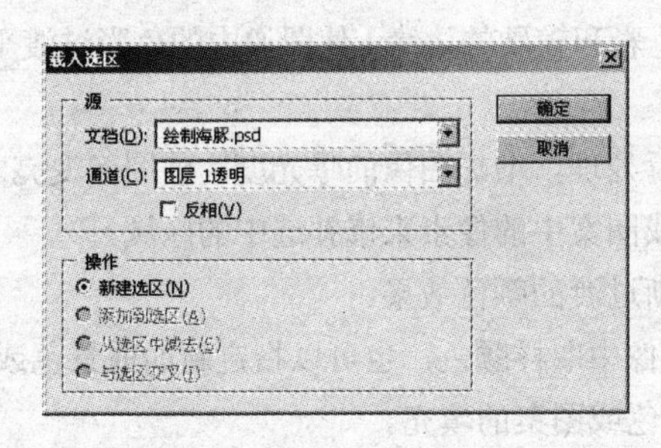

图 4.5.6　“载入选区”对话框

图 4.5.7　旋转并缩小图像效果

（9）设置前景色为浅蓝色，单击工具箱中的“画笔工具”按钮，在新建图像中绘制如图 4.5.8 所示的泡泡图形。

（10）单击工具箱中的“铅笔工具”按钮，将绘制的泡泡图形边缘描绘成蓝色，如图 4.5.9 所示。

图 4.5.8　绘制泡泡图形

图 4.5.9　描绘泡泡边缘

（11）单击工具箱中的“仿制图章工具”按钮，按住“Alt”键用鼠标在绘制的图形中单击，然后单击并拖动鼠标进行复制，最终效果如图 4.5.1 所示。

本 章 小 结

本章主要介绍了绘图工具、编辑图像、修饰图像以及填充图像等内容。通过本章的学习，可使读者掌握各种绘图工具与修饰工具的使用方法与技巧，并且学会对绘制的图像进行各种编辑操作，从而制作出具有视觉艺术感的图像作品。

操 作 练 习

一、填空题

1. 绘图的基本工具包括________和________。

2. ________工具用于创建类似硬边手画的直线，线条比较尖锐，对位图图像特别有用。

3. 使用________工具可以将处理后的图像恢复到指定状态，该工具必须结合历史记录面板来进行操作。

4. ________图像是移去整个图像中的部分图像以形成突出或加强构图效果的过程。

5. ________工具一般用来合成图像，它能将某部分图像或定义的图案复制到其他位置或文件中进行修补处理。

6. ________工具可以柔化图像中突出的色彩和较硬的边缘，使图像中的色彩过渡平滑，从而达到模糊图像的效果。

7. 利用________可以对图像中的暗调进行处理，增加图像的曝光度，使图像变亮。

8. 利用________可以用图像中其他区域或图案中的像素来修补选中的区域。

9. 利用________工具可以使图像产生逐渐过渡的颜色效果。

10. 利用________工具不仅能从打开的图像中取样颜色，也可以指定新的前景色或背景色。

11. 利用________工具可以对图像进行颜色或图案的填充。

二、选择题

1. 按住（ ）键的同时单击铅笔工具在图像中拖动鼠标可绘制直线。

（A）Shift　　（B）Ctrl
（C）Alt　　（D）Shift+ Alt

2. 如果选中“铅笔工具”属性栏中的“自动抹掉”复选框，可以将铅笔工具设置成类似（ ）工具。

（A）仿制图章　　（B）魔术橡皮擦
（C）背景橡皮擦　　（D）橡皮擦

3. 利用（ ）工具可以调整图像的饱和度。

（A）海绵　　（B）模糊
（C）加深　　（D）锐化

4. 利用（ ）工具可降低图像的曝光度，使图像颜色变深，更加鲜艳。

（A）锐化　　（B）减淡
（C）涂抹　　（D）加深

5．利用（　）工具可以快速地移去图像中的污点和其他不理想部分，以达到令人满意的效果。

（A）杂点修复画笔　　（B）修补

（C）修复画笔　　（D）背景橡皮擦

6．利用（　）工具可以清除图像中的蒙尘、划痕及褶皱等，同时保留图像的阴影、光照和纹理等效果。

（A）污点修复画笔　　（B）修补

（C）修复画笔　　（D）背景橡皮擦

三、简答题

1．如何自定义画笔笔触？

2．在 Photoshop CS4 中，如何贴入图像？

3．如何使用仿制图章工具修复图像？

四、上机操作题

1．在新建图像中使用铅笔工具绘制一幅图像，然后使用图像的变换功能对绘制的图像进行各种变换操作，并对绘制的图像进行填充。

2．打开一幅需要修饰的图像，使用本章所学的知识对其进行修复。

第 5 章　路径与形状

路径和形状是 Photoshop CS4 的重要工具之一，利用路径工具和形状工具可以绘制各种复杂的图形，并能够生成各种复杂的选区。本章主要介绍路径简介、路径的创建、路径的编辑以及形状工具的使用方法与技巧。

知识要点

- 路径简介
- 创建路径
- 编辑路径
- 形状工具

5.1 路 径 简 介

路径是 Photoshop CS4 的重要工具之一，利用路径工具可以绘制各种复杂的图形，并能够生成各种复杂的选区。

5.1.1 路径的概念

路径是由一条或多条直线或曲线的线段构成的。一条路径上有许多锚点，用来标记路径上线段的端点，而每个锚点之间的曲线形状可以是任意的。使用路径可以进行复杂图像的选取，可以将选区进行存储以备再次使用，可以绘制线条平滑的优美图形。

使用路径可以精确地绘制选区的边界，与铅笔工具或其他画笔工具绘制的位图图形不同，路径绘制的是不包含像素的矢量对象。因此，路径与位图图像是区别开的，路径不会被打印出来。

路径可以进行存储或转换为选区边界，也可以用颜色填充或描边路径，还可以将选区转换为路径。路径是由锚点、方向线、方向点和曲线线段等部分组合而成的，如图 5.1.1 所示。其中，A 为曲线线段；B 为方向点；C 为被选择的锚点，呈黑色实心的正方形；D 为方向线；E 为未选择的锚点，呈空心的正方形。

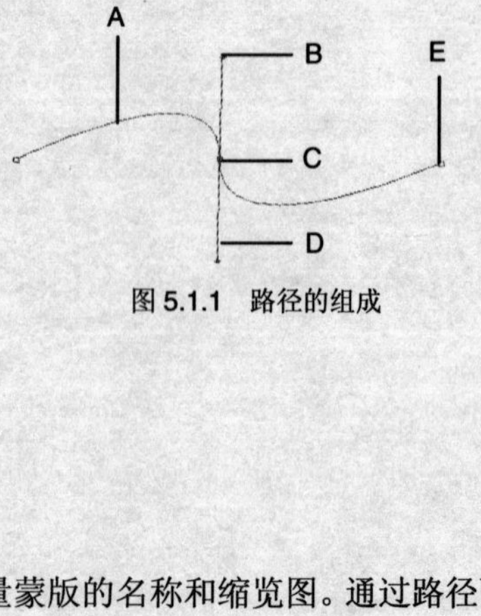

图 5.1.1　路径的组成

曲线线段：是指两个锚点之间的曲线线段。

方向线与方向点：是指在曲线线段上，每个选中的锚点显示一条或两条方向线，方向线以方向点结束。

锚点：是由钢笔工具创建的，是一个路径中两条线段的交点。

5.1.2 路径面板

路径面板中列出了每条存储的路径、当前工作路径和当前矢量蒙版的名称和缩览图。通过路径面

板可以执行所有路径的操作。选择菜单栏中的 窗口(W) → 路径 命令，即可打开路径面板，如图 5.1.2 所示。

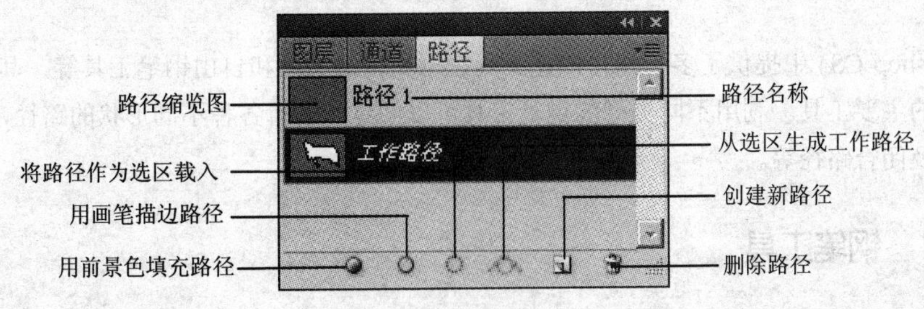

图 5.1.2 路径面板

路径面板中的各项功能介绍如下：

路径列表：在路径列表框中列出了当前图像中的所有路径。

路径面板菜单：单击路径面板右上角的按钮，弹出路径面板菜单，从菜单中可以选择相应的命令对路径进行操作。

“用前景色填充路径”按钮：单击此按钮，可将当前的前景色、背景色或图案等内容填充到路径所包围的区域中。

“用画笔描边路径”按钮：单击此按钮，可用当前选定的前景色对路径描边。

“将路径作为选区载入”按钮：单击此按钮，可将当前选择的路径转换为选区。

“从选区生成工作路径”按钮：单击此按钮，可将当前选区转换为路径。

“创建新路径”按钮：单击此按钮，可创建新路径。

“删除当前路径”按钮：单击此按钮，可删除当前选中的路径。

下面简单介绍路径面板的操作。

（1）在路径面板中可取消或选择路径。如果要选择路径，可在路径面板中单击相应的路径名选择该路径，且一次只能选择一条路径；如果要取消选择路径，在路径面板中的空白区域单击或按回车键即可。

（2）更改路径缩览图的大小。单击路径面板右上角的按钮，从弹出的菜单中选择 面板选项... 命令，即可弹出“路径调板选项”对话框，如图 5.1.3 所示。在 缩览图大小 选项区中可以选择路径缩览图的大小。

（3）改变路径的排列顺序。在路径面板中选择路径，然后上下拖移路径。当所需位置上出现黑色的实线时，释放鼠标即可，如图 5.1.4 所示。

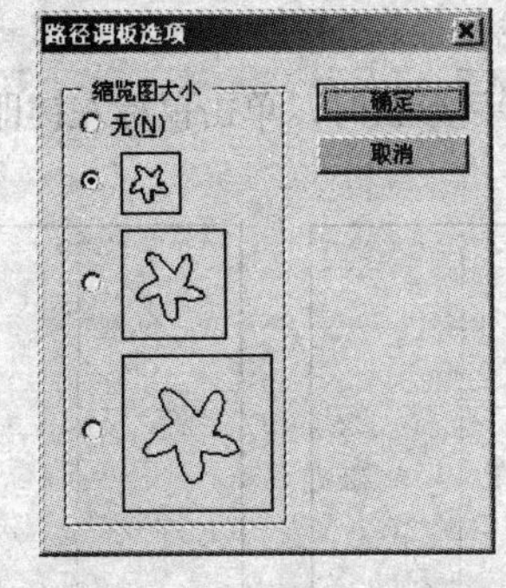

图 5.1.3 “路径调板选项”对话框

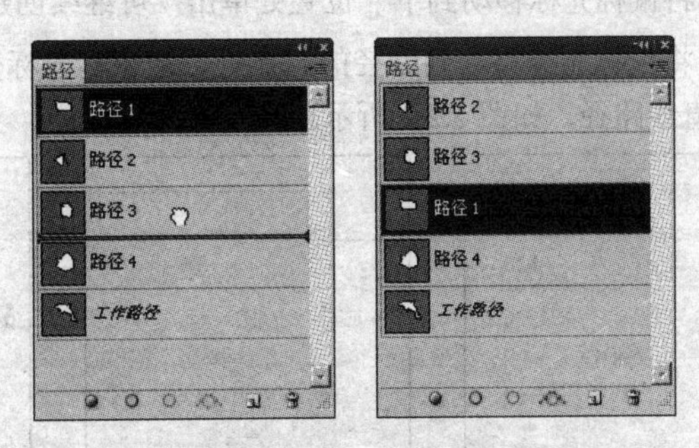

图 5.1.4 更改路径顺序

5.2 创建路径

Photoshop CS4 中提供了多种路径创建工具，例如钢笔工具和自由钢笔工具等，其中钢笔工具是创建路径的主要工具。利用不同类型的钢笔工具可以创建和编辑各种不同形状的路径，包括直线段、曲线段以及闭合路径等。

5.2.1 钢笔工具

钢笔工具的使用方法很简单，首先单击工具箱中的“钢笔工具”按钮，其属性栏如图 5.2.1 所示。设置好参数后，在图像中单击鼠标，即可进行定义节点，单击一次鼠标，路径中就会多一个节点，同时节点之间相互连接，当鼠标放在第一个节点处时，光标变为形状，然后单击鼠标可将路径封闭。

☑自动添加/删除

图 5.2.1 “钢笔工具”属性栏

：单击此按钮，就可以在图像中绘制需要的路径。

：单击此按钮，在图像中拖动鼠标可以创建具有前景色的形状图层。

：单击此按钮，在绘制图形时可以直接使用前景色填充路径区域。该按钮只有在选择形状工具时才可以使用。

：该组工具可以直接用来绘制矩形、椭圆形、多边形、直线等形状。

选中 ☑自动添加/删除 复选框，钢笔工具将具备添加和删除锚点的功能，可以在已有的路径上自动添加新锚点或删除已存在的锚点。

：这 4 个按钮从左到右分别是相加、相减、相交和反交，与“选框工具”属性栏中的相同，这里不再赘述。

1．绘制直线路径

利用钢笔工具绘制直线路径的具体操作方法如下：

（1）新建一个图像文件，单击工具箱中的“钢笔工具”按钮，在图像中适当的位置处单击鼠标，创建直线路径的起点。

（2）将鼠标光标移动到适当的位置处再单击，绘制与起点相连的一条直线路径。

（3）将鼠标光标移动到下一位置处单击，可继续创建直线路径。

（4）将鼠标光标移动到路径的起点处，当鼠标光标变为形状时，单击鼠标左键即可创建一条封闭的直线路径，如图 5.2.2 所示。

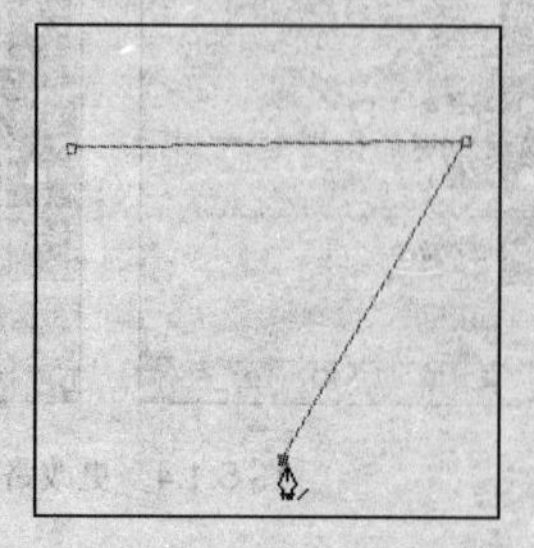
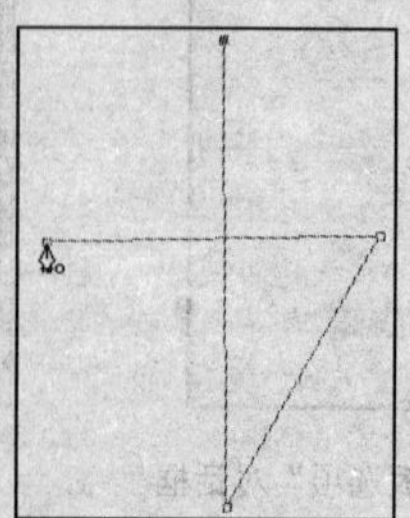
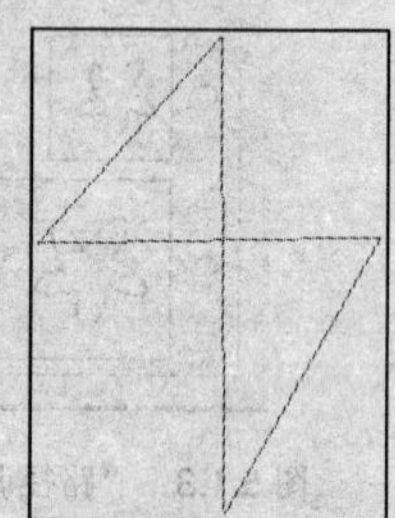

图 5.2.2 绘制的封闭直线路径

2．绘制曲线路径

利用钢笔工具绘制曲线路径的具体操作方法如下：

（1）新建一个图像文件，单击工具箱中的“钢笔工具”按钮，在图像中适当的位置处单击鼠标创建曲线路径的起点（即第一个锚点）。

（2）将鼠标光标移动到适当位置再单击并按住鼠标左键拖动，将在起点与该锚点之间创建一条曲线路径。

（3）重复步骤（2）的操作，即可继续创建曲线路径。

（4）将鼠标光标移动到路径的起点处，当鼠标光标变为形状时，单击鼠标左键即可创建一条封闭的曲线路径，如图 5.2.3 所示。

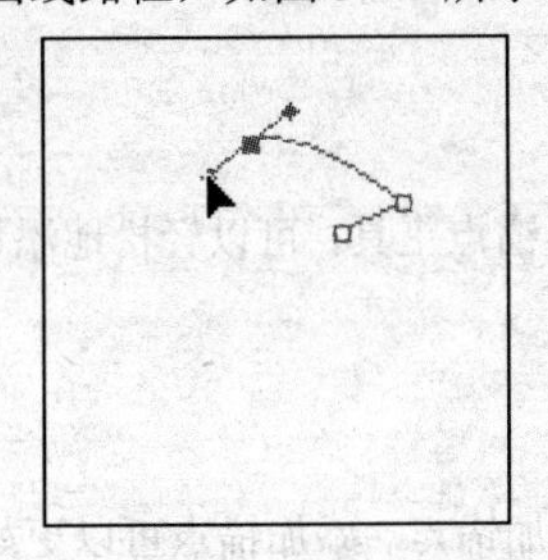
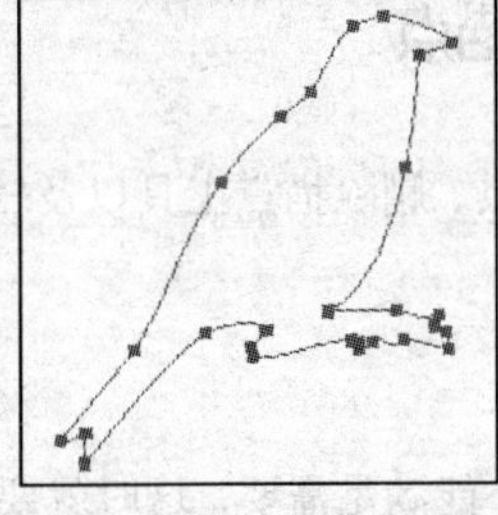
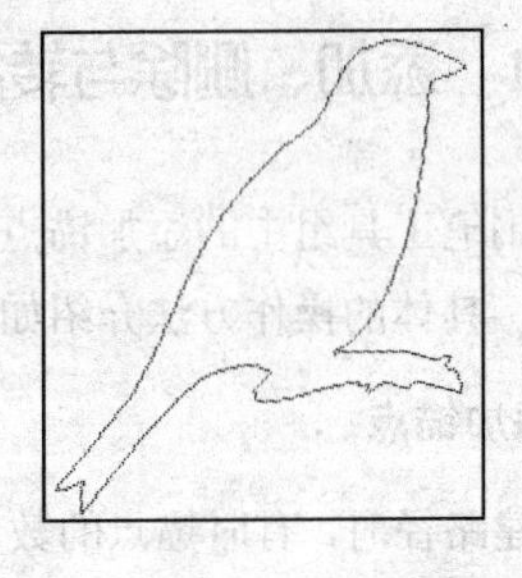

图 5.2.3　绘制的封闭曲线路径

5.2.2　自由钢笔工具

使用自由钢笔工具可以随意绘制曲线，还可以对图像进行描边，尤其适用于创建精确的图像路径。单击工具箱中的“自由钢笔工具”按钮，其属性栏如图 5.2.4 所示。

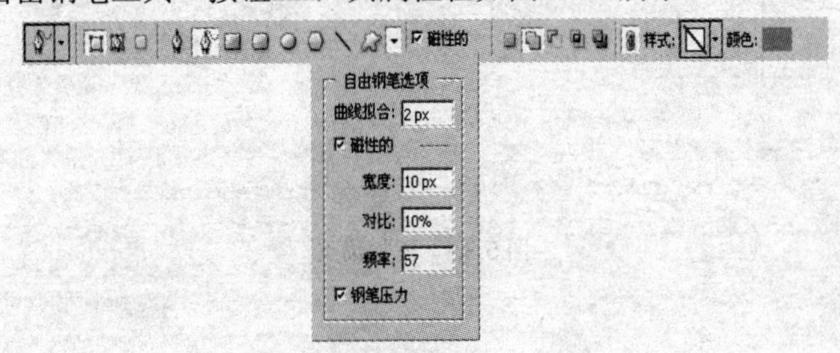

图 5.2.4　“自由钢笔工具”属性栏

选中☑磁性的复选框，自由钢笔工具将变成磁性钢笔工具，和磁性套索工具一样可以自动寻找对象的边缘。

在曲线拟合:输入框中输入数值，可以设置自由钢笔工具在创建路径时的定位点数，数值范围为 0.5～10。输入的数值越大，定位点数就越少，所创建的路径也就越简单。

在宽度:输入框中输入数值，可以自动设定钢笔工具检测的宽度范围。

在对比:输入框中输入数值，可以设置像素之间可以被看做边缘所需的灵敏度，数值范围为 0～100%。数值越大，要求边缘与周围环境的反差越大。

在频率:输入框中输入数值，可以设置在创建的路径上的锚点的密度，数值范围为 5～40。数值越大，定位点越少，数值越小，定位点越多。

选中☑钢笔压力复选框，可以设置在使用光笔绘图板时，钢笔的压力与宽度值之间的关系。

提示：使用自由钢笔工具建立路径后，按住“Ctrl”键，可将钢笔工具切换为直接选择工具。按住“Alt”键，移动光标到锚点上，此时将变为转换点工具。若移动到开放路径的两端，将变为自由钢笔工具，并可继续描绘路径。

5.3 编辑路径

通常情况下，用户直接绘制的路径不能很好地满足要求，此时就需要对路径进行进一步的编辑。

5.3.1 添加、删除与转换锚点

利用钢笔工具组中的添加锚点工具、删除描点工具以及转换锚点工具，可以轻松地添加、删除和转换锚点，具体的操作方法介绍如下。

1. 添加锚点

在创建路径时，有时锚点的数量不能满足需要，这时就要添加锚点。添加锚点可以更好地控制路径的形状。单击工具箱中的“添加锚点工具”按钮，在路径上任意位置单击处鼠标，即可在路径中增加锚点，效果如图 5.3.1 所示。

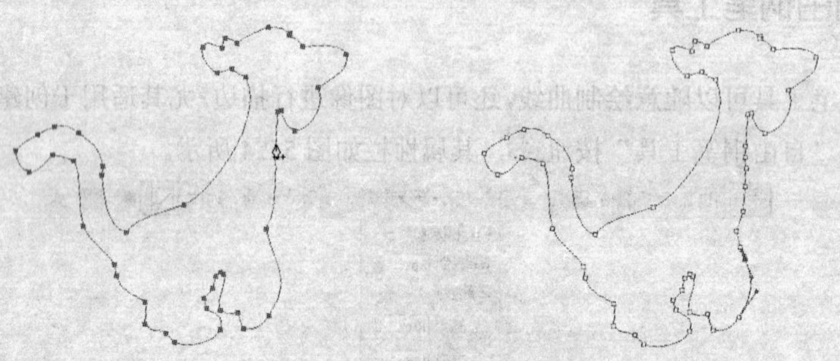

图 5.3.1 添加锚点

2. 删除锚点

利用删除锚点工具可以将路径中多余的锚点删除，锚点越少，图像越光滑。单击工具箱中的“删除锚点工具”按钮，将光标放在需要删除的锚点处单击，即可删除锚点，效果如图 5.3.2 所示。

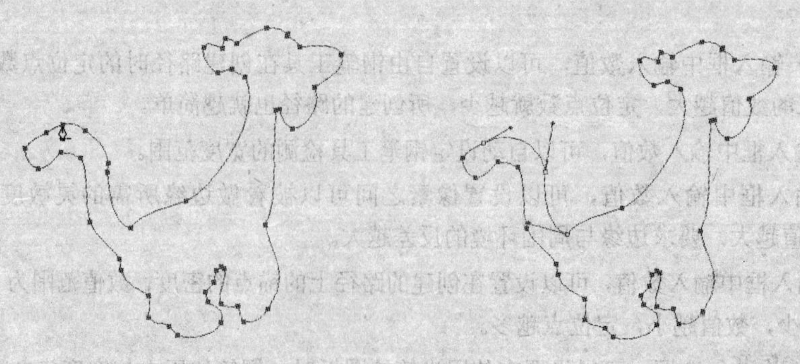

图 5.3.2 删除锚点

提示： 将鼠标移动到需要添加锚点的路径上，单击鼠标右键，在弹出的快捷菜单中选择“添加锚点”命令即可添加锚点；将鼠标移动到需要删除的锚点上，单击鼠标右键，在弹出的快捷菜单中选择“删除锚点”命令即可删除锚点。

3. 转换锚点

利用转换点工具可以编辑路径中的锚点，使路径更加精确。单击工具箱中的“转换锚点工具”按钮，在路径中单击鼠标，锚点的调节手柄即可显示出来，将鼠标放在调节手柄两端的锚点上时，鼠标光标变为 形状，此时就可以对锚点进行编辑，效果如图 5.3.3 所示。

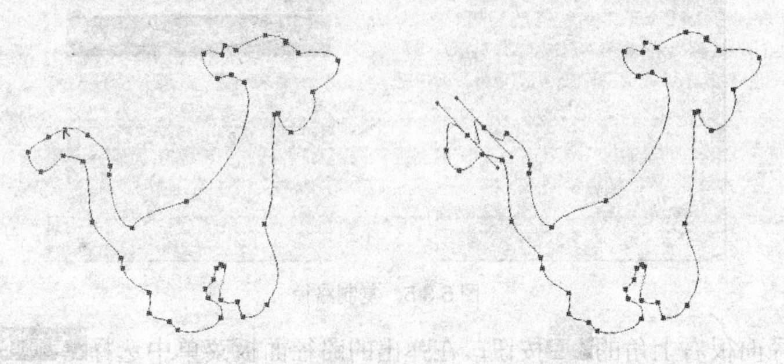

图 5.3.3 用转换点工具修改路径的效果

5.3.2 调整路径

要对所制作的路径进行调整，首先须选择路径或其中的锚点，这就需要用到路径选择工具和直接选择工具。

使用路径选择工具可以选中已创建路径中的所有锚点，拖动鼠标即可将该路径拖动至图像中的其他位置，还可以使用该工具复制路径，按住“Alt”键的同时拖动该路径到图像中的合适位置即可完成路径的复制。

使用直接选择工具可以选择并移动路径中的某一个锚点，还可以对选择的锚点进行变形操作，以改变路径的形状。单击工具箱中的“直接选择工具”按钮，然后单击图形中需要调整的路径，此时路径上的锚点全部显示为空心小矩形。再将鼠标移动到锚点上单击，当锚点显示为黑色时，表示此锚点处于选中状态，用鼠标单击并拖动可以对其进行调整，如图 5.3.4 所示。

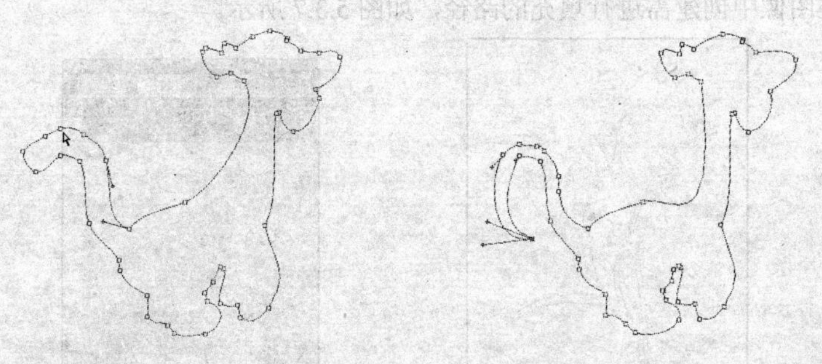

图 5.3.4 使用直接选择工具调整路径

提示： 当需要在路径上同时选择多个锚点时，可以按住“Shift”键，然后依次单击要选择的锚点即可，也可以用框选的方法选取所需的锚点。若要选择路径中的全部锚点，则可以按住“Alt”

键在图形中单击路径，当全部锚点显示为黑色时，即表示全部锚点被选择。

5.3.3 复制路径

复制路径的方法有以下两种：

（1）直接用鼠标将需要复制的路径拖动到路径面板底部的“创建新路径”按钮上，释放鼠标，即可复制路径，如图 5.3.5 所示。

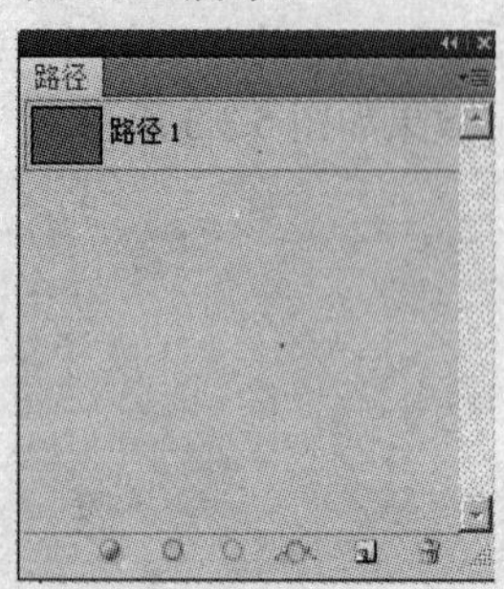

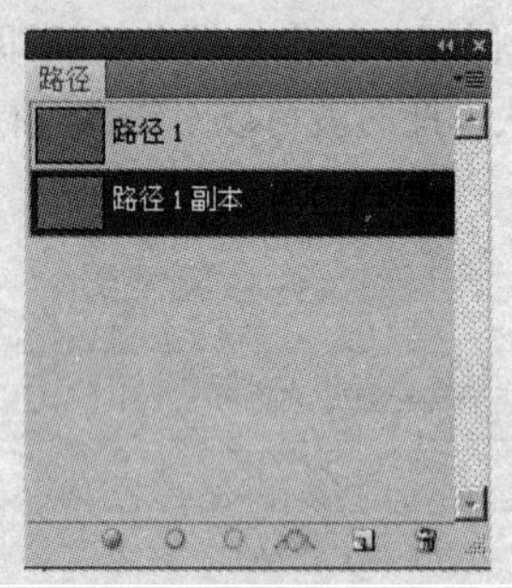

图 5.3.5 复制路径

（2）单击路径面板右上角的按钮，在弹出的路径面板菜单中选择 复制路径... 命令，可弹出如图 5.3.6 所示的“复制路径”对话框，在其中设置适当的参数后，单击 确定 按钮，即可复制路径。

图 5.3.6 “复制路径”对话框

5.3.4 填充路径

填充路径是用指定的颜色和图案来填充路径内部的区域。在进行填充前，应注意要先设置好前景色或背景色；如果要使用图案填充，则应先将所需要的图像定义成图案。

下面通过一个例子来介绍路径的填充，具体的操作方法如下：

（1）首先在图像中创建需进行填充的路径，如图 5.3.7 所示。

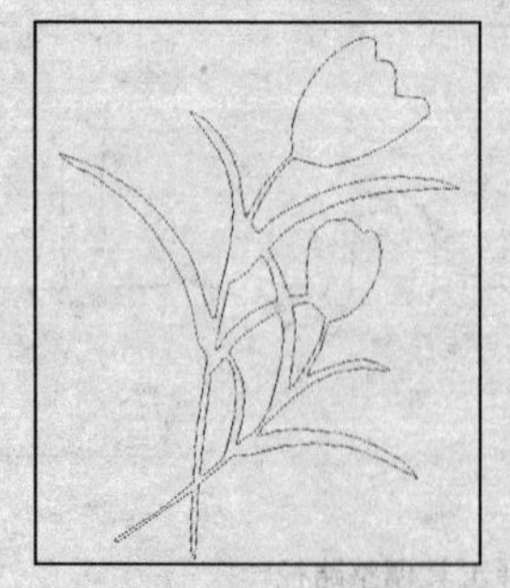

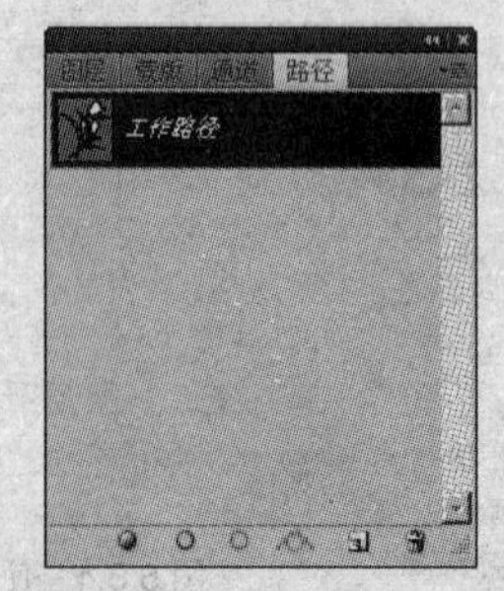

图 5.3.7 绘制的路径及路径面板

（2）单击路径面板右上角的按钮，在弹出的路径面板菜单中选择 填充路径... 命令，可弹出如图 5.3.8 所示的“填充路径”对话框。

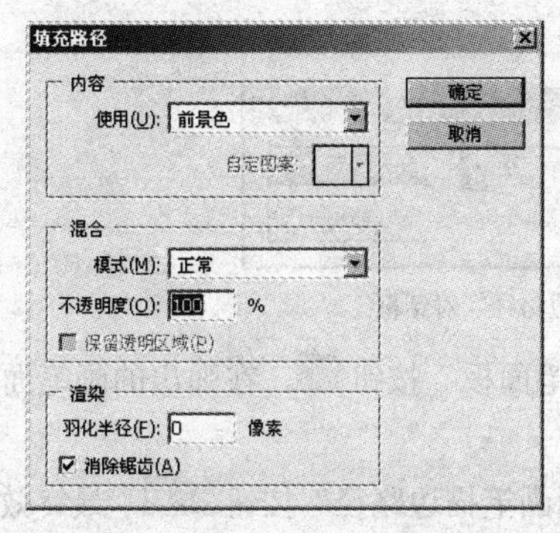

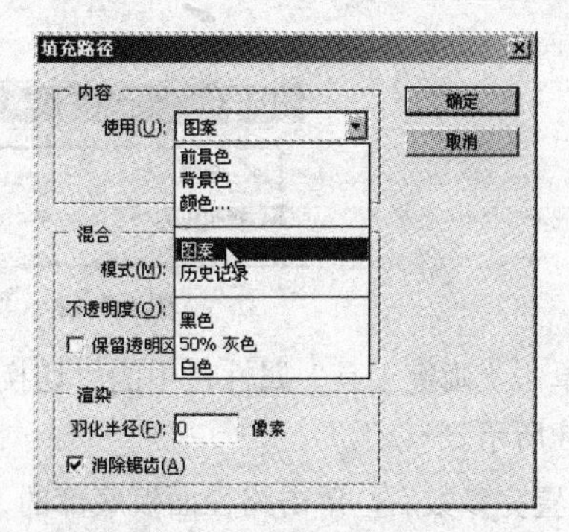

图 5.3.8 “填充路径”对话框

（3）在使用(U):下拉列表中选择所需的填充方式，如选择用图案填充，并将其不透明度(O):设为 80%，单击确定按钮，效果如图 5.3.9 所示。

技巧：单击路径面板底部的“用前景色填充路径”按钮，即可直接使用前景色填充路径，效果如图 5.3.10 所示。

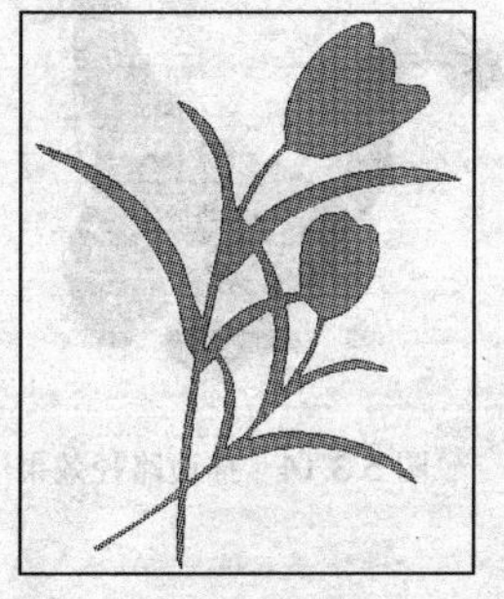
图 5.3.9 使用图案填充路径效果

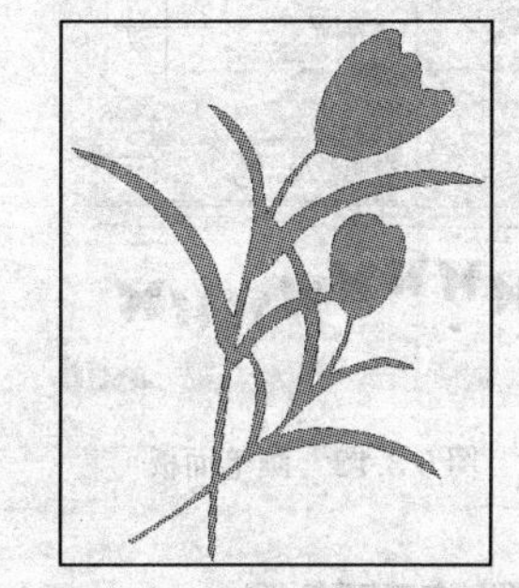
图 5.3.10 使用前景色填充路径效果

5.3.5 描边路径

在 Photoshop CS4 中，可以利用工具箱中的画笔、橡皮擦和图章等工具来描边路径。在进行路径描边时，应先定义好描边工具的属性。

下面通过一个例子来介绍路径的描边，具体的操作方法如下：

（1）首先在图像中创建需要进行描边的路径，如图 5.3.11 所示。

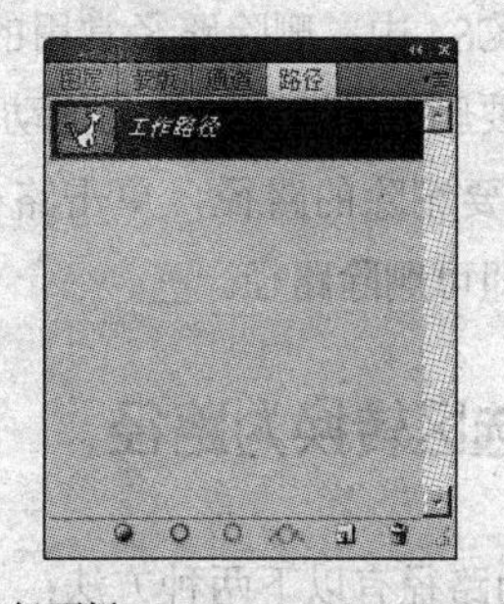

图 5.3.11 绘制的路径及路径面板

（2）单击路径面板右上角的按钮，在弹出的路径面板菜单中选择描边路径...命令，可弹出如图 5.3.12 所示的“描边路径”对话框，在画笔下拉列表中选择描边所用的绘画工具。

图 5.3.12 “描边路径”对话框

（3）单击“画笔工具”属性栏中的“切换画笔面板”按钮，在弹出的画笔面板中设置其参数如图 5.3.13 所示。

（4）设置完参数后，单击路径面板底部的“用画笔描边路径”按钮，最终效果如图 5.3.14 所示。

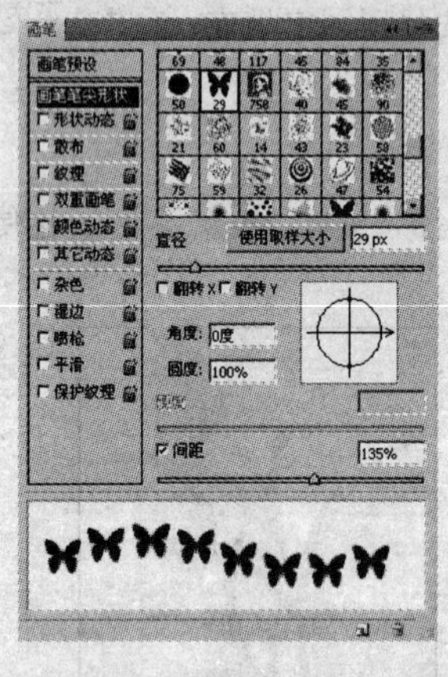

图 5.3.13 画笔面板

图 5.3.14 描边路径效果

5.3.6 显示和隐藏路径

在处理图像的过程中，如果窗口中的图像太多，可以将不需要的图层和通道内容隐藏起来，路径也一样。在路径面板中选中需要隐藏的路径，然后按“Ctrl+H”键可将路径隐藏，再次按“Ctrl+H”键可以将路径显示出来。

5.3.7 删除路径

在 Photoshop CS4 中，删除路径常用的方法有以下两种：

（1）选择需要删除的路径，将其拖动到路径面板中的“删除路径”按钮上，即可删除路径。

（2）选择需要删除的路径，单击路径面板右上角的按钮，在弹出的路径面板菜单中选择删除路径命令，即可删除路径。

5.3.8 将选区转换为路径

将选区转换为路径有以下两种方法：

（1）在图像中创建选区后，单击路径面板底部的“从选区生成工作路径”按钮，即可将该选区转换为工作路径，如图 5.3.15 所示。

图 5.3.15 将选区转换为工作路径

（2）在图像中创建选区后，单击路径面板右上角的按钮，在弹出的路径面板菜单中选择建立工作路径...命令，可弹出如图 5.3.16 所示的“建立工作路径”对话框，在其中设置适当的参数后，单击确定按钮，即可将选区转换为路径。

图 5.3.16 “建立工作路径”对话框

5.3.9 将路径转换为选区

用户不但能够将选区转换为路径，而且还能够将所绘制的路径作为选区进行处理。要将路径转换为选区，只须单击路径面板中的“将路径作为选区载入”按钮，即可将路径转换为选区。如果某些路径未封闭，则在将路径转换为选区时，系统自动将该路径的起点和终点相连形成封闭的选区。将路径转换为选区的具体操作方法如下：

（1）新建一个图像文件，在图像中使用钢笔工具绘制一个路径，如图 5.3.17 所示。

（2）在路径面板底部单击“将路径作为选区载入”按钮，可直接将路径转换为选区，如图 5.3.18 所示。

图 5.3.17 绘制路径

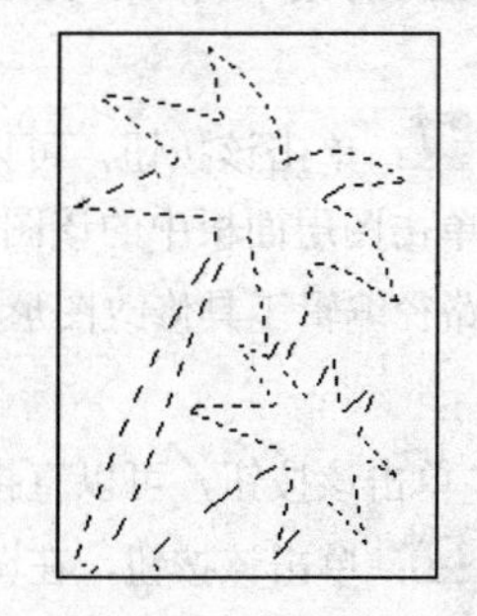

图 5.3.18 将路径转换为选区

（3）选择渐变工具对图像进行渐变填充，再按“Ctrl+D”键取消选区，效果如图 5.3.19 所示。

此外，在路径面板中单击右上角的按钮，从弹出的下拉菜单中选择建立选区...命令，弹出建立选区对话框，可在将路径转换为选区时，利用建立选区对话框设置选区的羽化半径、是否消除锯齿以及和原有选区的运算关系等，如图 5.3.20 所示。

图 5.3.19　以渐变色填充选区效果

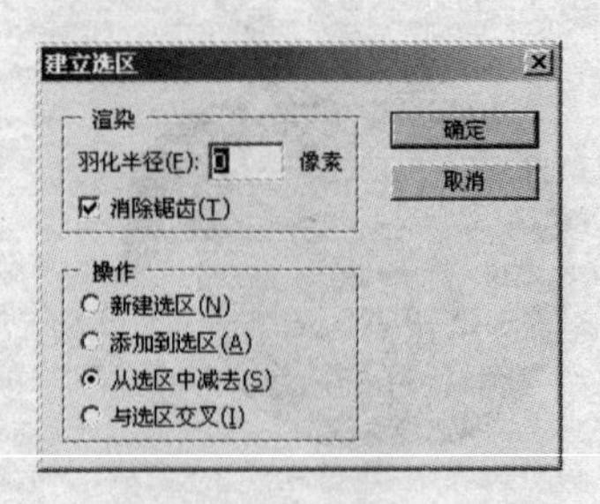

图 5.3.20　“建立选区”对话框

5.4　形 状 工 具

在 Photoshop CS4 中，提供了矩形、椭圆形、多边形、直线和自定义形状工具，可以方便地进行形状绘制，并且绘制出的图形都是矢量图形，也可以使用其他矢量工具对绘制出的图形进行编辑。在工具箱中用鼠标右键单击“自定形状工具”按钮，即可弹出形状工具组，如图 5.4.1 所示。

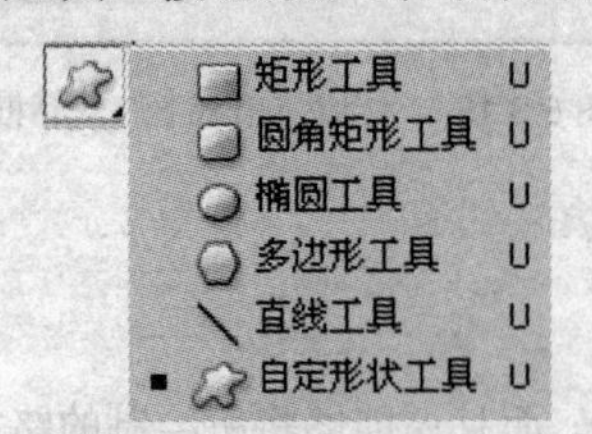

图 5.4.1　形状工具组

当在形状工具组中选择了某个形状工具时，相应的工具属性栏中除了会显示该形状工具的选项外，还会显示其他的形状工具按钮，不必再在工具箱中切换，如图 5.4.2 所示。

图 5.4.2　“矩形工具”属性栏

在形状工具的属性栏中分别单击用于设置绘制的图形样式类型的 3 个按钮，可以创建 3 种不同的样式对象。

“形状图层”按钮：单击该按钮，可以创建带有矢量蒙版的图像对象，并且在图层面板中创建一个新的图层。通过单击图层面板中的该图层的矢量蒙版，或者直接单击创建的图形对象，即可显示它的锚点，然后使用路径编辑工具修改图形形状，并且在修改图形形状时其填充区域也会随之一起改变。

“路径”按钮：单击该按钮，可以直接在图像文件中创建路径图形。

“填充像素”按钮：单击该按钮，在图像文件中会按照绘制的形状创建填充区域。

5.4.1　矩形、圆角矩形和椭圆形工具

矩形、圆角矩形和椭圆形工具的使用方法基本相同，其属性栏也相同，选择工具箱中相应的形状工具，在图像中绘制如图 5.4.3 所示的图形。

在“矩形工具”属性栏中单击矩形的“几何选项”按钮，可在弹出的矩形选项面板中设置矩形

选项，如图 5.4.4 所示。

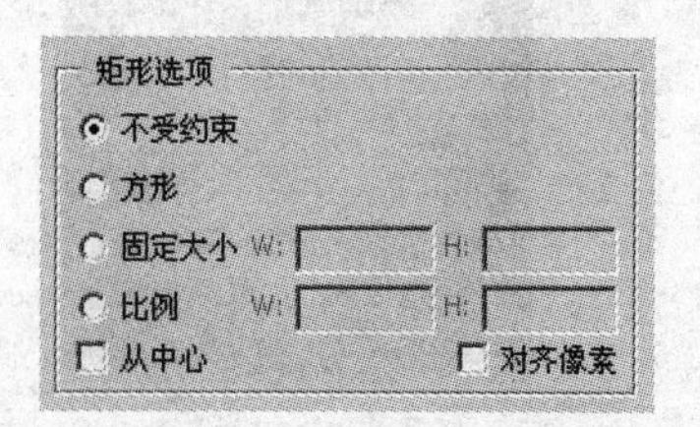

图 5.4.3　矩形、圆角矩形和椭圆形　　　　图 5.4.4　矩形选项面板

选中不受约束单选按钮，在图像文件中创建图形将不受任何限制，可以绘制任意形状的图形。

选中方形单选按钮，可在图像文件中绘制方形、圆角方形或圆形。

选中固定大小单选按钮，在后面的输入框中输入固定的长宽数值，可以绘制出指定尺寸的矩形、圆角矩形或椭圆形。

选中比例单选按钮，在后面的输入框中输入矩形的长宽比例，可绘制出比例固定的图形。

选中从中心复选框后，在绘制图形时将以图形的中心为起点进行绘制。

选中对齐像素复选框后，图形的边缘将同像素的边缘对齐，使图形的边缘不会出现锯齿。

5.4.2　多边形工具

多边形工具主要用于绘制多边形。单击工具箱中的“多边形工具”按钮，其属性栏如图 5.4.5 所示。

图 5.4.5　“多边形工具”属性栏

“多边形工具”属性栏中提供了一个“边”选项，在边: 5输入框中输入数值，可以确定多边形或星形的边数。

在其属性栏中单击“几何选项”按钮，打开多边形选项面板，该面板中各选项含义介绍如下：

在半径:输入框中输入数值，可指定多边形的半径。

选中平滑拐角复选框，可以平滑多边形的拐角，使绘制出的多边形的角更加平滑。

选中星形复选框，可设置并绘制星形，如图 5.4.6 所示。

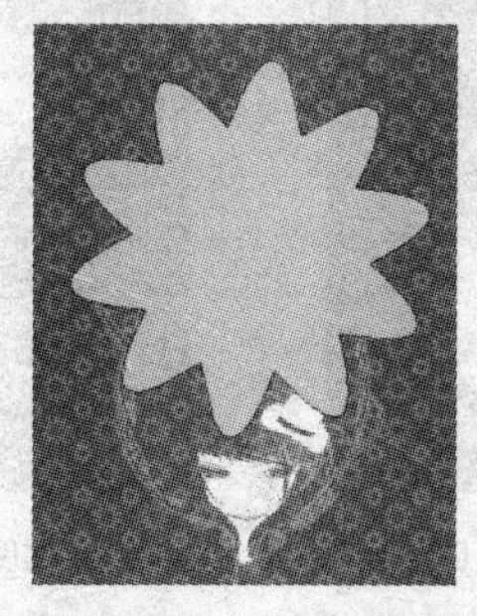

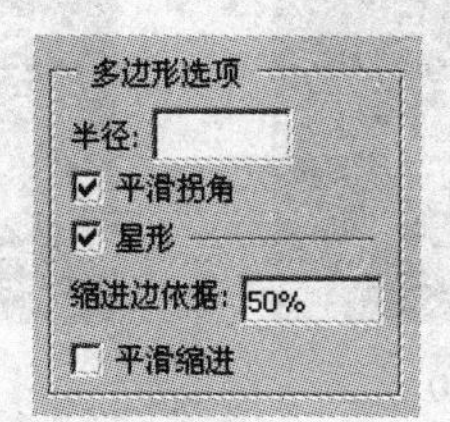

图 5.4.6　绘制星形

在缩进边依据:输入框中输入数值，可设置星形缩进边所用的百分比。

选中☑ 平滑缩进复选框，可以平滑多边形的凹角，如图 5.4.7 所示。

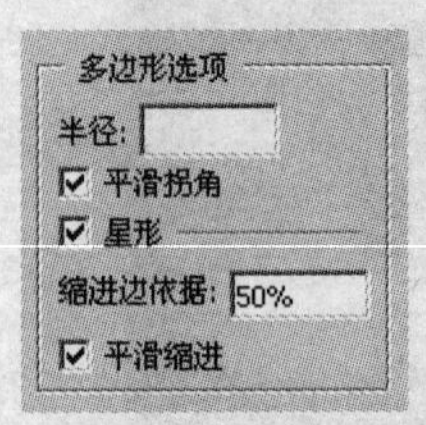

图 5.4.7　凹角多边形

5.4.3　直线工具

直线工具主要绘制线形或带箭头的直线路径。单击工具箱中的“直线工具”按钮，其属性栏如图 5.4.8 所示。

图 5.4.8　“直线工具”属性栏

“直线工具”属性栏中提供了一个粗细:选项，在该输入框中输入数值，可设置直线的粗细，范围为 1～1 000 像素。

在其属性栏中单击“几何选项”按钮，打开箭头面板，如图 5.4.9 所示。

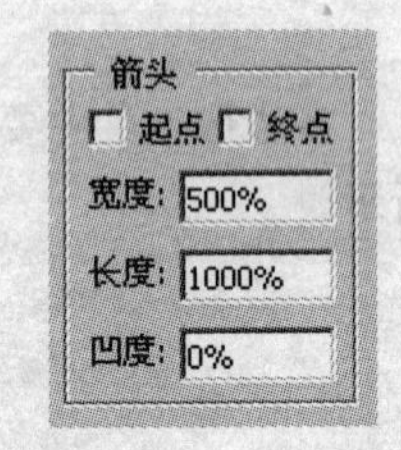

图 5.4.9　箭头面板

选中☑ 起点复选框，在绘制直线形状时，直线形状的起点处带有箭头。

选中☑ 终点复选框，在绘制直线形状时，直线形状的终点处带有箭头。

在宽度:输入框中输入数值，可用来设置箭头的宽窄，数值范围为 10%～1 000%。数值越大，箭头越宽。

在长度:输入框中输入数值，可用来设置箭头的长短，数值范围为 10%～5 000%。数值越大，箭头越长。

在凹度:输入框中输入数值，可用来设置箭头的凹陷程度，数值范围为－50%～50%。数值为正时，箭头尾部向内凹陷；数值为负时，箭头尾部向外突出；数值为 0 时，箭头尾部平齐，效果如图 5.4.10 所示。

凹度为 50

凹度为 0

凹度为-50

图 5.4.10　设置凹度绘制箭头效果

5.4.4　自定形状工具

自定形状工具用于绘制特殊的形状。自定形状工具的使用方法同其他形状工具的使用方法一样，单击工具箱中的“自定形状工具”按钮，其属性栏如图5.4.11所示。

图5.4.11　“自定形状工具”属性栏

单击形状:右侧的按钮，则弹出自定形状选项面板，其中包含了所有的自定义图形。在自定形状面板中单击任意一个形状，即表示选用了该形状。单击右侧的按钮，还可以在弹出的下拉菜单（见图5.4.12）中选择加载其余的自定形状图形。

使用自定形状工具绘制图形的方法与其他形状工具相同，如图5.4.13所示。

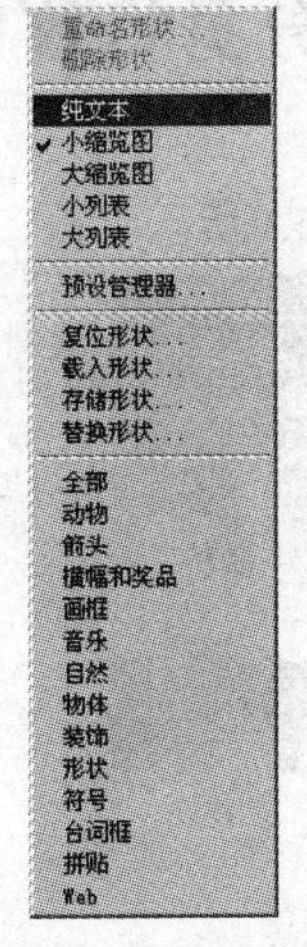

图5.4.12　下拉菜单

图5.4.13　绘制自定义形状图形

另外，在平时的绘图过程中，遇到比较好看的形状，用户还可将它转换成路径形状图层保存起来，以便再次使用。具体的操作方法如下：

（1）使用创建路径工具绘制新的自定形状，如图5.4.14所示。

图5.4.14　创建的自定形状

（2）选择编辑(E)→定义自定形状...命令，弹出“形状名称”对话框，设置参数如图 5.4.15 所示。

图 5.4.15 “形状名称”对话框

（3）设置完成后，单击确定按钮，然后再打开自定形状工具的形状下拉列表，可以看到自定义的形状已被添加到形状下拉列表中，如图 5.4.16 所示。

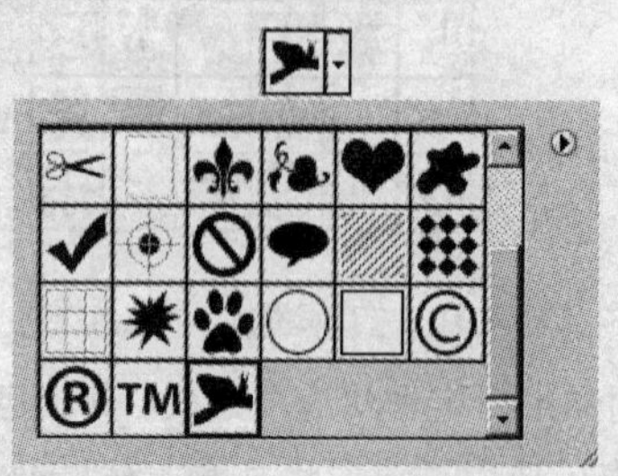

图 5.4.16 添加自定义图形

5.5 课堂实训——制作分身特效

本节主要利用所学的知识制作分身效果，最终效果如图 5.5.1 所示。

图 5.5.1 最终效果图

操作步骤

（1）按“Ctrl+O”键，打开一个图像文件，如图 5.5.2 所示。

图 5.5.2 打开图片

（2）单击工具箱中的“钢笔工具”按钮，设置其属性栏参数如图 5.5.3 所示。

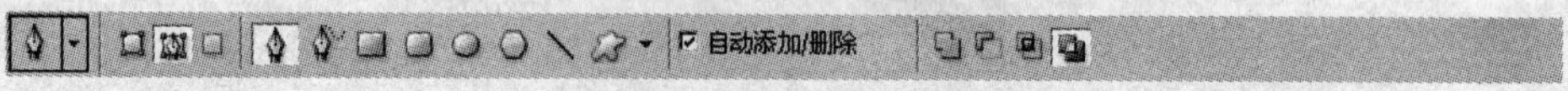

图 5.5.3 “钢笔工具”属性栏

（3）设置好参数后，使用钢笔工具沿着人物图像的边缘拖动鼠标，绘制封闭路径，效果如图 5.5.4 所示。

（4）切换到路径面板，单击路径面板底部的“将路径作为选区载入”按钮，将路径转换为选区，效果如图 5.5.5 所示。

图 5.5.4　绘制路径

图 5.5.5　将路径转换为选区

（5）按“Ctrl+C”键复制选区内的内容，然后按“Ctrl+V”键进行粘贴，使用移动工具将粘贴后的图像移动一定的距离，效果如图 5.5.6 所示。

（6）选择 编辑(E) → 变换 → 水平翻转(H) 命令，对复制后的图像进行水平翻转，效果如图 5.5.7 所示。

图 5.5.6　复制并粘贴选区内图像

图 5.5.7　水平翻转图像

（7）单击工具箱中的“自定形状工具”按钮，设置其属性栏参数如图 5.5.8 所示。

图 5.5.8　“自定形状工具”属性栏

（8）设置好参数后，在图像中绘制一个形状，最终效果如图 5.5.1 所示。

本 章 小 结

本章主要介绍了路径简介、创建路径、编辑路径以及形状工具等内容。通过本章的学习，可使读者掌握钢笔工具和形状工具的使用方法与技巧，并能熟练地对绘制的路径进行编辑和转换。

操 作 练 习

一、填空题

1．路径是由__________、__________、__________和__________等部分组合而成。

2. 用户可以使用__________工具和__________工具创建路径。

3. 编辑路径的工具有__________、__________、__________、__________和__________5 种。

4. 使用自由钢笔工具建立路径后，按住__________键，可将钢笔工具切换为直接选择工具；按住__________键，移动光标到锚点上，此时将变为转换点工具。

5. 在 Photoshop CS4 中，绘制形状的工具包括__________、__________、__________、__________、__________和__________6 种。

二、选择题

1. 在路径面板底部单击按钮，可将（　）。

（A）选区转换为路径　　（B）路径转换为选区

（C）路径转换为工作路径　　（D）以上都不能

2. 单击路径面板底部的（　）按钮，可以直接使用前景色填充路径。

（A）　　（B）

（C）　　（D）

3. 如果想连续选择多个路径，可以在单击鼠标选择的同时按住（　）键。

（A）Shift　　（B）Ctrl

（C）Enter　　（D）Alt

4. 按（　）键，可在图像中隐藏或显示路径。

（A）Ctrl+B　　（B）Alt+B

（C）Ctrl+H　　（D）Alt+H

5. 单击工具箱中（　）可以将角点与平滑点进行转换。

（A）转换点工具　　（B）直接选择工具

（C）路径选择工具　　（D）添加锚点工具

三、简答题

1. 简述光滑点和角点的区别。

2. 选区和路径之间是如何进行转换的？

3. 简述如何将打开的一个图像转换成路径形状图层。

四、上机操作题

1. 打开一个图像文件，使用钢笔工具创建一个工作路径。

2. 练习使用钢笔工具、自由钢笔工具以及形状工具创建一个路径，并对绘制的路径进行编辑。

3. 创建一个路径，使用本章所学的知识对创建的路径进行填充和描边，并将其转换为选区。

第6章　图　　层

图层在 Photoshop CS4 图像处理中占有十分重要的位置，许多 Photoshop 爱好者甚至将图层称为 Photoshop 的灵魂。使用图层功能，可以将一个图像中的各个部分独立出来，然后方便地对其中的任何一部分进行修改。利用图层可以创造出许多特殊效果，结合使用图层样式、图层不透明度以及图层混合模式，才能真正发挥 Photoshop 强大的图像处理功能。

知识要点

- 图层简介
- 图层的基本操作
- 设置图层混合模式
- 设置图层特殊样式
- 智能对象的应用

6.1　图 层 简 介

在 Photoshop 中对图层进行操作是最为频繁的一项工作，通过建立图层，然后在各个图层中分别编辑图像中的各个元素，可以产生既富有层次，又彼此关联的整体图像效果。

6.1.1　图层的概念

在 Photoshop 中，图像是由一个或多个图层组成的，若干个图层组合在一起，就形成了一幅完整的图像。在实际创作中，就是将图画的各个部分分别画在不同的透明纸上，每一张透明纸可以视为一个图层，将这些透明纸叠放在一起，从而得到一幅完整的图像。这些图层之间可以任意组合、排列和合并，在合并图层之前，图层与图层之间彼此独立，但是一个图像文件中的所有图层都具有相同的分辨率、通道数和色彩模式。

在 Photoshop CS4 中可以创建普通图层、背景图层、文本图层、填充图层和调整图层。每种类型的图层都有不同的功能和用途，其含义分别如下：

（1）普通图层：在普通图层中可以设置图层的混合模式、不透明度，还可以对图层进行顺序调整、复制、删除等操作。

（2）背景图层：在 Photoshop 中新建一个图像，此时，图层面板中只显示一个被锁定的图层，该图层即为背景图层。背景图层是一种不透明的图层，作为图像的背景，该图层不能进行混合模式与不透明度的设置。背景图层显示在图层面板的最底层，无法移动背景图层的叠放次序，也不能对其进行锁定操作。但可以将背景图层转换为普通图层，然后就可像普通图层那样进行操作。其具体的转换方法如下：

1）在图层面板中双击背景图层，或选择菜单栏中的 图层(L) → 新建(N) → 背景图层(B)... 命令，弹出“新建图层”对话框，如图 6.1.1 所示。

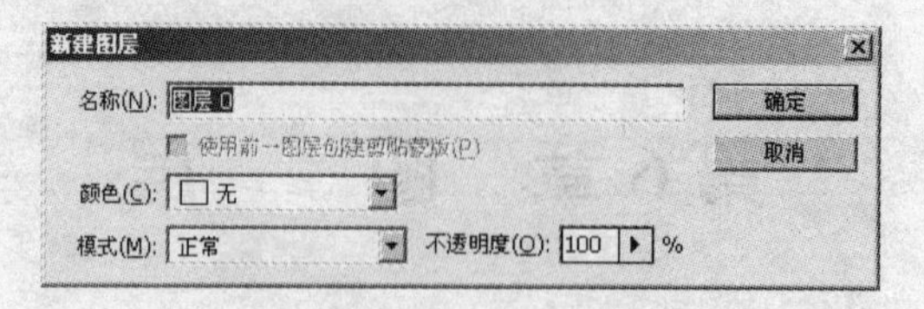

图 6.1.1 “新建图层”对话框

2）在名称(N): 输入框中可输入转换为普通图层后的名称，默认为图层 0。也就是说，此时的图层已具有一般普通图层的性质。

3）单击 确定 按钮，即可将背景图层转换为普通图层，如图 6.1.2 所示。

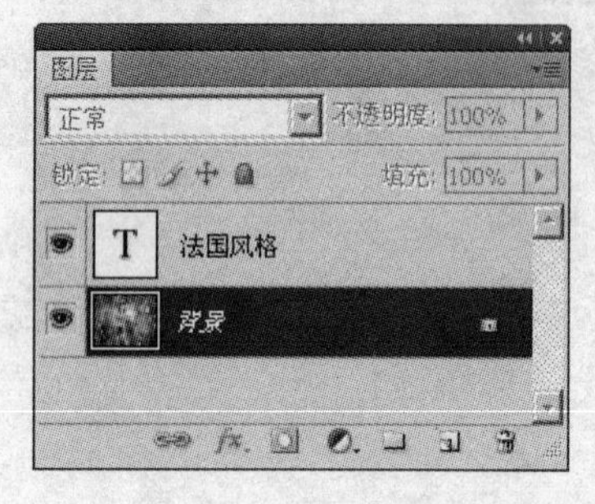

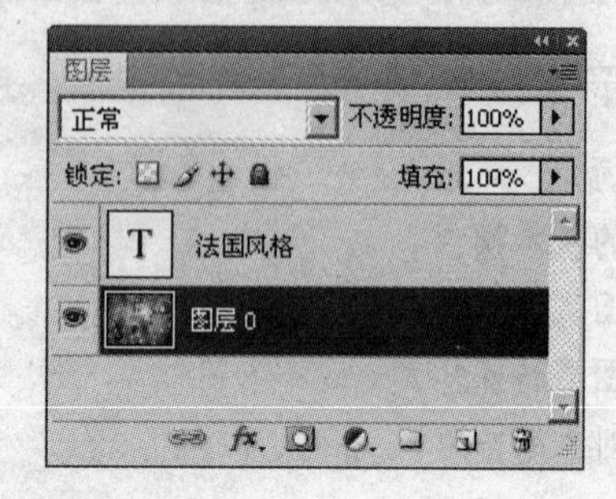

图 6.1.2 转换背景图层为普通图层

在一幅没有背景图层的图像中，也可将指定的普通图层转换为背景图层。在图层面板中选中一个普通图层，然后选择菜单栏中的 图层(L) → 新建(N) → 图层背景(B) 命令即可实现图层转换。

（3）文本图层：文本图层就是使用文字工具创建的图层，文本图层可以单独保存在文件中，还可以反复修改与编辑。文本图层的名称默认为当前输入的文本，以便于区分。

Photoshop 中的大多数功能都不能应用于文本图层，如画笔、橡皮擦、渐变、涂抹工具以及所有的滤镜、填充命令、描边命令等。如果要在文本图层上使用这些功能，可先将文本图层转换为普通图层。选中文本图层，然后选择菜单栏中的 图层(L) → 栅格化(Z) → 文字(T) 命令，即可将文本图层转换为普通图层。

（4）填充图层：填充图层是一种带蒙版的图层，可以用纯色、渐变色或图案填充图层，也可设置填充的方向、角度等。填充图层可以随时更换其内容，并且在制作过程中，可以将填充图层转换为调整图层。

（5）调整图层：调整图层是一种比较特殊的图层，它就是在图层上添加一个图层蒙版。通常新建一个调整图层，在图层面板中的图层蒙版的缩览图显示为白色，表示整个图像都没有蒙版覆盖，即调整图层可以对在其下方的图层进行效果调整。如果用黑色填充蒙版的某个范围，则在蒙版缩览图上会相应地产生一块黑色的区域，即这个区域已经被蒙版覆盖。

6.1.2 图层面板

在默认状态下，图层面板处于显示状态，它是管理和操作图层的主要场所，可以进行图层的各种操作，如创建、删除、复制、移动、链接、合并等。如果用户在窗口中看不到图层面板，可以选择 窗口(W) → 图层 命令，或按“F7”键，打开图层面板，如图 6.1.3 所示。

下面主要介绍图层面板的各个组成部分及其功能：

正常 ▼：用于选择当前图层与其他图层的混合效果。

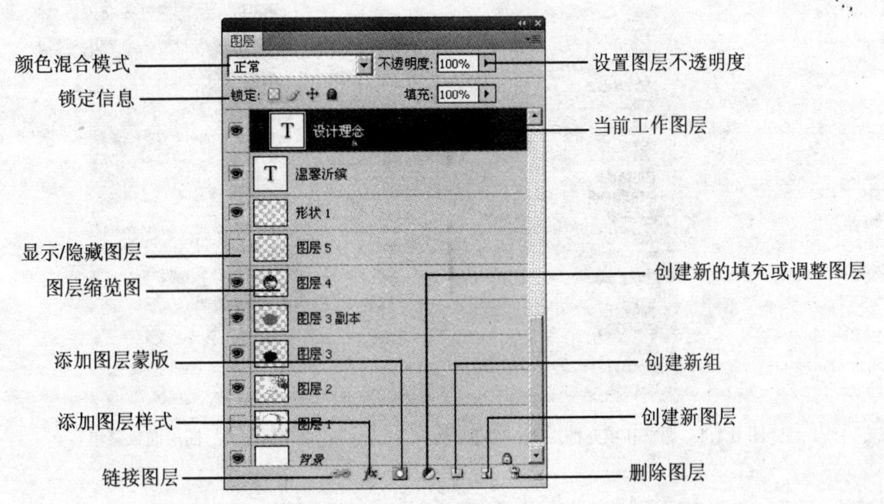

图 6.1.3　图层面板

不透明度:：用于设置图层的不透明度。

：表示图层的透明区域是否能编辑。单击该按钮，图层的透明区域被锁定，不能对图层进行任何编辑，反之可以进行编辑。

：表示锁定图层编辑和透明区域。单击该按钮，当前图层被锁定，不能对图层进行任何编辑，只能对图层上的图像进行移动操作，反之可以编辑。

：表示锁定图层移动功能。单击该按钮，当前图层不能移动，但可以对图像进行编辑，反之可以移动。

：表示锁定图层及其副本的所有编辑操作。单击该按钮，不能对图层进行任何编辑，反之可以编辑。

：用于显示或隐藏图层。当该图标在图层左侧显示时，表示当前图层可见，图标不显示时表示当前图层隐藏。

：表示该图层与当前图层为链接图层，可以一起进行编辑。

：位于图层面板下方，单击该按钮，可以在弹出的菜单中选择图层效果。

：单击该按钮，可以给当前图层添加图层蒙版。

：单击该按钮，可以添加新的图层组。

：单击该按钮，可在弹出的下拉菜单中选择要进行添加的调整或填充图层的命令，如图 6.1.4 所示。

：单击该按钮，在当前图层上方创建一个新图层。

：单击该按钮，可删除当前图层。

单击图层面板右上角的按钮，可弹出如图 6.1.5 所示的图层面板菜单，该菜单中的大部分选项功能与图层面板中的相应选项功能相同。

在图层面板中，每个图层都是自上而下排列的，位于图层面板最下面的图层为背景层。图层面板中的大部分功能都不能应用，需要应用时，必须将其转换为普通图层。所谓的普通图层，就是常用到的新建图层，在其中用户可以进行任何的编辑操作。另外，位于图层面板最上面的图层在图像窗口中也是位于最上层，调整其位置相当于调整图层的叠加顺序。

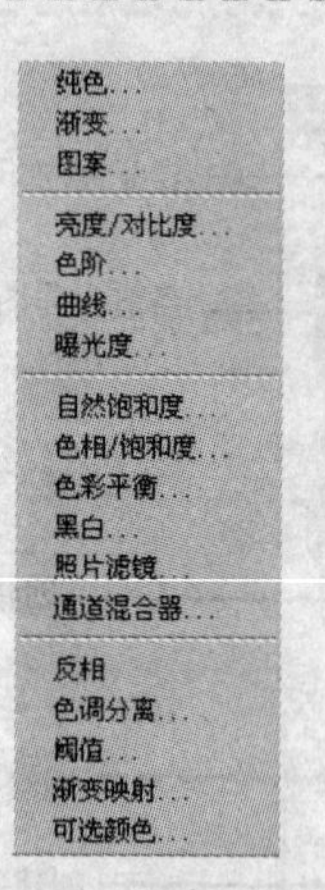

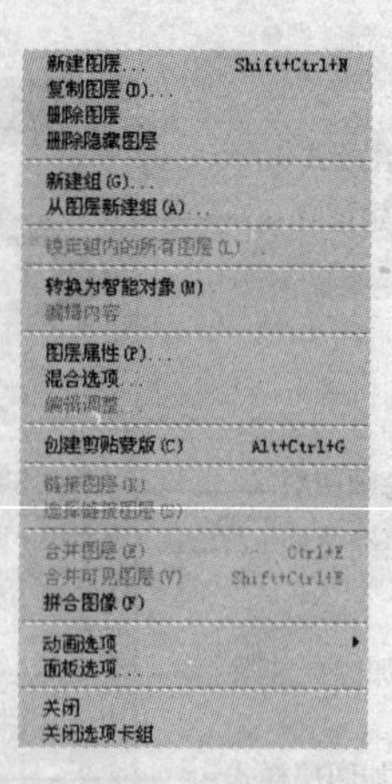

图 6.1.4 调整和填充图层下拉菜单

图 6.1.5 图层面板菜单

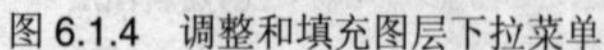

6.2 图层的基本操作

图层的基本操作可以通过图层面板或图层菜单中的相关命令进行，下面具体进行介绍。

6.2.1 创建图层

图层的创建包括创建普通图层、创建背景图层、创建调整图层以及创建图层组等。

1. 创建普通图层

创建普通图层的方法有多种，可以直接单击图层面板中的“创建新图层”按钮进行创建，也可通过单击图层面板右上角的按钮，从弹出的面板菜单中选择新建图层...命令，弹出“新建图层”对话框，如图 6.2.1 所示。

在名称(N):文本框中可输入创建新图层的名称；单击颜色(C):右侧的按钮，可从弹出的下拉列表中选择图层的颜色；在模式(M):下拉列表中可选择图层的混合模式。

单击确定按钮，即可在图层面板中显示创建的新图层，如图 6.2.2 所示。

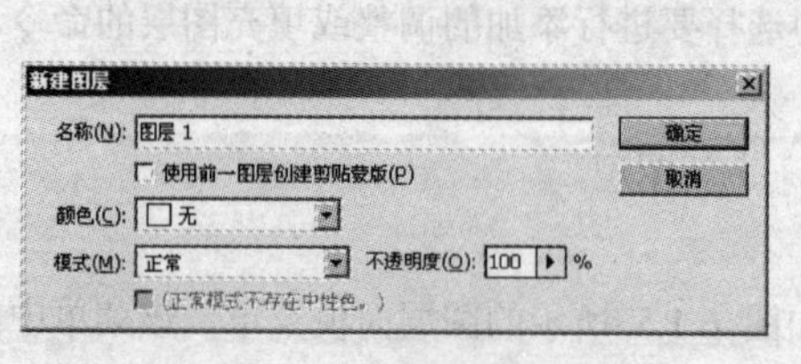

图 6.2.1 “新建图层”对话框

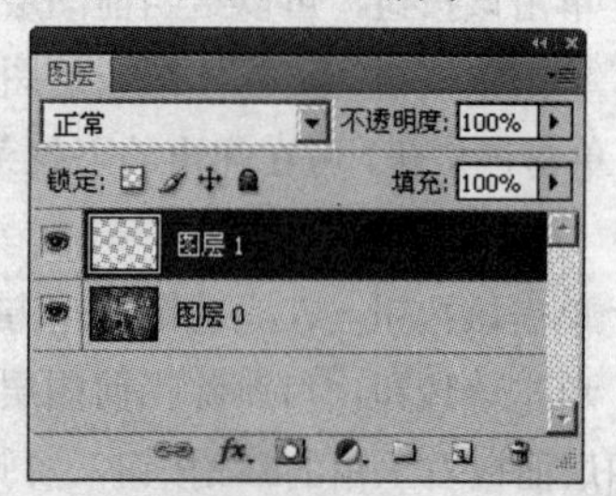

图 6.2.2 新建图层

2. 创建背景图层

如果要创建新的背景图层，可在图层面板中选择需要设定为背景图层的普通图层，然后选择图层(L)→新建(W)→图层背景(B)命令，即可将普通图层设定为背景图层。如图 6.2.3 所示为将“图层 0”设定为“背景”图层。

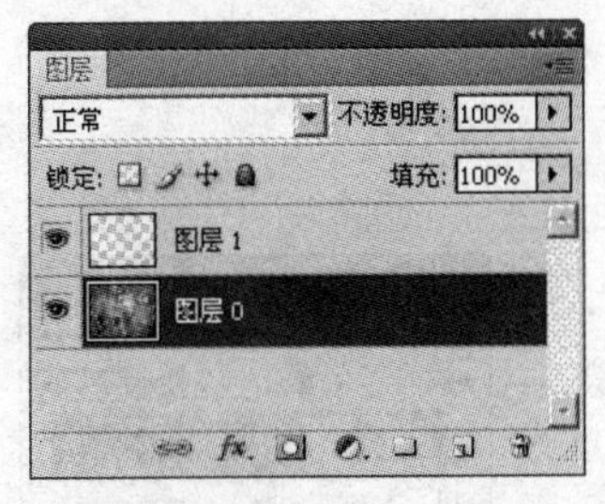

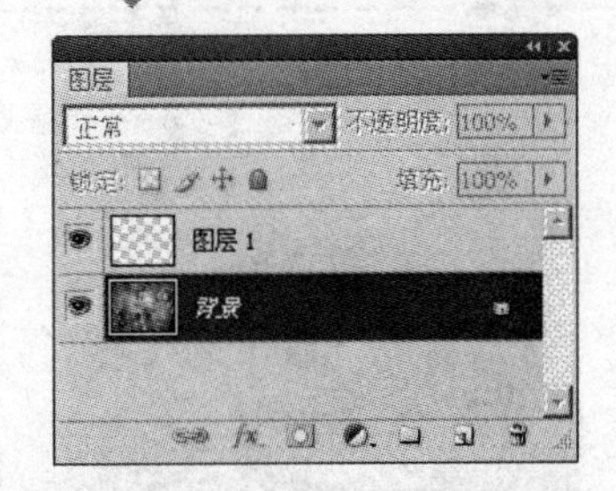

图 6.2.3 创建背景图层

如果要对背景图层进行相应的操作，可在背景图层上双击鼠标，弹出“新建图层”对话框，如图 6.2.4 所示，单击确定按钮，则将背景图层转换为普通图层，即可对该图层进行相应的操作。

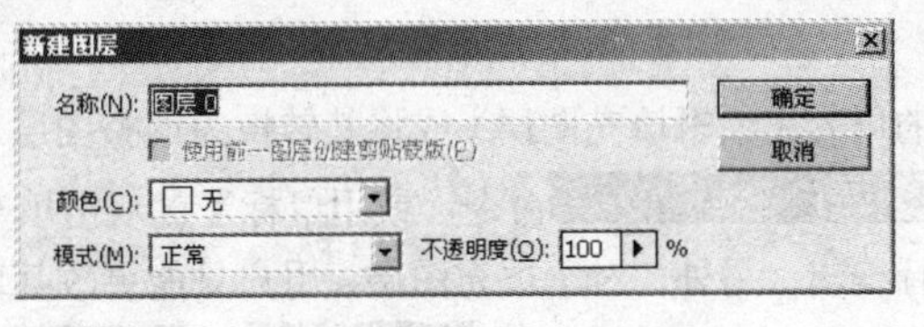

图 6.2.4 “新建图层”对话框

3. 创建填充图层

下面通过一个例子介绍填充图层的创建方法，具体的操作步骤如下：

（1）打开一幅图像，其效果及图层面板如图 6.2.5 所示。

图 6.2.5 打开的图像及图层面板

（2）选择图层(L)→新建填充图层(W)→渐变(G)...命令，可弹出“新建图层”对话框，如图 6.2.6 所示。在其中设置新填充图层的各个参数后，单击确定按钮，可弹出“渐变填充”对话框，如图 6.2.7 所示。

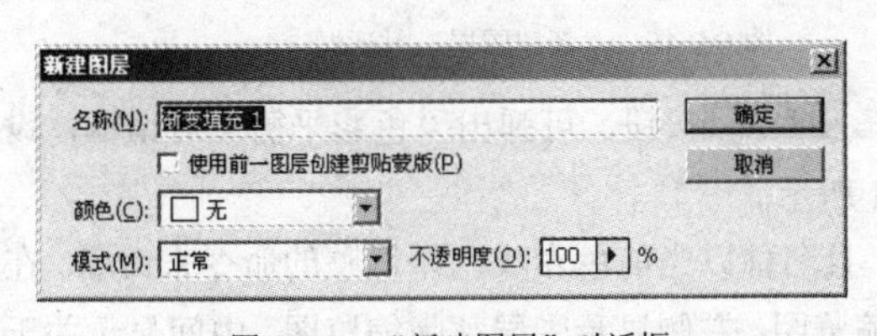

图 6.2.6 “新建图层”对话框

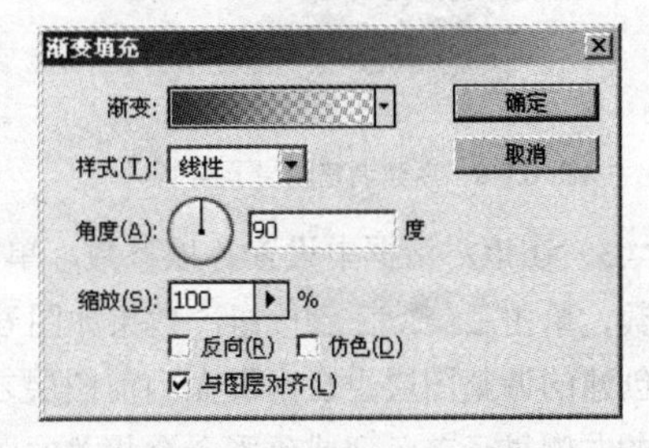

图 6.2.7 “渐变填充”对话框

（3）在“渐变填充”对话框中设置渐变填充的类型、样式以及角度等，单击确定按钮，即可创建一个含有渐变效果的填充图层，效果如图 6.2.8 所示。

图 6.2.8　渐变填充后的图像及其图层面板

若想要改变填充图层的内容（编辑填充图层）或将其转换为调整图层，可以在选择需要转换的填充图层后，选择图层(L)→图层内容选项(O)...命令，或用鼠标左键双击填充图层的缩览图，在打开的填充图层设置对话框中进行编辑。另外，对于填充图层，用户只能更改其内容，而不能在其中进行绘画，若要对其进行绘画操作，可以选择图层(L)→栅格化(Z)→填充内容(F)命令，将其转换为带蒙版的普通图层再进行操作。

4. 创建调整图层

调整图层是一种特殊的图层，此类图层主要用于控制色调和色彩的调整。也就是说，Photoshop会将色调和色彩的设置，如色阶和曲线调整等应用功能变成一个调整图层单独存放在文件中，以便修改。建立调整图层的具体操作方法如下：

（1）选择菜单栏中的图层(L)→新建调整图层(J)命令，弹出其子菜单，如图 6.2.9 所示。

（2）在此菜单中选择一个色调或色彩调整的命令。例如选择色彩平衡(B)...命令，可弹出“新建图层”对话框，如图 6.2.10 所示。

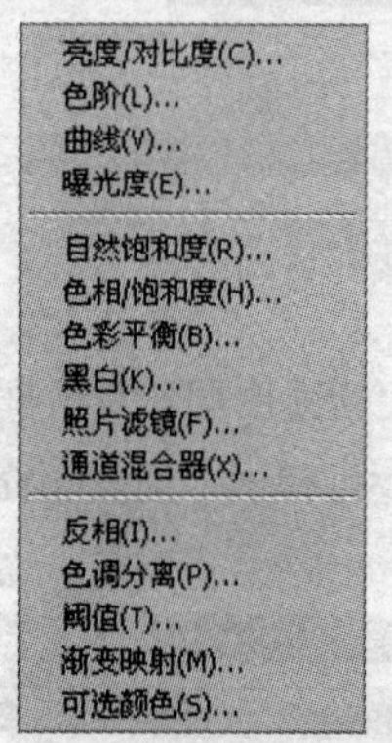

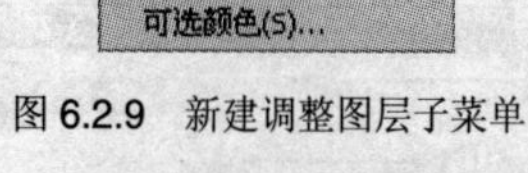

图 6.2.9　新建调整图层子菜单

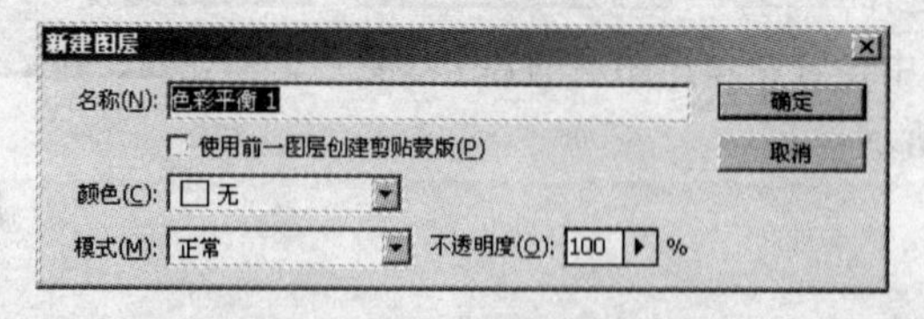

图 6.2.10　“新建图层”对话框

（3）在该对话框中设置各项参数，单击确定按钮，可弹出“色彩平衡”对话框，设置各项参数，单击确定按钮，效果如图 6.2.11 所示。

创建的调整图层也会出现在当前图层之上，且名称以当前色彩或色调调整的命令来命名。在调整图层的左侧显示着色调或色彩命令相关的图层缩览图；右侧显示图层蒙版缩览图；中间显示关于图层内容与蒙版是否有链接的链接符号。当出现链接符号时，表示色调或色彩调整将只对蒙版中所指定的图层区域起作用。如果没有链接符号，则表示这个调整图层将对整个图像起作用。

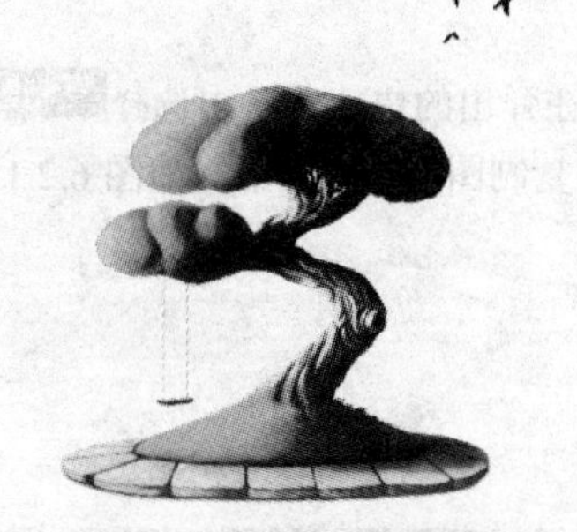

图 6.2.11　调整色彩平衡后的图像及其图层面板

注意：调整图层会影响它下面的所有图层。这意味着可通过进行单一调整来校正多个图层，而不用分别调整每个图层。

5．创建图层组

在 Photoshop CS4 中，可将建立的许多图层编成组，如果要对许多图层进行同一操作，只需要对图层组进行操作即可，从而可以提高编辑图像的工作效率。

创建图层组有多种方法，可以直接单击图层面板中的“创建新组”按钮进行创建，也可单击图层面板右上角的按钮，在弹出的面板菜单中选择新建组(G)...命令，弹出“新建组”对话框，如图 6.2.12 所示。

单击确定按钮，即可在图层面板中创建图层组“组 1”，然后将需要编成组的图层拖至图层组“组 1”上，该图层将会自动位于图层组的下方，继续拖动需要编成组的图层至“组 1”上，即可将多个图层编成组，如图 6.2.13 所示。

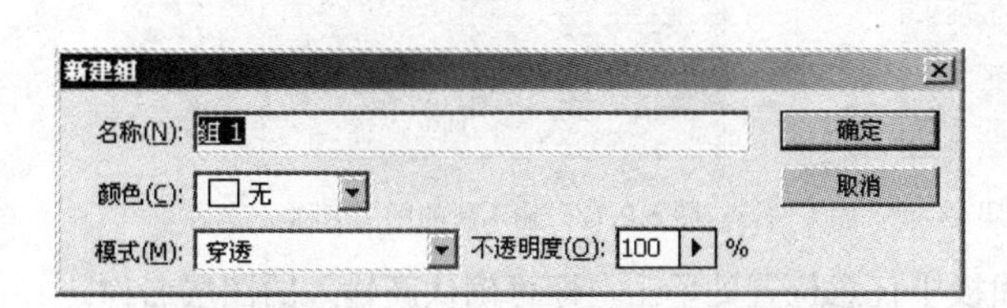

图 6.2.12　“新建组”对话框

图 6.2.13　创建图层组

6.2.2　复制图层

复制图层是将图像中原有的图层内容进行复制，可在一个图像中复制图层的内容，也可在两个图像之间复制图层的内容。在两个图像之间复制图层时，由于目标图像和源图像之间的分辨率不同，从而导致内容被复制到目标图像时，其图像尺寸会比源图像小或大。

用户可以用以下几种方法来复制图层内容。

（1）用鼠标将需要复制的图层拖动到图层面板底部的“创建新图层”按钮上，当鼠标指针变成形状时释放鼠标，即可复制此图层。复制的图层在图层面板中会是一个带有副本字样的新图层，如图 6.2.14 所示。

（2）选中需要复制的图层，单击图层面板右上角的按钮，在弹出的图层面板菜单中选择复制图层(D)...命令即可。

（3）用鼠标右键在需要复制的图层上单击，在弹出的快捷菜单中选择复制图层(D)...命令即可。

用第（2），（3）种方法复制图层时都会弹出“复制图层”对话框，如图 6.2.15 所示。在该对话框中可对复制的图层进行一些详细的设置。

图 6.2.14　复制图层

图 6.2.15　“复制图层”对话框

6.2.3　重命名图层

在 Photoshop 中，可以随时更改图层的名称，这样便于用户对单独的图层进行操作。具体的操作步骤如下：

（1）在图层面板中，用鼠标在需要重新命名的图层名称处双击，如图 6.2.16 所示。

（2）在图层名称处输入新的图层名称，如图 6.2.17 所示。

图 6.2.16　重命名图层

图 6.2.17　输入新的图层名称

（3）输入完成后，用鼠标在图层面板中任意位置处单击，即可确认新输入的图层名称。

6.2.4　删除图层

在处理图像时，对于不再需要的图层，用户可以将其删除，这样可以减小图像文件的大小，便于操作。删除图层常用的方法有以下几种：

（1）在图层面板中将需要删除的图层拖动到图层面板中的“删除图层”按钮上即可删除。

（2）在图层面板中选择需要删除的图层，单击图层面板右上角的按钮，在弹出的面板菜单中选择删除图层命令即可。

（3）在图层面板中选择需要删除的图层，选择图层(L)→删除→图层(L)命令，将会弹出如图 6.2.18 所示的提示框，单击是(Y)按钮，即可删除所选图层。

（4）在要删除的图层上单击鼠标右键，在弹出的快捷菜单中选择删除图层命令，即可删除图层。

6.2.5　链接与合并图层

如果要对多个图层进行统一的移动、旋转以及变换等操作，可以使用图层链接功能，也可将图层合并后进行统一的操作。下面将分别进行介绍。

1. 图层的链接

要链接图层只需要在图层面板中选择需要链接的图层，然后再单击图层面板底部的“链接图层”按钮，即可将图层链接起来。链接后的每个图层中都含有标志，如图6.2.19所示。

图6.2.18　提示框

图6.2.19　链接图层

提示：在链接图层过程中，按住“Shift”键可以选择连续的几个图层，按住“Ctrl”键可分别选择需要进行链接的图层。

2. 图层的合并

在Photoshop CS4中，合并图层的方式有3种，它们都包含在图层(L)菜单中，分别介绍如下：

（1）向下合并(E)：此命令可以将当前图层与它下面的一个图层进行合并，而其他图层则保持不变。

（2）合并可见图层(V)：此命令可以将图层面板中所有可见的图层进行合并，而被隐藏的图层将不被合并。

（3）拼合图像(F)：此命令可以将图像窗口中所有的图层进行合并，并放弃图像中隐藏的图层。若有隐藏的图层，在使用该命令时会弹出一个提示框，提示用户是否要放弃隐藏的图层，用户可以根据需要单击相应的按钮。若单击确定按钮，合并后将会丢掉隐藏图层中的内容；若单击取消按钮，则取消合并操作。

6.2.6　图层的排列顺序

在操作过程中，上面图层的图像可能会遮盖下面图层的图像，图层的叠加顺序不同，组成图像的视觉效果也就不同，合理地排列图层顺序可以得到不同的图层组合效果。具体的操作方法有以下两种：

（1）选择要排列顺序的图层，然后用鼠标单击并将其拖动至指定的位置上即可，效果如图6.2.20所示。

（2）选择要调整顺序的图层，然后选择图层(L)→排列(A)命令，会弹出如图6.2.21所示的子菜单，在其中直接选择需要的命令即可。

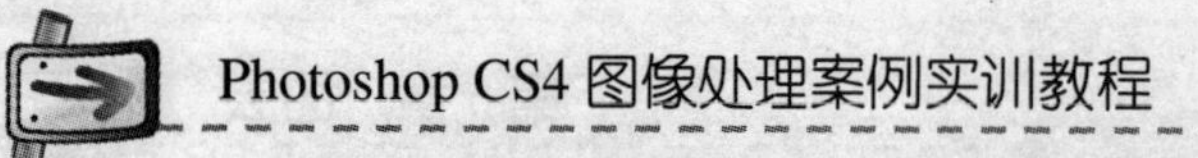

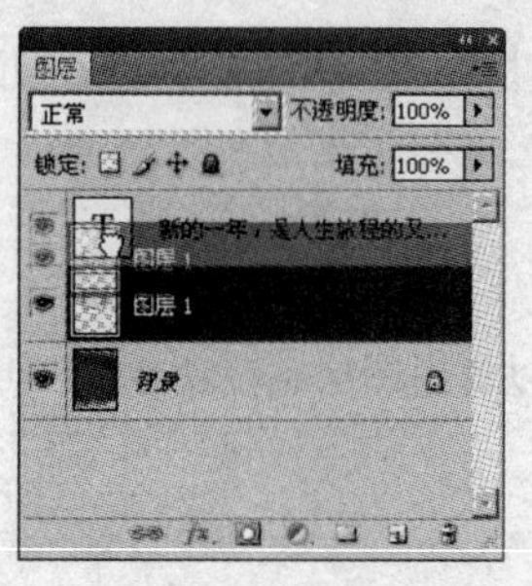

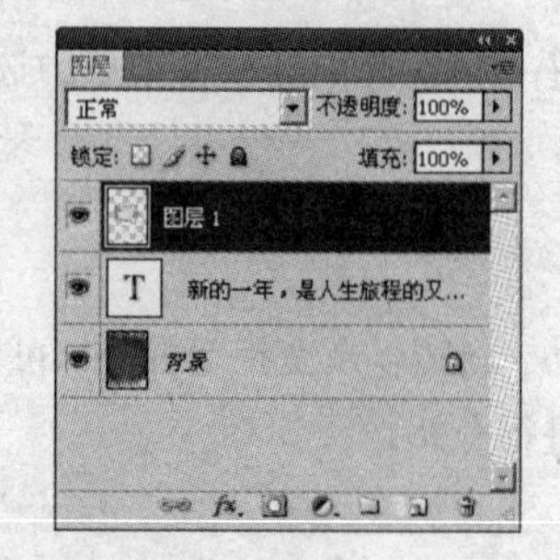

图 6.2.20　调整图层顺序

置为顶层(F)　Shift+Ctrl+]
前移一层(W)　Ctrl+]
后移一层(K)　Ctrl+[
置为底层(B)　Shift+Ctrl+[
反向(R)

图 6.2.21　排列子菜单

6.2.7　将选区中的图像转换为新图层

用户不但可以新建图层，还可以将创建的选区转换为新图层。具体的操作方法如下：

（1）打开一幅图像，并在其中创建一个选区，选择 图层(L) → 新建(N) → 通过拷贝的图层(C) 命令，即可将选区中的图像拷贝到一个新图层中，效果如图 6.2.22 所示。

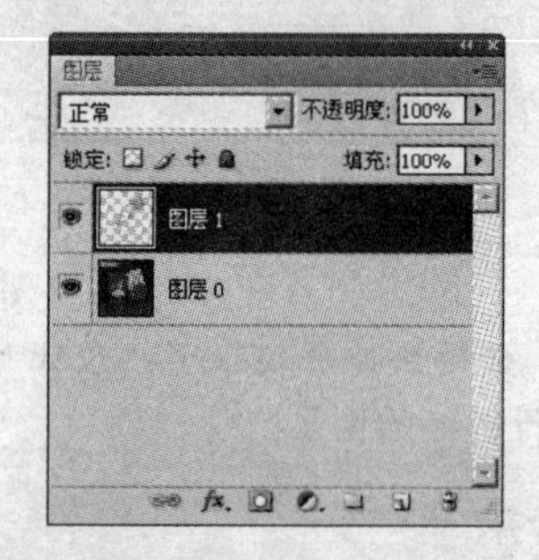

图 6.2.22　通过拷贝的图层命令新建图层

（2）通过剪切选区中的图像也可新建图层，选择 图层(L) → 新建(N) → 通过剪切的图层(T) 命令，即可将选区中的图像剪切到一个新图层中。再利用移动工具移动其位置，效果如图 6.2.23 所示。

图 6.2.23　通过剪切的图层命令新建图层

6.3　设置图层混合模式

图层模式决定当前图层中的像素与下面其他图层中的像素以何种方式进行混合。在图层面板中单击 正常 下拉列表框，可弹出如图 6.3.1 所示的下拉列表，从中选择不同的选项可以将当前图层设置为不同的模式，其图层中的图像效果也随之改变。

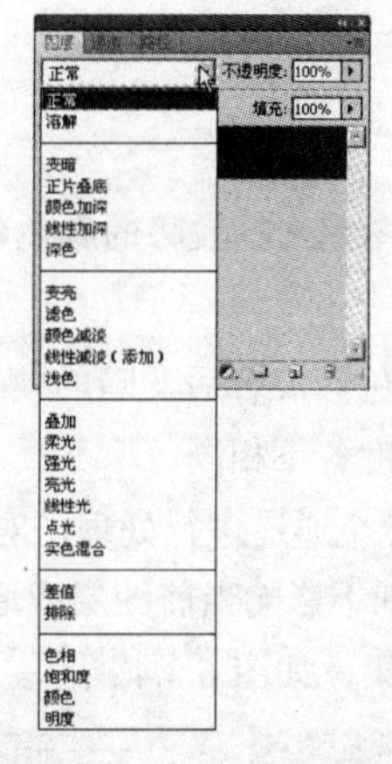

图 6.3.1　图层模式下拉列表

6.3.1　正常模式

正常模式是图层的默认模式，也是最常用的模式。在该模式下，图像的覆盖程度与不透明度有关，当不透明度为 100%时，该模式将正常显示当前图层中的图像，上面图层的图像可以完全覆盖下面图层的图像；当不透明度小于 100%时，图像中的颜色就会受到下面各层图像的影响，不透明度的值越小，图像越透明，如图 6.3.2 所示。

不透明度为 100%

不透明度为 50%

图 6.3.2　使用正常模式效果对比

6.3.2　溶解模式

溶解模式是以当前图层的颜色与其下面图层颜色进行融合。对于不透明的图层来说，此模式不会发挥作用。不透明度的值越小，融合效果就越明显，如图 6.3.3 所示。

不透明度为 100%

不透明度为 50%

图 6.3.3　使用溶解模式效果对比

6.3.3 变暗模式

变暗模式可按照像素对比底色和绘图色选择较暗的颜色作为此像素最终的颜色，比底色亮的颜色被替换，比底色暗的颜色保持不变。

在 正常 下拉列表中有 5 种色彩混合后变暗的模式，分别为 变暗 、 正片叠底 、 颜色加深 、 线性加深 和 深色 。这 5 种模式变暗的程度各不相同。

变暗 ：在此模式下，系统分别对各个通道进行处理，对于某个通道，如果下面图层比当前图层的颜色深，则取代当前图层的颜色，否则不影响当前图层或通道的颜色，即不影响当前图层相对其下面图层的暗色调区域，从而形成暗化效果，如图 6.3.4 所示。

图 6.3.4　使用变暗模式前后效果对比

正片叠底 ：此模式相当于产生一种透过灯光观看两张叠在一起的透明底片效果。这种效果会比分别看两张透明胶片要暗，效果如图 6.3.5 所示。

图 6.3.5　使用正片叠底模式前后效果对比

颜色加深 ：此模式增加对比度使当前图层下面的图层颜色变暗，以显示当前图层的颜色，效果如图 6.3.6 所示（与白色混合，颜色不发生变化）。

图 6.3.6　使用颜色加深模式前后效果对比

线性加深 ：此模式将当前图层中的图像按线性加深，相当于颜色加深模式的加强，效果如图 6.3.7

所示。

图 6.3.7 使用线性加深模式前后效果对比

深色：此模式通过以基色替换两图层中的混合色较亮的区域来显示结果色，如图 6.3.8 所示。

图 6.3.8 使用深色模式前后效果对比

6.3.4 变亮模式

在**正常**下拉列表中提供了 5 种色彩混合后变亮的模式，分别为**变亮**、**滤色**、**颜色减淡**、**线性减淡（添加）**和**浅色**，这些变亮模式各有不同程度的变亮效果。

变亮：变亮模式与变暗模式相反，如果下面图层比当前图层的颜色浅，则取代当前图层的颜色，否则不影响当前图层或通道的颜色，即不影响当前图层相对其下面图层的亮色调区域，从而形成漂白效果，如图 6.3.9 所示。

图 6.3.9 使用变亮模式前后效果对比

滤色：此模式与**正片叠底**模式相反，呈现出一种较亮的灯光透过两张透明胶片在屏幕上投影的效果。这种效果比通过单独胶片产生的投影效果浅，如图 6.3.10 所示。

颜色减淡：此模式与**颜色加深**模式相反，用于将图像作亮化处理，图像的明亮度以其自身的明亮度为基准，进行不同程度的明亮度调整，使当前图层中的图像变亮，如图 6.3.11 所示。

图 6.3.10　使用滤色模式前后效果对比

图 6.3.11　使用颜色减淡模式前后效果对比

线性减淡（添加）：此模式可将图层中的颜色按线性减淡，相当于颜色减淡模式的加强，如图 6.3.12 所示。

图 6.3.12　使用线性减淡模式前后效果对比

浅色：此模式通过以基色替换两图层中的混合色较暗的区域来显示结果色，如图 6.3.13 所示。

图 6.3.13　使用浅色模式前后效果对比

6.3.5　叠加模式

叠加模式综合了**滤色**与**正片叠底**两种模式的作用效果，可使下面图层中图像的色彩决定当前图层使用滤色模式还是正片叠底模式。这种模式对中间色调的影响较大，对亮色调与暗色调的作用不大。使用此模式可以提高图像的亮度、饱和度以及对比度，效果如图 6.3.14 所示。

图 6.3.14　使用叠加模式前后效果对比

6.3.6　柔光模式

柔光模式使图像产生一种柔光效果，使当前图层中比下面图层亮的区域更亮，比下面图层暗的区域更暗，效果如图 6.3.15 所示。

图 6.3.15　使用柔光模式前后效果对比

6.3.7　强光模式

强光模式使图像产生一种强光照射的效果，犹如耀眼的聚光灯的光芒，可以看做是柔光的加强，效果如图 6.3.16 所示。

图 6.3.16　使用强光模式前后效果对比

6.3.8　差值模式

差值模式是用当前图层的颜色值减去下面图层的颜色值来比较绘制，从而得到差值的混合效果，如图 6.3.17 所示。

图 6.3.17　使用差值模式前后效果对比

6.3.9　排除模式

排除模式与差值模式类似，但在色彩上会表现得更柔和一些，如图 6.3.18 所示。

图 6.3.18　使用排除模式前后效果对比

6.3.10　色相模式

色相模式是用当前图层的色相与下面图层的图像色彩、饱和度和亮度相混合形成的效果，如图 6.3.19 所示。

图 6.3.19　使用色相模式前后效果对比

6.3.11　饱和度模式

饱和度模式是用当前图层的饱和度与下面图层中图像的亮度和色相来创建混合后的颜色效果。在灰色区域上使用此模式不产生变化，效果如图 6.3.20 所示。

图 6.3.20　使用饱和度模式前后效果对比

6.3.12　颜色模式

颜色模式是使用当前图层下面的图层颜色亮度与当前图层颜色的色相和饱和度来创建混合后的颜色效果，如图 6.3.21 所示。

图 6.3.21　使用颜色模式前后效果对比

6.3.13　明度模式

明度模式与颜色模式相反，可使用当前图层下面的图层饱和度和色相与当前图层颜色的亮度而创建混合后的颜色效果，如图 6.3.22 所示。

图 6.3.22　使用明度模式前后效果对比

6.4　设置图层特殊样式

在 Photoshop 中可以对图层应用各种样式效果，如光照、阴影、颜色填充、斜面和浮雕以及描边等，而且不影响图形对象的原始属性。在应用图层样式后，用户还可以将获得的效果复制并进行粘贴，以便在较大的范围内快速应用。

Photoshop CS4 提供了 10 种图层特殊样式，用户可根据需要在其中选择一种或多种样式添加到图层中，制作出特殊的图层样式效果。选择需要添加特殊样式的图层，然后单击图层面板底部的“添加图层样式”按钮 fx，在弹出的下拉菜单中选择需要的特殊样式命令，或者选择 图层(L) → 图层样式(Y) 命令，在其子菜单中选择需要的特殊样式命令，都可弹出“图层样式”对话框，如图 6.4.1 所示。

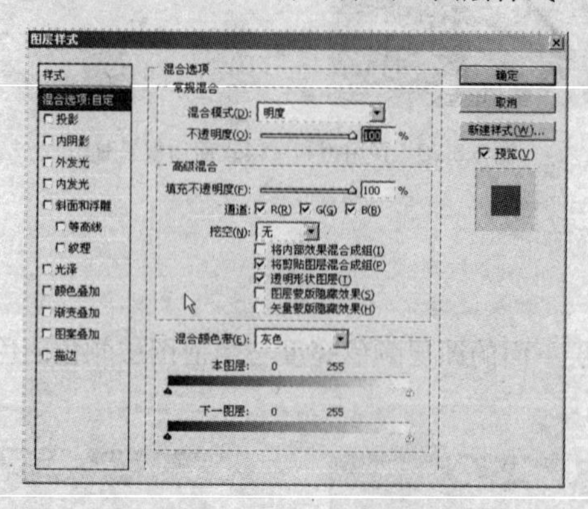

图 6.4.1 “图层样式”对话框

在该对话框中，用户只要在需要的选项上单击使其变为选中状态，就可在其中对该特殊样式的参数进行详细的设置，直到满意为止。设置完成后，单击 确定 按钮，即可给选择的图层应用图层样式效果。还可以一次性应用多种图层特殊样式到某一图层中。

下面以“斜面和浮雕”样式命令为例介绍图层样式的应用，具体操作步骤如下：

（1）打开一个图像文件，使用快速选择工具选取要添加图层样式的图像，如图 6.4.2 所示。

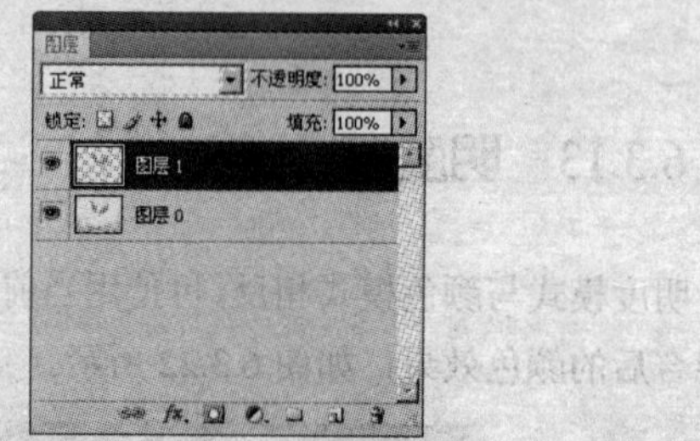

图 6.4.2 打开图像文件及图层面板

（2）选择菜单栏中的 图层(L) → 图层样式(Y) → 斜面和浮雕(B)... 命令，弹出“图层样式”对话框，如图 6.4.3 所示。

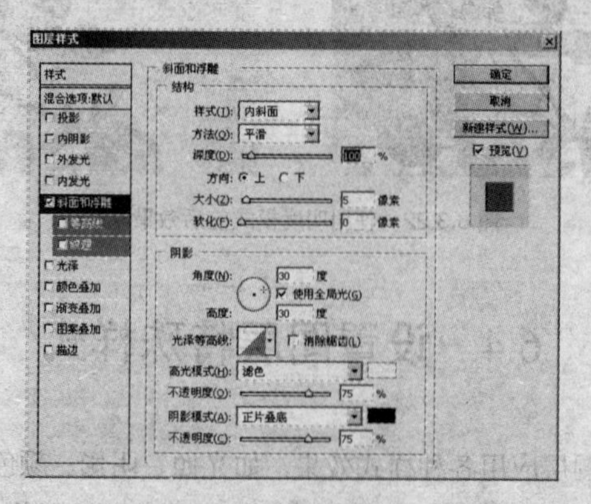

图 6.4.3 “图层样式”对话框中的“斜面和浮雕”选项

（3）在结构选项区中的样式(T):下拉列表中可选择一种图层效果。其中包括外斜面、内斜面、浮雕效果、枕状浮雕和描边浮雕选项。

1）外斜面：可以在图层中的图像外部边缘产生一种斜面的光照效果。

2）内斜面：可以在图层中的图像内部边缘产生一种斜面的光照效果。

3）浮雕效果：创建当前图层中图像相对它下面图层凸出的效果。

4）枕状浮雕：创建当前图层中图像的边缘陷入下面图层的效果。

5）描边浮雕：类似浮雕效果，不过只对图像边缘产生效果。

（4）在方法(Q):下拉列表中可选择一种斜面方式。

（5）在“斜面和浮雕”对话框中也可通过深度(D):、大小(Z):、软化(F):以及方向:来设置斜面的属性。

（6）在阴影选项区中可设置阴影的角度(N):、高度:、光泽等高线:以及斜面的亮部和暗部的不透明度和混合模式。

（7）如果要为斜面和浮雕效果添加轮廓，可在对话框左侧选中☑等高线复选框，然后在对话框右侧设置相应的参数，如图6.4.4所示。

（8）如果要为斜面和浮雕效果添加纹理，可在对话框左侧选中☑纹理复选框，然后在对话框右侧设置相应的参数，如图6.4.5所示。

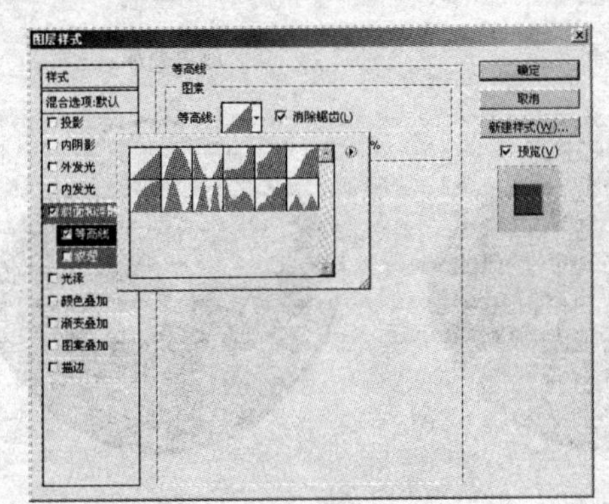

图6.4.4 “等高线”选项参数

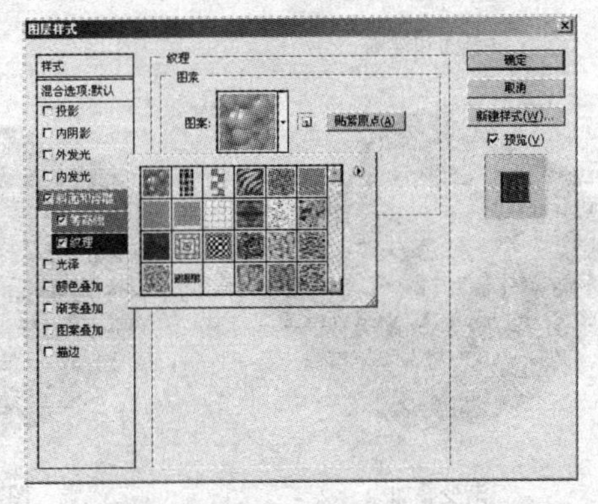

图6.4.5 “纹理”选项参数

（9）设置好参数后，单击确定按钮，应用斜面和浮雕效果如图6.4.6所示。

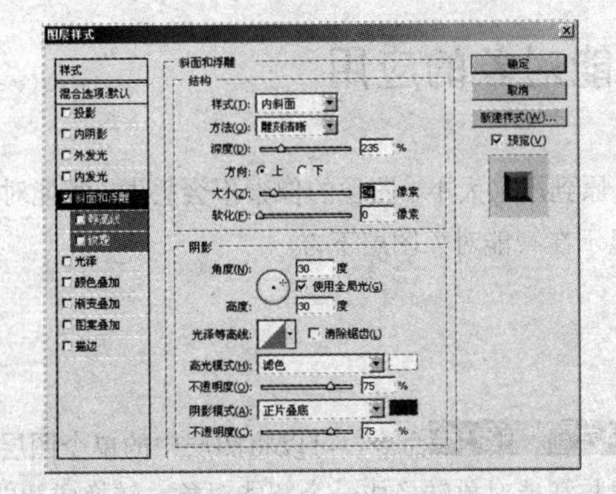

图6.4.6 应用斜面和浮雕效果

在为图像添加图层样式后，此时在图层面板中可以看到，添加过特殊样式的图层中都含有*fx*标志。

下面列举几种特殊的图层样式效果，如图 6.4.7 所示。

图 6.4.7　几种特殊图层样式效果

6.5　智能对象的应用

图像转换成智能对象后，将图像缩小再复原到原来大小，图像的像素不会丢失。智能对象还支持多层嵌套功能和应用滤镜，并将应用的滤镜显示在智能对象图层下方。

6.5.1　创建智能对象

选择菜单栏中的 图层(L) → 智能对象 → 转换为智能对象(S) 命令，可以将图层中的单个图层、多个图层转换成一个智能对象，或将选取的普通图层与智能对象转换成一个智能对象。转换成智能对象后，图层缩略图会出现一个表示智能对象的图标，如图 6.5.1 所示。

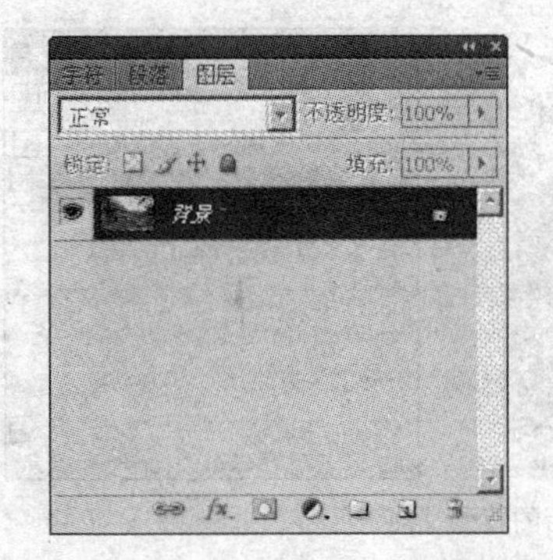

图 6.5.1　创建智能对象

6.5.2　编辑智能对象

用户可以对智能对象的源文件进行编辑，编辑完并存档后，对应的智能对象会随之改变。下面通过一个例子来介绍编辑智能对象的方法，具体操作步骤如下：

（1）打开一个图像文件，并将其转换为智能对象。

（2）选择菜单栏中的 图层(L) → 智能对象 → 编辑内容(E) 命令，弹出如图 6.5.2 所示的提示对话框。

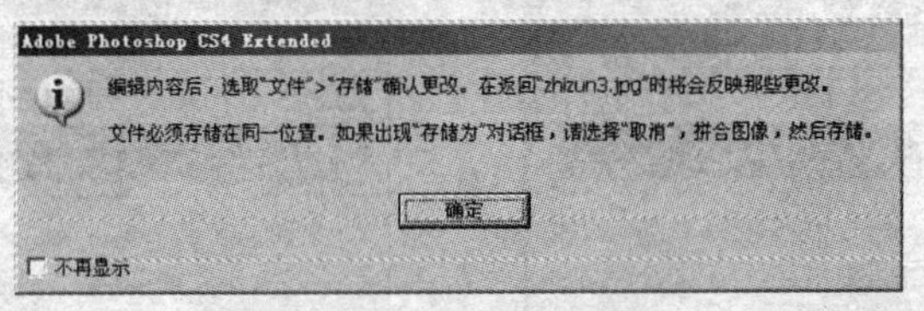

图 6.5.2　提示对话框

（3）单击 确定 按钮，系统将显示如图 6.5.3 所示的图像文件，选择菜单栏中的 图像(I) → 调整(A) → 亮度/对比度(C)... 命令，调整图像的明暗度，效果如图 6.5.4 所示。

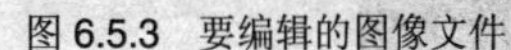

图 6.5.3　要编辑的图像文件　　　　图 6.5.4　调整图像的亮度/对比度

（4）关闭图像文件“图层 01”，系统将弹出如图 6.5.5 所示的对话框。

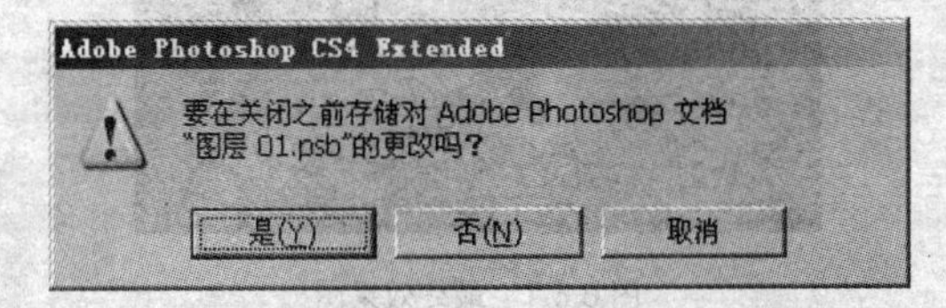

图 6.5.5　提示对话框

（5）单击 是(Y) 按钮，此时会发现智能对象已发生了变化，效果如图 6.5.6 所示。

图 6.5.6　编辑后的智能对象

6.5.3　导出与替换智能对象

选择菜单栏中的 图层(L) → 智能对象 → 导出内容(X)... 命令，可以将智能对象的内容按照原样导出到任意驱动器中。智能对象将采用 PSB 或 PDF 格式存储。

选择菜单栏中的 图层(L) → 智能对象 → 替换内容(R)... 命令，可将重新选取的图像替换当前文件中的智能对象的内容，如图 6.5.7 所示。

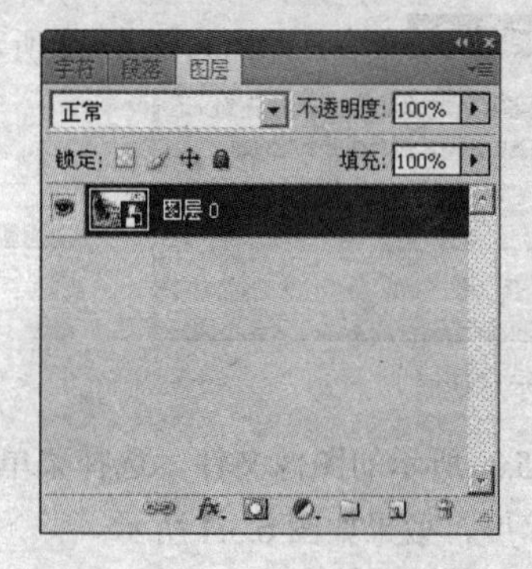

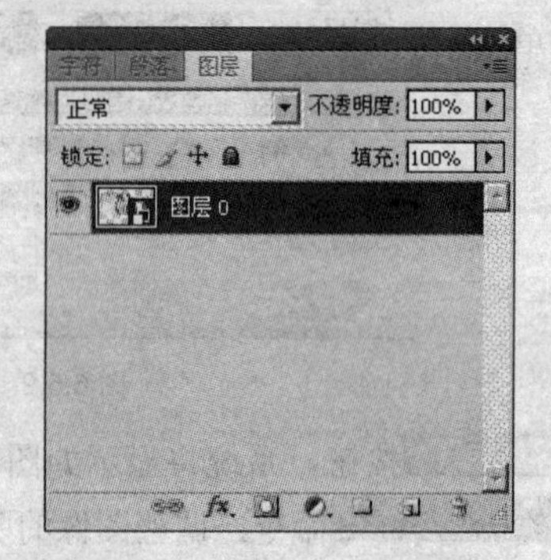

图 6.5.7　替换内容

6.6　课堂实训——制作外发光效果

本节主要利用所学的知识制作外发光效果，最终效果如图 6.6.1 所示。

图 6.6.1　最终效果图

操作步骤

（1）按“Ctrl+O”键，打开一个图像文件，如图 6.6.2 所示。

（2）单击工具箱中的“快速选择工具”按钮，单击图像中的黑色区域，然后按“Ctrl+Shift+I”键反选选区，效果如图 6.6.3 所示。

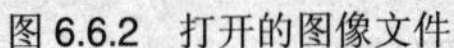
图 6.6.2 打开的图像文件

图 6.6.3 建立选区

（3）设置背景色为黑色，然后选择菜单栏中的 图层(L) → 新建(W) → 通过剪切的图层(T) 命令，将选区内的图像剪切到一个新的图层中。

（4）选择菜单栏中的 图层(L) → 图层样式(Y) → 外发光(O)... 命令，弹出“图层样式”对话框，设置其参数如图 6.6.4 所示。

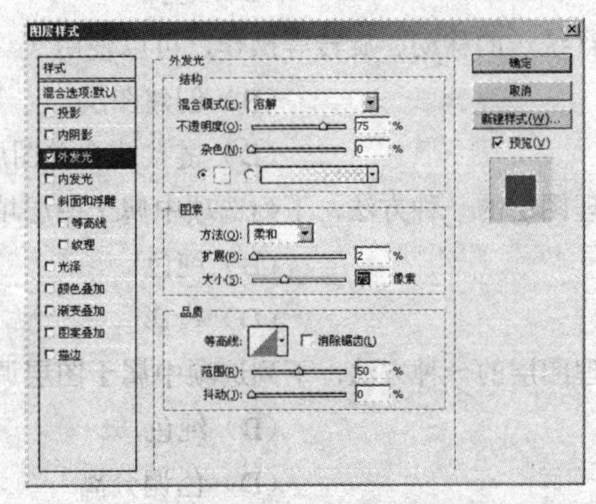

图 6.6.4 “图层样式”对话框

（5）设置完参数后，单击 确定 按钮，最终效果如图 6.6.1 所示。

本 章 小 结

本章主要内容有图层简介、图层的基本操作、设置图层混合模式、设置图层特殊样式以及智能对象的应用等内容。通过本章的学习，可使读者掌握图层的创建与使用技巧，并在图像处理过程中，能够灵活地应用图层特殊样式和图层混合模式，以制作出绚丽多彩的图像效果。

操 作 练 习

一、填空题

1. 为了方便地管理图层与操作图层，在 Photoshop CS4 中提供了__________面板。

2. 当图层上出现 fx 图标时，表示该图层中添加有__________。

3．在图层面板中，图层列表前面图标显示为 时，表示该图层处于__________状态。

4．若用户想要对背景图层进行编辑，可将其转换为__________图层，再进行编辑操作。

5．新创建的 Photoshop 图像文件中只包含一个图层，该图层是__________图层。

6．设置图层链接时，如果要选择多个不连续的图层同时实现链接，应按__________键。

二、选择题

1．在 Photoshop CS4 中，按（　）键可以快速打开图层面板。

（A）F7　　（B）F6

（C）F5　　（D）F4

2．通过选择 图层(L) → 新建(W) 命令，可新建（　）。

（A）普通图层　　（B）文字图层

（C）背景图层　　（D）图层组

3．图层中含有 标志时，表示该图层处于（　）状态。

（A）可见　　（B）链接

（C）隐藏　　（D）选择

4．如果要将多个图层进行统一的移动、旋转等操作，可以使用（　）功能。

（A）复制图层　　（B）创建图层

（C）删除图层　　（D）链接或合并图层

5．图层调整和填充是处理图层的一种方法，下列选项中属于图层填充范围的是（　）。

（A）光泽　　（B）纯色

（C）内发光　　（D）投影

6．图层调整和填充是处理图层的一种方法，下列选项中属于图层调整范围的是（　）。

（A）曲线　　（B）纯色

（C）颜色叠加　　（D）色调分离

7．单击图层调板中“添加图层样式”按钮 fx.，从打开的菜单中选择图层需要设置的图层效果。（　）不属于图层效果。

（A）纹理　　（B）描边

（C）色调分离　　（D）颜色叠加

三、简答题

1．简述 Photoshop 图层的分类及其各自的特点。

2．如何创建和编辑智能对象？

四、上机操作题

打开一幅图像，练习将背景图层转换为普通图层，再将普通图层转换为背景图层，并对打开的图像添加各种图层样式和混合效果。

第 7 章 文本的应用

文字是艺术作品中常用的元素之一，它不仅可以帮助人们快速了解作品所呈现的主题，还可以在整个作品中充当重要的修饰元素，增加作品的主题内容，烘托作品的气氛。

知识要点

- 文本工具
- 设置文本的属性
- 文本的特殊操作

7.1 文本工具

在 Photoshop CS4 中，利用文字工具和文字蒙版工具，可直接输入文字或创建文字形状的选区，这两种工具都有横排和直排两种输入方式，如图 7.1.1 所示为文字工具组。其输入文字的方式有输入点文字、输入段落文字以及输入路径文字。当输入文字时，在图层面板中会自动生成一个新的文字图层。

图 7.1.1 文字工具组

横排文字工具：可以在图像中输入横向的文字。

直排文字工具：可以在图像中输入纵向的文字。

横排文字蒙版工具：可以在图像中创建横向的文字选区。

直排文字蒙版工具：可以在图像中创建纵向的文字选区。

7.1.1 输入点文字

点文字是一种不能自动换行的单行文字，文字行的长度会随着输入文本长度的增加而增加，若要进行换行操作，可按“Enter”键。其通常用于输入名称、标题和一些简短的广告语等。

在 Photoshop CS4 中，可利用工具箱中的横排文字工具或直排文字工具来创建点文字，具体的操作方法如下：

（1）单击工具箱中的“横排文字工具”按钮，其属性栏如图 7.1.2 所示。

图 7.1.2 “文字工具”属性栏

该属性栏中各选项的含义介绍如下：

：单击此按钮，可以在横排文字和直排文字之间进行相互切换。

在 宋体 下拉列表中可以设置字体样式，字体的选项取决于系统装载字体的类型。

在 12点 下拉列表中可以设置字体大小，也可以直接在输入框中输入要设置字体的大小。

在 锐利 下拉列表中可设置不同的消除锯齿的方法。其中包括 无 、 锐利 、 犀利 、 浑厚 、 平滑 5 个选项。字号较大时效果比较明显。

：该组按钮可以设置文字的对齐方式。从左至右分别为左对齐文本、居中对齐文本、右对齐文本。

：单击此按钮，弹出“拾色器”对话框，在其中可以设置输入文字的颜色。

：单击此按钮，弹出“变形文字”对话框，在其中可以设置文字的不同变形效果。

：单击此按钮，可以显示或隐藏字符和段落面板。

（2）设置完成后，在图像中需要输入文字的位置处单击鼠标，将出现一个闪烁的光标，然后输入所需的文字即可，效果如图 7.1.3 所示。

图 7.1.3　输入点文字效果

（3）输入完成后，单击其他工具，或按“Ctrl+Enter”键，可以退出文字的输入状态。

7.1.2　输入段落文本

段落文本最大的特点就是在段落文本框中创建，且根据外框的尺寸在段落中自动换行，常用于输入画册、杂志和报纸等排版使用的文字。输入段落文本的具体操作方法如下：

（1）单击工具箱中的“横排文字工具”按钮 T 或“直排文字工具”按钮 T，在其属性栏中设置相关的参数。

（2）设置完成后，在图像窗口中按下鼠标左键并拖曳出一个段落文本框，当出现闪烁的光标时输入文字，则可得到段落文字，效果如图 7.1.4 所示。

图 7.1.4　输入段落文字效果

与点文字相比，段落文字可设置更多的对齐方式，还可以通过调整文本框使段落文本倾斜排列或使文本框的大小发生变化。将鼠标指针放在段落文本框的控制点上，当指针变成↗形状时，可以很方便地调整段落文本框的大小，效果如图 7.1.5 所示。当指针变成↷形状时，可以对段落文本进行旋

转，如图 7.1.6 所示。

图 7.1.5 调整文本框的大小

图 7.1.6 旋转文本框

7.1.3 输入路径文字

在 Photoshop CS4 中输入文字时，可以利用钢笔工具或形状工具在图像中创建工作路径，然后再输入文字，使创建的文字沿路径排列，具体的操作步骤如下：

（1）打开一个图像文件，单击工具箱中的“钢笔工具”按钮，设置其属性栏如图 7.1.7 所示。

图 7.1.7 “钢笔工具”属性栏

（2）设置完成后，在图像中需要添加路径文字的位置绘制所需的路径，效果如图 7.1.8 所示。

（3）单击工具箱中的“横排文字工具”按钮 T，将鼠标光标放在路径上，此时鼠标光标将变成如图 7.1.9 所示的形状。

图 7.1.8 绘制的路径

图 7.1.9 输入路径文字时光标的形状

（4）单击鼠标并输入文字，文字将会自动沿所创建的路径排列，效果如图 7.1.10 所示。

（5）若想要在路径上移动文字的位置，可单击工具箱中的“路径选择工具”按钮，将鼠标指向文字，当鼠标光标变成形状时，拖动鼠标即可改变文字在路径上排放的位置，如图 7.1.11 所示。

图 7.1.10 输入路径文字效果

图 7.1.11 改变文字在路径上的位置效果

（6）利用工具箱中的调整路径工具对路径进行修改，路径上的文字也会随着路径的变化而改变，如图7.1.12所示为在路径上添加锚点后的效果。

图7.1.12 添加锚点后的效果

7.1.4 创建文字选区

利用工具箱中的横排文字蒙版工具和直排文字蒙版工具都可以在图像中创建文字形状的选区，并且可以对创建的选区进行相应的操作。下面通过一个例子来介绍文字选区的创建方法，具体操作步骤如下：

（1）单击工具箱中的“横排文字蒙版工具”按钮或“直排文字蒙版工具”按钮，在其属性栏中设置适当的参数。

（2）设置完成后，在图像窗口中单击鼠标，当出现闪烁的光标时输入文字即可，效果如图7.1.13所示。此时窗口中的背景变成淡红色，单击属性栏右侧的“提交所有当前编辑”按钮确认输入操作，即可得到文字选区，效果如图7.1.14所示。

图7.1.13 输入文字

图7.1.14 创建的文字选区

（3）利用文字蒙版工具输入文字时，图像窗口显示为红色，代表蒙版的内容，输入的文字显示为白色，并且使用文字蒙版工具输入文字时，不会生成单独的新图层。但是用户可以对所创建的选区进行相应的编辑操作，如图7.1.15所示为填充文字选区效果。

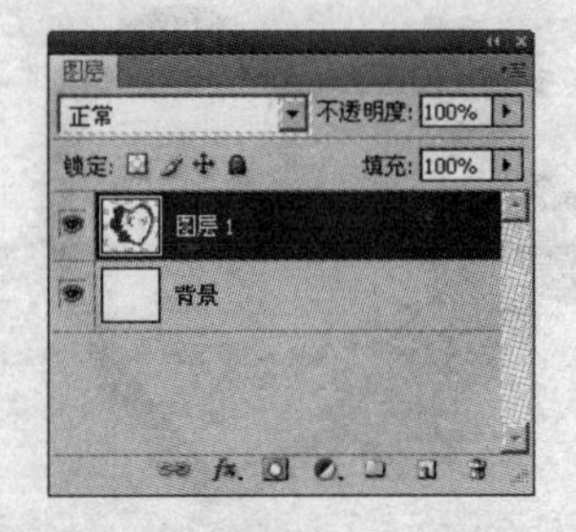

图7.1.15 填充文字选区及其图层面板

7.2　设置文本的属性

在 Photoshop CS4 中，除了在属性栏中设置文字属性外，还可以通过字符面板和段落面板设置文字的属性，下面进行具体讲解。

7.2.1　字符面板

在字符面板中可以设置文字的字体、字号、字符间距以及行间距等。选择窗口(W)→字符命令，或单击"文字工具"属性栏中的"切换字符和段落面板"按钮，打开字符面板，如图 7.2.1 所示。

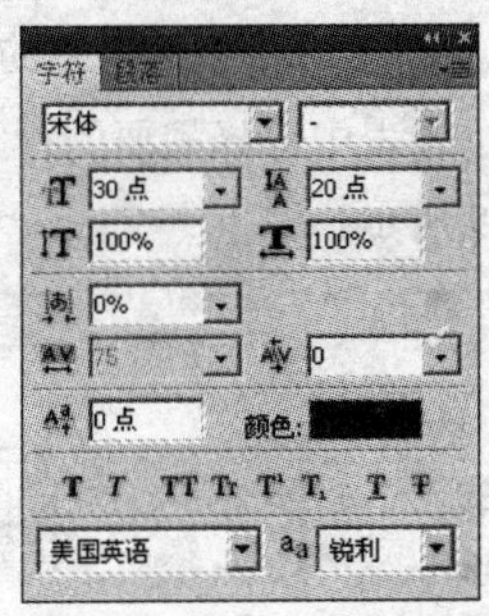

图 7.2.1　字符面板

1．设置字体

设置字体的具体操作方法如下：

（1）使用工具箱中的文字工具在图像中输入文字（点文字或段落文字），然后按住鼠标左键并拖动选择需要设置字体的文字，如图 7.2.2 所示。

（2）在字符面板左上角单击字体下拉列表框，可从弹出的下拉列表中选择需要的字体，所选择的文字字体将会随之改变，如图 7.2.3 所示。

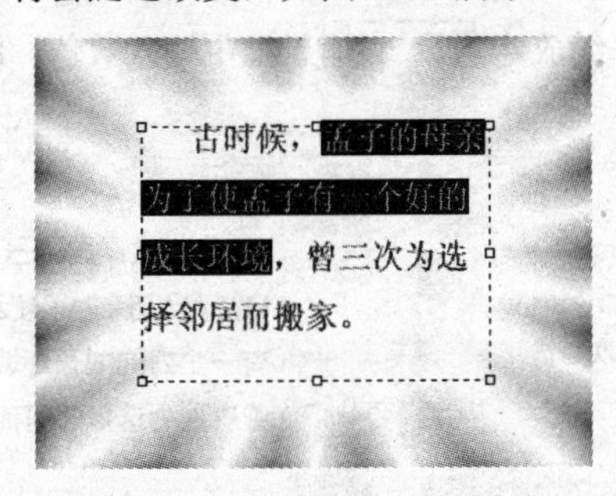

图 7.2.2　选择需要设置字体的文字

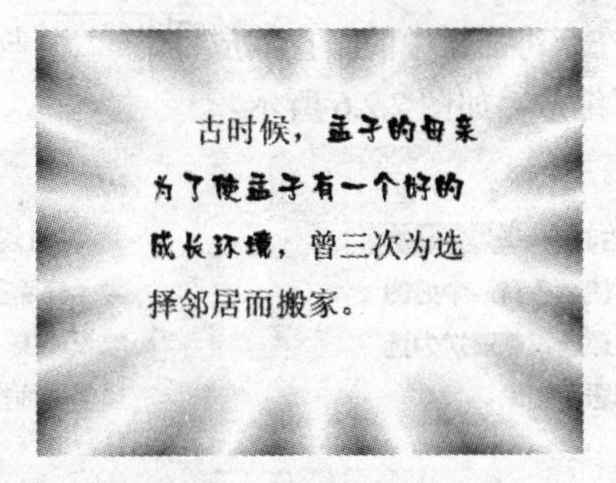

图 7.2.3　改变字体

2．设置字体大小

设置字体大小的具体操作方法如下：

（1）选择需要设置字体大小的文字。

（2）在字符面板的 36点 下拉列表中选择数值，或直接在输入框中输入数值，即可改变所选文字的大小，如图 7.2.4 所示。

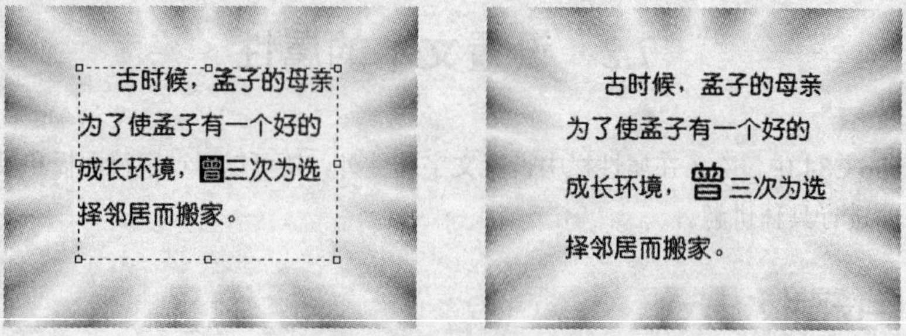

图 7.2.4　改变字体大小前后效果对比

3．调整行距

行距是两行文字之间的基线距离。Photoshop CS4 中的默认行距为自动，在字符面板中单击 (自动) 下拉列表框，从弹出的下拉列表中选择需要的行距数值，也可直接输入行距数值来改变所选文字行与行之间的距离，如图 7.2.5 所示。

图 7.2.5　改变行距前后效果对比

4．调整字符长宽比例

调整字符长宽比例的具体操作方法如下：

（1）输入文字后，选择需要调整字符水平或垂直比例的文字。

（2）在字符面板中的垂直缩放 100% 与水平缩放 100% 输入框中输入数值，即可将所选的文字进行缩放，如图 7.2.6 所示。

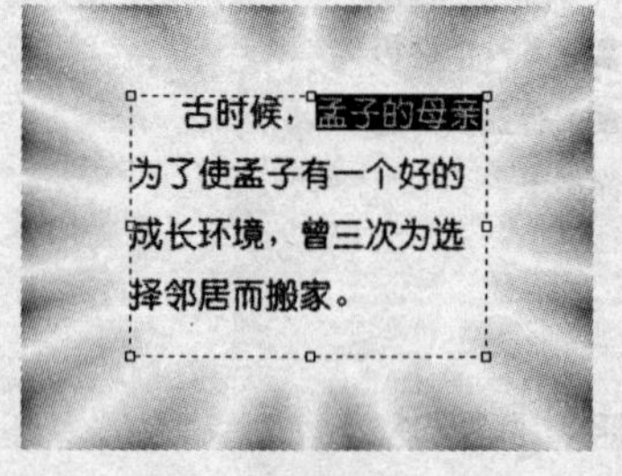

选中文字　　垂直缩放 50%　　水平缩放 180%

图 7.2.6　更改字符长宽比例效果

5．调整字符间距

调整字符间距的具体操作方法如下：

（1）在图像中输入文字后，选择要调整字符间距的文字，如图 7.2.7 所示。

（2）在字符面板中单击 0 下拉列表框，从弹出的下拉列表中选择字符间距数值，也

可直接在输入框中输入所需的字符间距数值，即可改变所选字符间的距离，如图 7.2.8 所示。

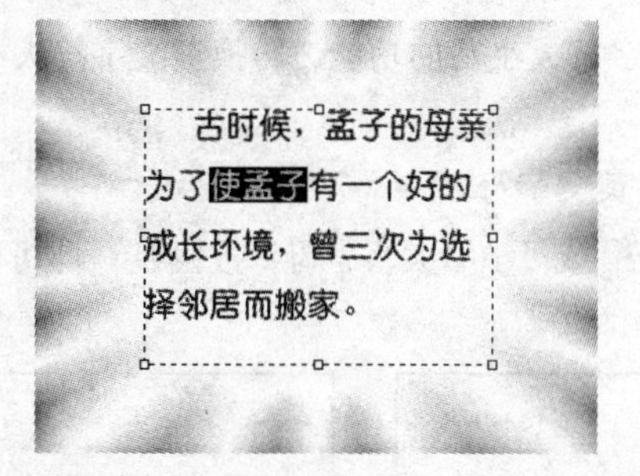

图 7.2.7 选择要调整字符间距的文字

图 7.2.8 改变字符间距

提示： 如果需要对两个字符之间的距离进行微调，可使用文字工具在两个字符之间单击，然后在字符面板中单击 右侧的下拉列表，从中选择所需的数值，或直接在输入框中输入数值即可。

6. 设置字符基线偏移

移动字符基线，可以使字符根据所设置的参数上下偏移基线。在字符面板中的 0点 输入框中输入数值，可使所选文字向上或向下偏移，如图 7.2.9 所示。输入的数值为正时，文字向上偏移；输入的数值为负时，文字向下偏移。

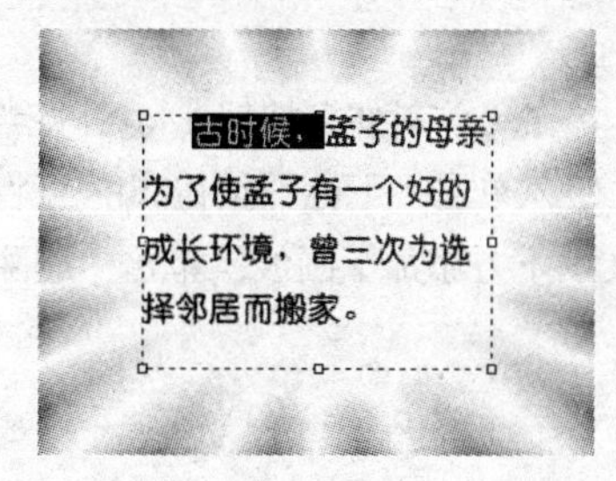

选中文字

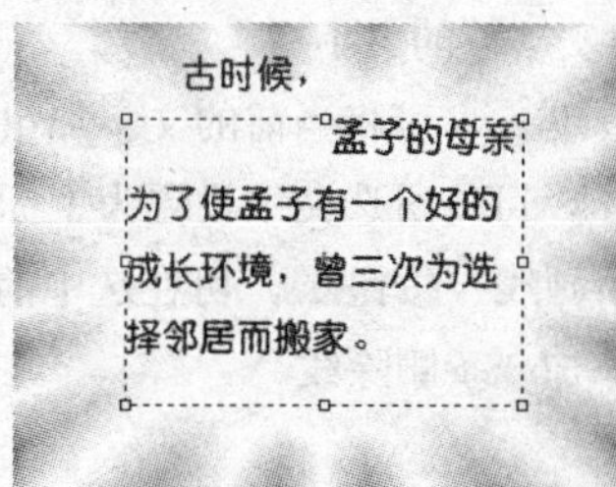

基线偏移 30

基线偏移－50

图 7.2.9 设置字符基线偏移效果

7. 设置字符颜色

在 Photoshop CS4 中输入文字前或输入文字后，都可对文字的颜色进行设置。具体的操作方法如下：

（1）选择要改变颜色的文字。

（2）在字符面板中单击 颜色: 右侧的颜色块，可弹出“选择文本颜色”对话框，从中选择所需的颜色后，单击 确定 按钮，即可将文字颜色更改为所选的颜色，如图 7.2.10 所示。

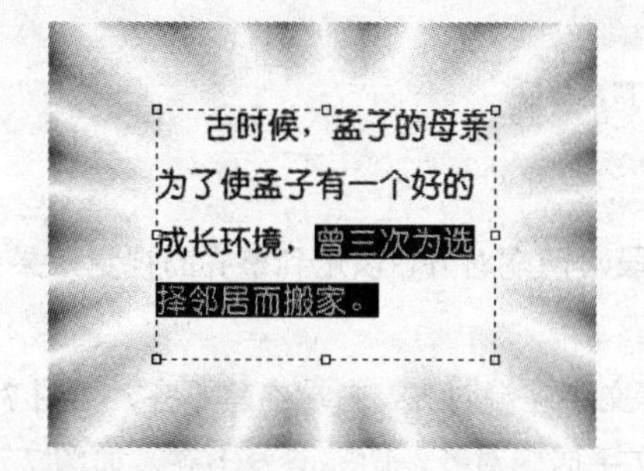

图 7.2.10 改变字符颜色效果

8．转换英文字符大小写

在 Photoshop CS4 中提供了可以方便转换英文字符大小写的功能。转换英文字符大小写的具体操作方法如下：

（1）输入英文字母后，选择需要改变大小写的英文字符。

（2）在字符面板中单击“全部大写字母”按钮TT或“小型大写字母”按钮Tr，即可更改所选字符的大小写，如图 7.2.11 所示。

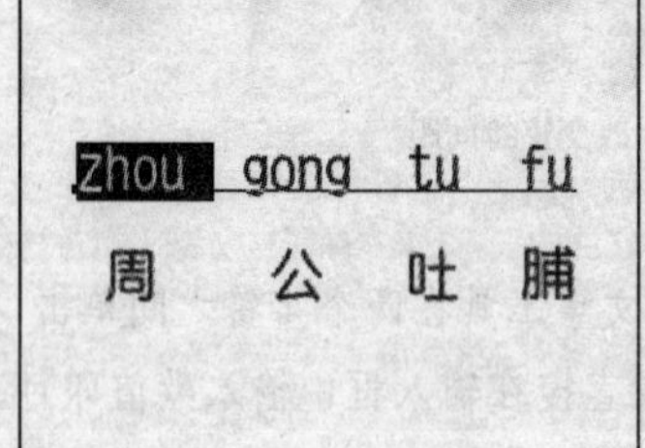

选中文字

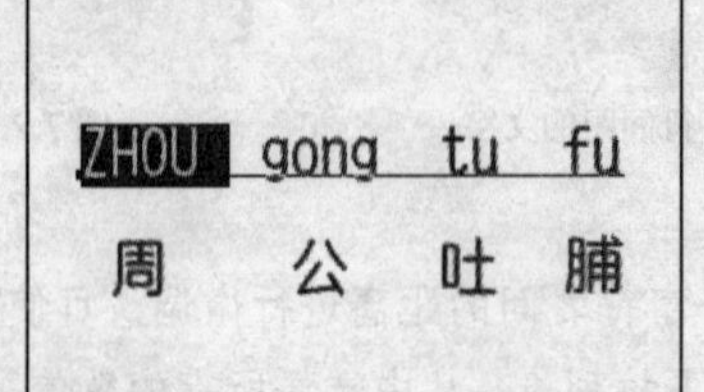

改变为全部大写字母

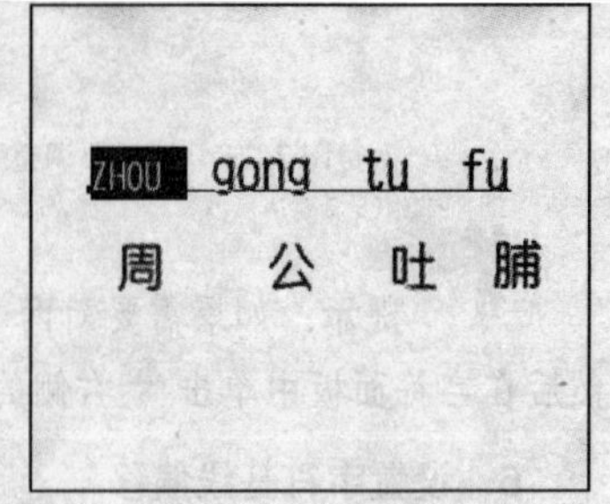

改变为小型大写字母

图 7.2.11　更改英文字符大小写

也可以在字符面板中单击右上角的按钮，从弹出的面板菜单中选择 全部大写字母(C) 或 小型大写字母(M) 命令，来改变所选英文字符的大小写。

在字符面板中单击“仿粗体”按钮T，可将当前的文字加粗；单击“仿斜体”按钮T，可将当前的文字倾斜；单击“上标”按钮T¹，可将所选文字设置为上标文字；单击“下标”按钮T₁，可将所选文字设置为下标文字；单击“下画线”按钮T，可在选中的文字下方添加下画线；单击“删除线”按钮T，可在所选文字的中间添加一条删除线。

7.2.2　段落面板

在段落面板中可以设置图像中段落文本的对齐方式。选择 窗口(W) → 段落 命令，或单击“文字工具”属性栏中的“切换字符和段落面板”按钮，打开段落面板，如图 7.2.12 所示。

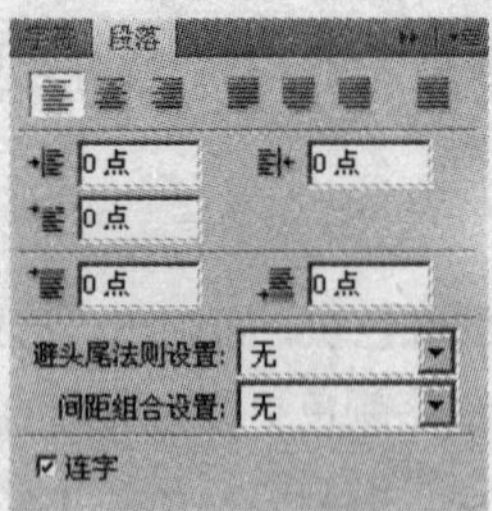

图 7.2.12　段落面板

1．对齐和调整文字

可以将文字与段落一端对齐，也可以将文字与段落两端对齐，以达到整齐的视觉效果。在段落面板或“文字工具”属性栏中，文字的对齐选项有：

（1）“左对齐文本”按钮：使点文字或段落文字左端对齐，右端参差不齐，如图 7.2.13 所示。

（2）“居中文本”按钮：使点文字或段落文字居中对齐，两端参差不齐，如图 7.2.14 所示。

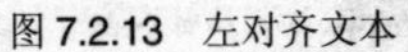

图 7.2.13　左对齐文本

图 7.2.14　居中对齐文本

（3）“右对齐文本”按钮：使点文字或段落文字右对齐，左端参差不齐，如图 7.2.15 所示。

图 7.2.15　右对齐文本

在段落面板或“文字工具”属性栏中，文字的段落对齐选项有：

（1）“最后一行左对齐”按钮：可将段落文字最后一行左对齐，如图 7.2.16 所示。

（2）“最后一行居中对齐”按钮：可将段落文字最后一行居中对齐，如图 7.2.17 所示。

图 7.2.16　左对齐段落文字

图 7.2.17　居中对齐段落文字

（3）“最后一行右对齐”按钮：可将段落文字最后一行右对齐，如图 7.2.18 所示。

（4）“全部对齐”按钮：可将段落文字最后一行强行全部对齐，如图 7.2.19 所示。

图 7.2.18　右对齐段落文字

图 7.2.19　全部对齐段落文字

2. 设置段落缩进

段落缩进是指段落文字与文字定界框之间的距离。缩进只影响所选段落，因此可以很容易地为多个段落设置不同的缩进。

在段落面板中的左缩进输入框 0点 中输入数值，可设置段落文字在定界框中左侧的缩进量，如图 7.2.20 所示。

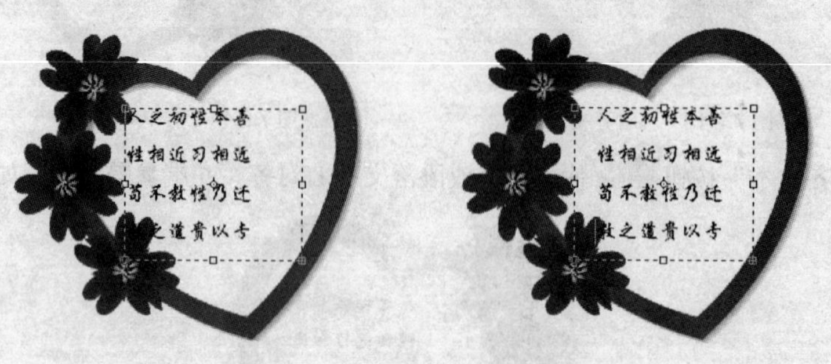

图 7.2.20　设置段落文字的左缩进 30

在右缩进输入框 0点 中输入数值，可设置段落文字在定界框中右侧的缩进量，如图 7.2.21 所示。

图 7.2.21　设置段落文字的右缩进 30

在首行缩进输入框 0点 中输入数值，可设置段落文字在定界框中的首行缩进量，如图 7.2.22 所示。

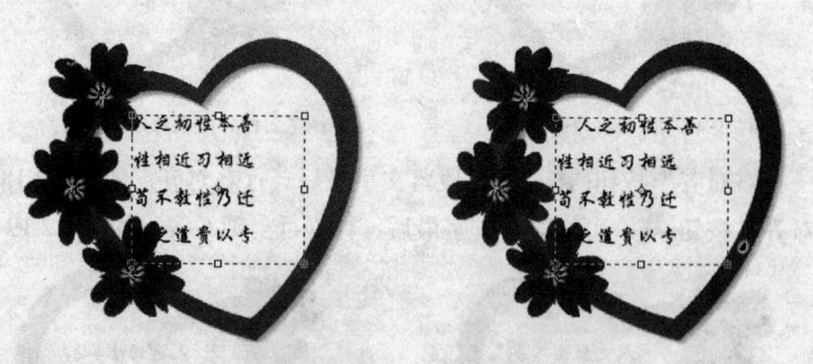

图 7.2.22　设置段落文字的首行缩进 30

3. 设置段落间距

在段落面板中的段前添加空格输入框 0点 中输入数值，可设置所选段落文字与前一段文字之间的距离；在段后添加空格输入框 0点 中输入数值，可设置所选段落文字与后一段文字之间的距离。

7.3　文本的特殊操作

在设计作品时，可以对所输入的文字进行一些特殊的编辑操作，如对文字进行扭曲、斜切与变形等，使版面显得很活泼、生动，具有很强的视觉效果。

7.3.1　栅格化文字

在 Photoshop 中，有些命令和工具（如滤镜效果和绘图工具）不能在文字图层中使用，所以需要在应用命令或使用工具前将文字图层栅格化，即将文字图层转换为普通图层，然后再对其进行编辑。

栅格化文字的常用方法有以下两种：

（1）在需要栅格化的文字图层上单击鼠标右键，在弹出的快捷菜单中选择 栅格化文字 命令来栅格化文字图层。如图 7.3.1 所示就是将文字图层转换为普通图层后的效果。

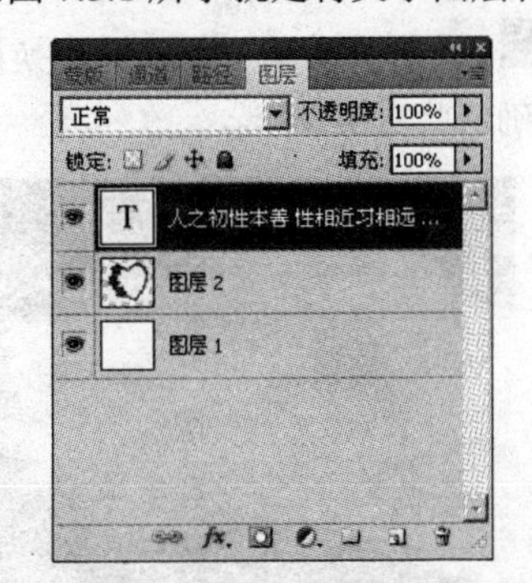

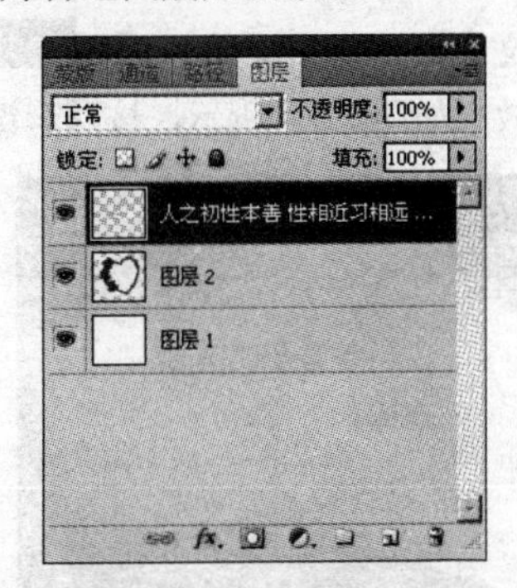

图 7.3.1　将文字图层转换为普通图层

（2）选择需要栅格化的文字图层，选择 图层(L) → 栅格化(Z) → 文字(T) 命令即可。

7.3.2　更改文字的排列方式

在 Photoshop CS4 中可以将文字进行垂直排列或水平排列。当文字图层垂直时，文字行上下排列；当文字图层水平时，文字行左右排列。

如果需要更改文字排列的垂直与水平方式，可在选择需要更改的文字图层后，选择菜单栏中的 图层(L) → 文字 → 水平(H) 或 垂直(V) 命令，即可在垂直与水平方式之间互换，其效果如图 7.3.2 所示。

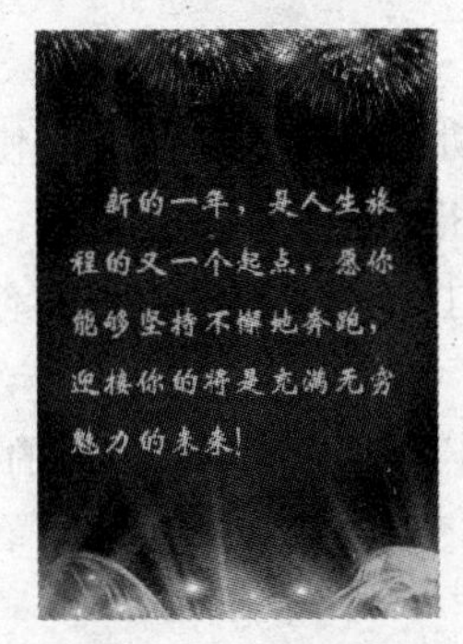

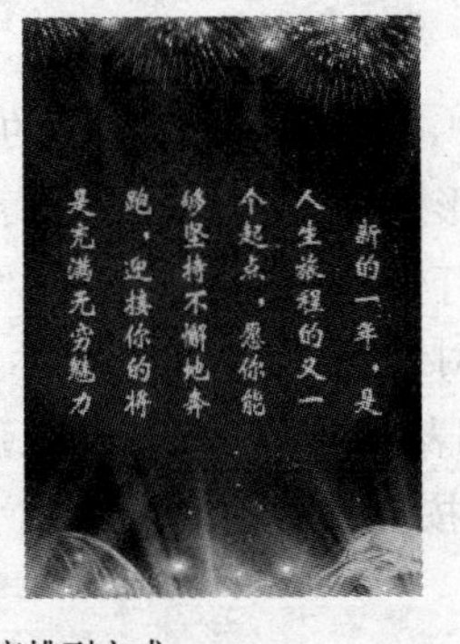

图 7.3.2　更改文字排列方式

7.3.3 变换文字

如果需要对创建的文字进行各种变换操作，可选择菜单栏中的编辑(E)→变换(A)命令，弹出其子菜单，如图 7.3.3 所示。从中选择相应的命令可对文字进行各种变换操作。

图 7.3.3 变换子菜单

在图像中输入文字后，在该菜单中选择斜切(K)命令，即可为文字添加变换框，拖动变换框对文字进行变换，其效果如图 7.3.4 所示，按回车键可确认此变换操作。

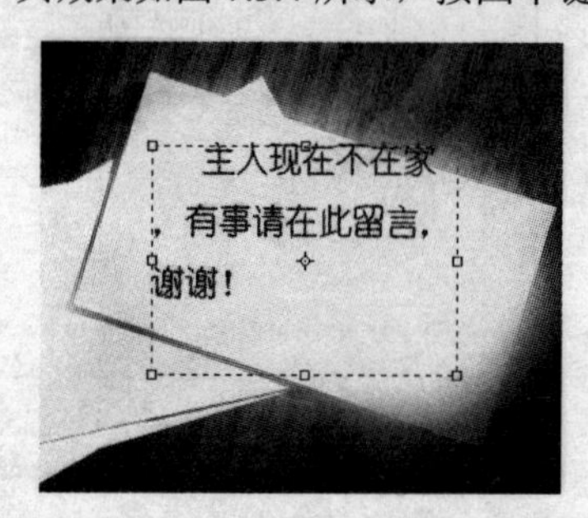

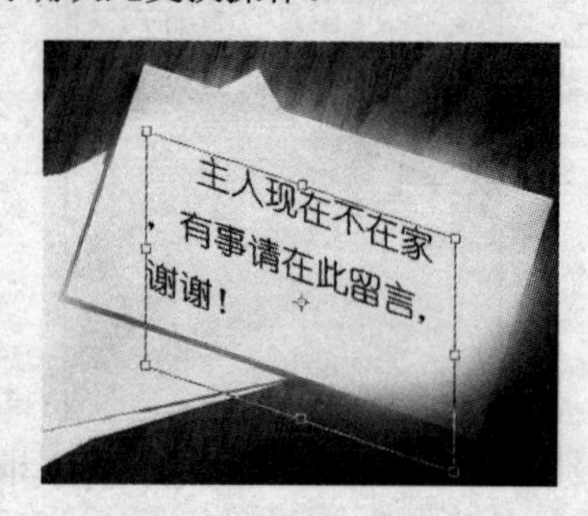

图 7.3.4 斜切文本前后效果对比

在为文字添加了变换框之后，此时相应的属性栏如图 7.3.5 所示。

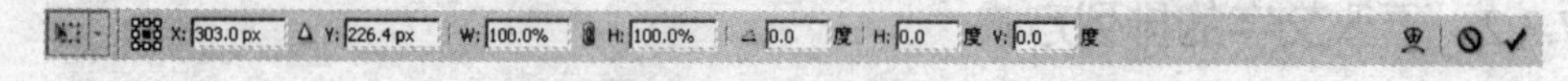

图 7.3.5 “变换工具”属性栏

在 0.0 度输入框中输入数值，可直接旋转文字到一定的角度。

在H: 0.0 度输入框中输入数值，可设置文字的水平斜切角度。

在V: 0.0 度输入框中输入数值，可设置文字的垂直斜切角度。

7.3.4 变形文字

在 Photoshop CS4 中，还有一种非常方便的变形功能。使用此功能可以使所创建的点文字与段落文字产生各种各样的变形效果，也可对输入的字母进行弯曲变形。

如果需要对文字进行各种变形操作，可在“文字工具”属性栏中单击“创建变形文本”按钮，即可弹出“变形文字”对话框，如图 7.3.6 所示。

单击样式(S): 下拉列表框 扇形，可从弹出的下拉列表中选择不同的文字变形样式。

选中 水平(H) 单选按钮，可对文字进行水平方向变形；选中 垂直(V) 单选按钮，可对文字进行垂直方向变形。

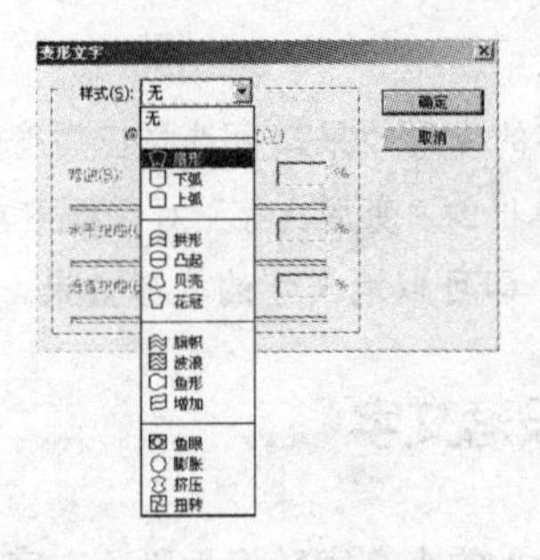

图 7.3.6　“变形文字”对话框

在弯曲(B):输入框中输入数值，可设置文字的水平与垂直弯曲程度。

在水平扭曲(O):与垂直扭曲(E):输入框中输入数值或拖动相应的滑块，可设置文字的水平与垂直扭曲程度。

变形文字的具体操作步骤如下：

打开一幅图像，在图像中输入文字，并自动生成文字图层，如图 7.3.7 所示。

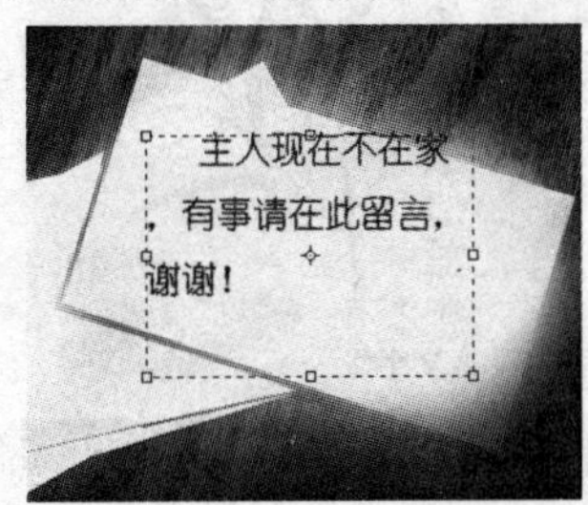

图 7.3.7　输入的文字

在“文字工具”属性栏中单击按钮，在弹出的“变形文字”对话框中设置相关参数，如图 7.3.8 所示。

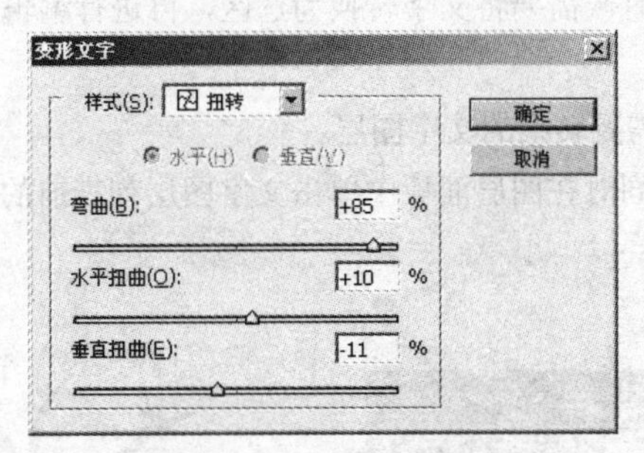

图 7.3.8　“变形文字”对话框

单击确定按钮，变形后的文字效果如图 7.3.9 所示。

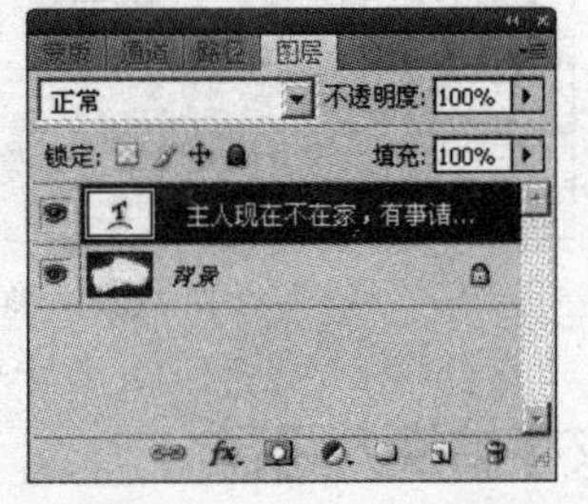

图 7.3.9　变形后的文字效果

提示：如果需要取消文字的变形效果，可选择应用变形的文字图层，在“文字工具”属性栏中单击“变形文本”按钮，在弹出的“变形文字”对话框中单击样式(S):下拉列表框 扇形，从弹出的下拉列表中选择无选项，即可取消文字的变形效果。

7.3.5 将点文字转换为段落文字

在 Photoshop CS4 中，可以将输入的点文字转换为段落文字，也可将段落文字转换为点文字。

在图像中输入点文字，选择菜单栏中的图层(L)→文字→转换为段落文本(P)命令，即可转换点文字为段落文字，如图 7.3.10 所示。

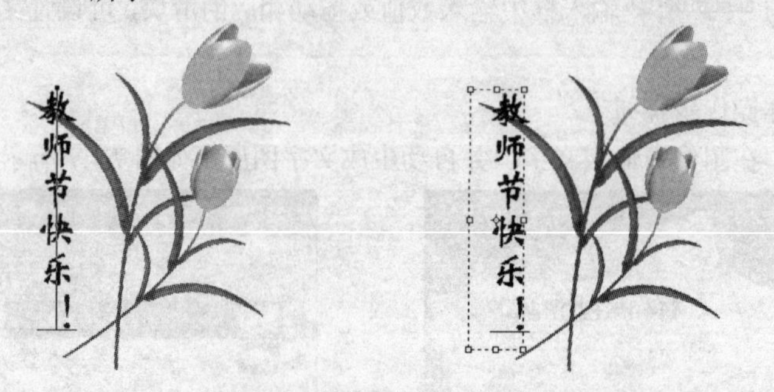

图 7.3.10 转换点文字为段落文字

将点文字转换为段落文字后，转换为段落文本(P)命令将显示为转换为点文本(P)命令。

7.3.6 将文字转换为选区

在 Photoshop CS4 中，有时候需要将文字转换为选区，再进行编辑处理，从而创作出特殊的文字效果。具体的操作方法如下：

（1）在图层面板中选择需要转换的文字图层。

（2）在按住“Ctrl”键的同时在图层面板中单击文字图层列表前的缩览图，即可将文字图层转换为选区，如图 7.3.11 所示。

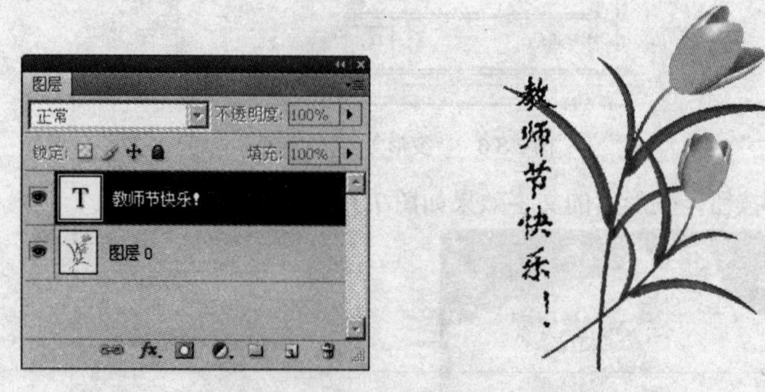

图 7.3.11 将文字图层转换为选区

7.3.7 将文字转换为路径

在 Photoshop CS4 中，可以将文字转换为工作路径，转换后的工作路径可以像其他路径一样存储

并进行其他的操作。另外，转换后的工作路径不会影响原来的文字图层。

选择文字图层后，选择菜单栏中的 图层(L) → 文字 → 创建工作路径(C) 命令，即可将文字转换为工作路径，如图 7.3.12 所示。

图 7.3.12　将文字转换为路径

如果需要移动创建的路径，可单击工具箱中的“路径选择工具”按钮，选择路径并按住鼠标左键拖动即可，如图 7.3.13 所示。

图 7.3.13　移动工作路径

7.4　课堂实训——制作特效字

本节主要利用所学的知识制作特效字，最终效果如图 7.4.1 所示。

图 7.4.1　最终效果图

操作步骤

（1）选择菜单栏中的 文件(F) → 新建(N)... 命令，弹出“新建”对话框，设置宽度为“6 厘米”，高度为“8 厘米”，模式为“RGB 颜色”，分辨率为“150 像素/英寸”。单击 确定 按钮，创建一个新的图像文件。

（2）设置前景色为黑色，按“Alt+Delete”键将背景层填充为黑色。

（3）单击工具箱中的“直排文字蒙版工具”按钮，设置其属性栏参数如图 7.4.2 所示。

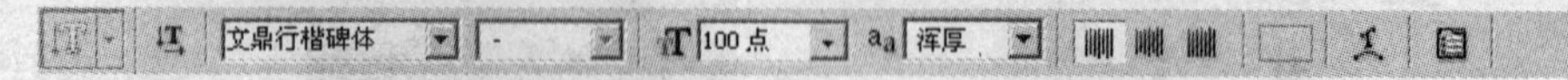

图 7.4.2 “文字工具”属性栏

（4）设置好参数后，在图像中输入文本“传说”，效果如图 7.4.3 所示。

（5）单击工具箱中的任意工具按钮，此时文本将会自动生成文字选区，如图 7.4.4 所示。

图 7.4.3 输入文字

图 7.4.4 生成文字选区

（6）单击图层面板底部的“创建新图层”按钮，新建图层 1。

（7）单击工具箱中的“油漆桶工具”按钮，设置其属性栏参数如图 7.4.5 所示。

图案 模式: 正常 不透明度: 100% 容差: 32 ☑消除锯齿 ☐连续的 ☐所有图层

图 7.4.5 “油漆桶工具”属性栏

（8）在选区内单击，将图案填充到选区中，效果如图 7.4.6 所示。

（9）选择菜单栏中的 选择(S) → 修改(M) → 收缩(C)... 命令，弹出“收缩选区”对话框，在其对话框中的 收缩量(C): 输入框中输入“4 像素”，单击 确定 按钮，按“Delete”键删除收缩后选区内的图像，效果如图 7.4.7 所示。

图 7.4.6 填充选区

图 7.4.7 删除收缩后的选区

（10）在图层面板中按住“Ctrl”键的同时单击图层 1，将文本图层载入选区。

（11）选择菜单栏中的 图层(L) → 图层样式(Y) → 斜面和浮雕(B)... 命令，弹出“图层样式”对话框，设置其对话框参数如图 7.4.8 所示。

（12）设置好参数后，单击 确定 按钮，图像效果如图 7.4.9 所示。

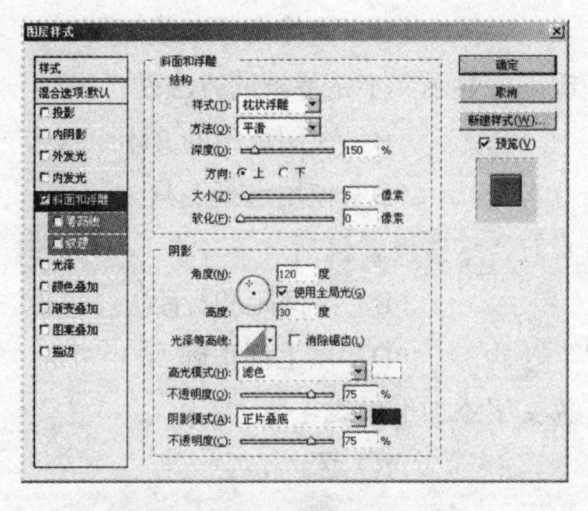

图 7.4.8　“图层样式”对话框

图 7.4.9　应用斜面和浮雕效果

（13）按住“Ctrl+Alt”键，用鼠标向右上方拖曳，可复制选区中的文字，连续复制三次并移动，按“Ctrl+D”键取消选区，最终效果如图 7.4.1 所示。

本 章 小 结

本章主要介绍了 Photoshop CS4 中文字的应用，包括文本工具、设置文本的属性、文本的特殊操作等知识。通过本章的学习，可使读者熟练掌握文字的各种编辑方法，并能灵活运用文字工具创建出特殊的文字效果。

操 作 练 习

一、填空题

1．文本工具包括＿＿＿＿＿＿、＿＿＿＿＿＿、＿＿＿＿＿＿和＿＿＿＿＿＿4 种。

2．文字的排列方式有两种，即＿＿＿＿＿＿和＿＿＿＿＿＿排列。

3．文字属性和段落属性是通过＿＿＿＿＿＿和＿＿＿＿＿＿来完成的。

4．段落缩进是指＿＿＿＿＿＿文字与＿＿＿＿＿＿之间的距离。

5．栅格化文字图层，就是将文字图层转换为＿＿＿＿＿＿。

6．当输入＿＿＿＿＿＿时，每行文字都是独立的，行的长度随着编辑增加或缩短，但不换行；输入＿＿＿＿＿＿时，文字基于定界框的尺寸换行。

7．在 Photoshop CS4 中，有时候需要将文字转换为＿＿＿＿＿＿，再进行编辑处理，可以创作出特殊的文字效果。

二、选择题

1．在字符面板中单击（　）按钮，可将文字加粗。

（A）**T**　　（B）*T*

（C）TT　　（D）T̶

2．利用（　）可以在图像中直接创建选区文字。

（A）横排文字工具　　（B）横排文字蒙版工具

（C）直排文字工具　　（D）直排文字蒙版工具

3．在选中文字图层且启动文字工具的情况下，显示文字定界框的方法是（　）。

（A）在图像中的文本中单击　　（B）在图像中的文本中双击

（C）按 Ctrl 键　　（D）使用选择工具

4．在字符面板中，可以对文字属性进行设置，这些设置包括（　）。

（A）字体、大小　　（B）字间距和行距

（C）字体颜色　　（D）以上都正确

5．在字符面板中可以单击（　）按钮，为文字添加下画线。

（A）T　　（B）T

（C）TT　　（D）T

6．在段落面板中将整个段落文字左对齐，可以使用（　）按钮。

（A）　　（B）

（C）　　（D）

7．要为文字四周添加变形框，可以按（　）键。

（A）Ctrl+Alt+T　　（B）Ctrl+T

（C）Alt+T　　（D）Shift+T

三、简答题

1．如何创建路径文字？

2．如何设置调整文本的行距和字符间距？

3．如何将文字转换为选区？

四、上机操作题

1．在图像中输入点文字，为其制作如题图 7.1 所示的效果。

题图　7.1

2．在图像中输入点文字，利用路径工具为其制作如题图 7.2 所示的效果。

题图　7.2

第 8 章　蒙版与通道

在 Photoshop CS4 中，蒙版的应用使修改图像和创建复杂的选区变得更加方便，通道则是在 Photoshop 中进行一些图像制作及处理不可缺少的工具，所有颜色都是由若干个通道来表示，通道可以保存图像中所有的颜色信息。

知识要点

- 蒙版
- 通道
- 通道的基本操作
- 合成通道

8.1　蒙　　版

在 Photoshop CS4 中，蒙版的形式有 5 种，分别为图层蒙版、矢量蒙版、剪贴蒙版、快速蒙版以及通道蒙版。蒙版可以用来保护图像，使被蒙蔽的区域不受任何编辑操作的影响，以方便用户对其他部分的图像进行编辑调整。

8.1.1　图层蒙版

图层蒙版是应用最为广泛的蒙版，将它覆盖在某一个特定的图层或图层组上，可任意发挥想象力和创造力，而不会影响图层中的像素。

下面通过一个具体的实例来介绍蒙版的功能与应用。

（1）打开两幅需要融合的“叶子”图像与“人物”图像，如图 8.1.1 所示。

图 8.1.1　打开的图像文件

（2）使用移动工具将“叶子”图像移至“人物”图像中，可生成图层 1，将其调整到适当位置，此时图层面板如图 8.1.2 所示。

（3）将图层 1 作为当前可编辑图层，单击图层面板底部的“添加图层蒙版”按钮 ，可为图层 1 添加蒙版，如图 8.1.3 所示。

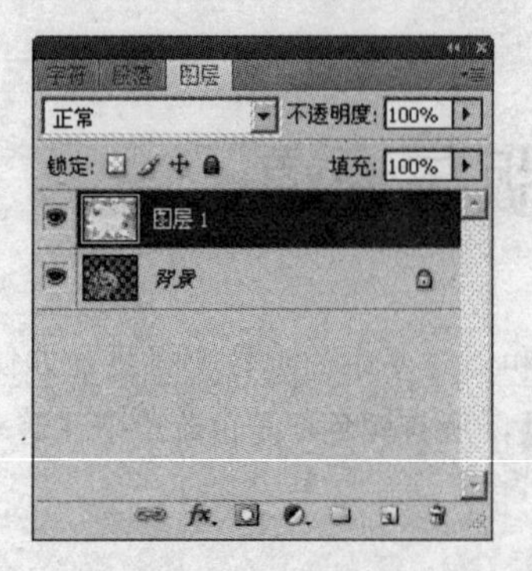

图 8.1.2　图层面板

图 8.1.3　添加图层蒙版

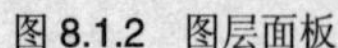

（4）单击工具箱中的“渐变工具”按钮，在属性栏中设置渐变方式为线性渐变，在图层蒙版中从右下角向左上角拖动鼠标填充渐变效果，如图 8.1.4 所示。

图 8.1.4　为图层蒙版填充渐变效果

8.1.2　矢量蒙版

矢量蒙版是通过钢笔工具或形状工具创建的路径来遮罩图像的，它与分辨率无关，因此在进行缩放时可保持对象边缘光滑无锯齿。

选择菜单栏中的 图层(L) → 矢量蒙版(V) 命令，可弹出其子菜单，如图 8.1.5 所示。从中选择相应的命令可创建矢量蒙版。

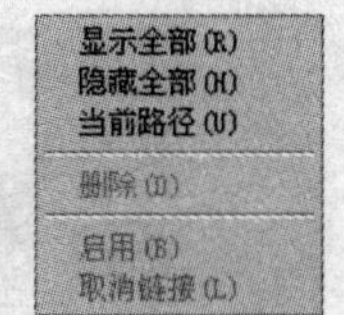

图 8.1.5　矢量蒙版子菜单

选择 显示全部(R) 命令，可为当前图层添加白色矢量蒙版，白色矢量蒙版不会遮罩图像。

选择 隐藏全部(H) 命令，可为当前图层添加黑色矢量蒙版，黑色矢量蒙版将遮罩当前图层中的图像。

选择 当前路径(U) 命令，可基于当前的路径创建矢量蒙版。

创建矢量蒙版后，可通过锚点编辑工具修改路径的形状，从而修改蒙版的遮罩区域，如要取消矢量蒙版，可选择 图层(L) → 矢量蒙版(V) → 删除(D) 命令进行删除。

8.1.3　剪贴蒙版

创建剪贴蒙版的具体操作方法如下：

（1）使用移动工具选择需要创建剪贴蒙版的图层，此处选择图层 1，如图 8.1.6 所示。

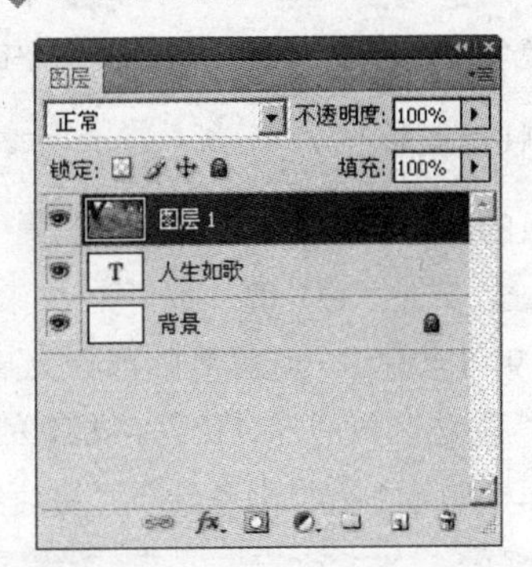

图 8.1.6　原图及选择的图层

（2）选择菜单栏中的 图层(L) → 创建剪贴蒙版(C) 命令，或按“Alt+Ctrl+G”键，即可将选择的图层与下面的图层创建一个剪贴蒙版，如图 8.1.7 所示。

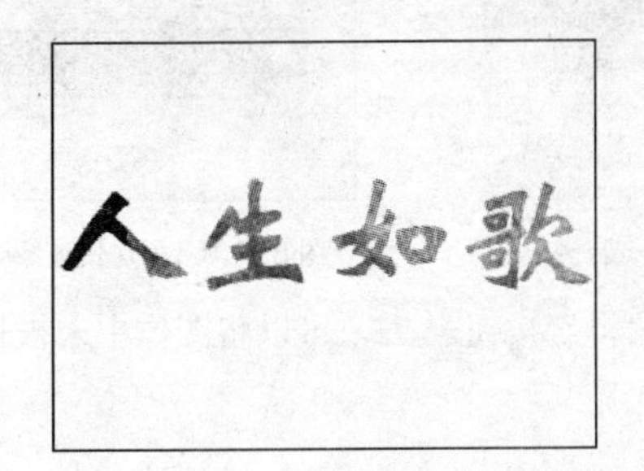

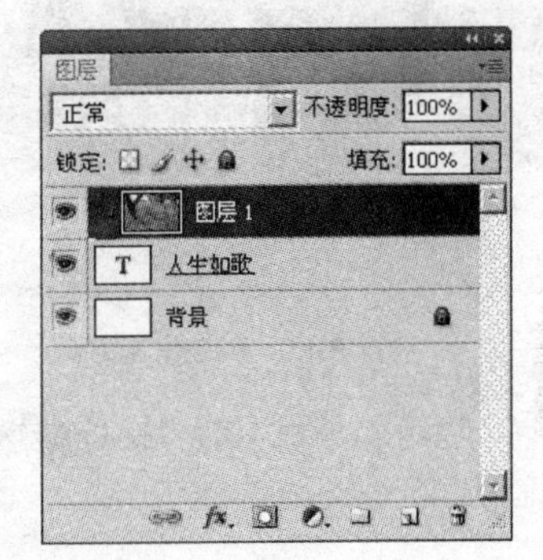

图 8.1.7　创建的剪贴蒙版及图层面板的变化

在剪贴蒙版中，上面的图层为内容图层，内容图层的缩览图是缩进的，并显示出一个剪贴蒙版图标，下面的图层为基底图层，基底图层的名称带有下画线，移动基底图层会改变内容图层的显示区域，如图 8.1.8 所示。

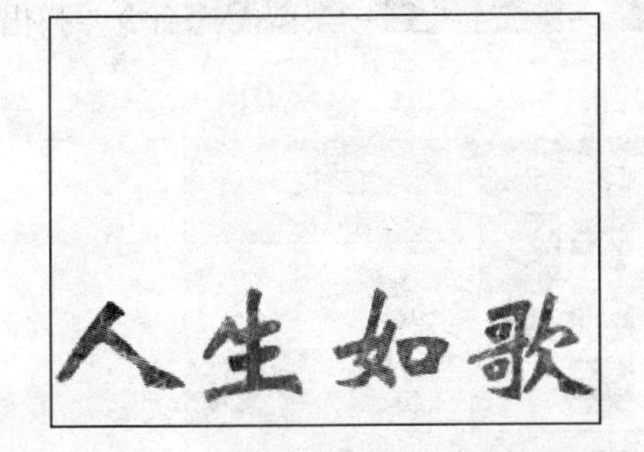

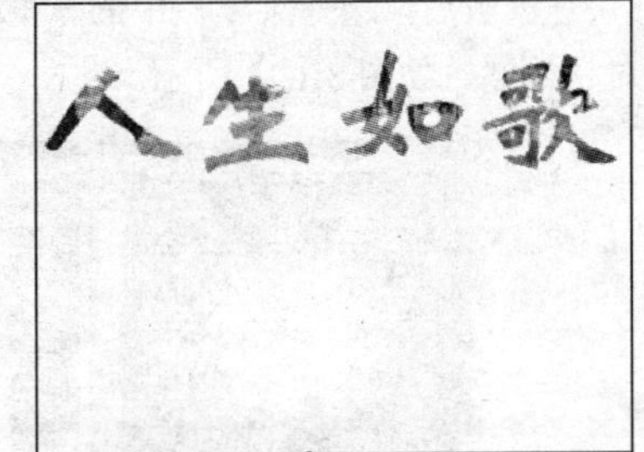

图 8.1.8　移动基底图层后的效果

要取消剪贴蒙版，只须选择菜单栏中的 图层(L) → 释放剪贴蒙版(C) 命令，或按“Ctrl+Alt+G”键，即可取消剪贴蒙版。

8.1.4　快速蒙版

快速蒙版是用于创建和查看图像的临时蒙版，可以不使用通道面板而将任意选区作为蒙版来编辑。把选区作为蒙版的好处是可以运用 Photoshop 中的绘图工具或滤镜对蒙版进行调整，如果用选择工具在图像中创建一个选区后，进入快速蒙版模式，可以用画笔来扩大（选择白色为前景色）或缩小选区（选择黑色为前景色），也可以用滤镜中的命令来修改选区。

1. 创建快速蒙版

快速蒙版的创建比较简单，首先在图像中创建任意选区，然后单击工具箱中的“以快速蒙版模式编辑”按钮，或按“Q”键，都可为当前选区创建一个快速蒙版，如图 8.1.9 所示。

从图 8.1.9 可以看出，选区外的部分被某种颜色覆盖并保护起来（在默认的情况下是不透明度为 50%的红色），而选区内的部分仍保持原来的颜色，这时可以对蒙版进行扩大、缩小等各种操作。另外，在通道面板的最下方将出现一个“快速蒙版”通道，如图 8.1.10 所示。

图 8.1.9　创建快速蒙版

图 8.1.10　添加快速蒙版效果

操作完成后，单击工具箱中的“以标准模式编辑”按钮，可以将图像中未被快速蒙版保护的区域转化为选区。

2. 编辑快速蒙版

如果在编辑蒙版时进行了各种模糊处理，那么该蒙版中灰度值小于 50%的图像区域将会转化为选区。此时可以对选区中的图像进行各种编辑操作，且各操作只对选区中的图像有效。编辑快速蒙版的方法如下：

（1）添加快速蒙版后，选择菜单栏中的 滤镜(T) → 画笔描边 → 喷溅... 命令，弹出“喷溅”对话框，设置其对话框参数如图 8.1.11 所示。

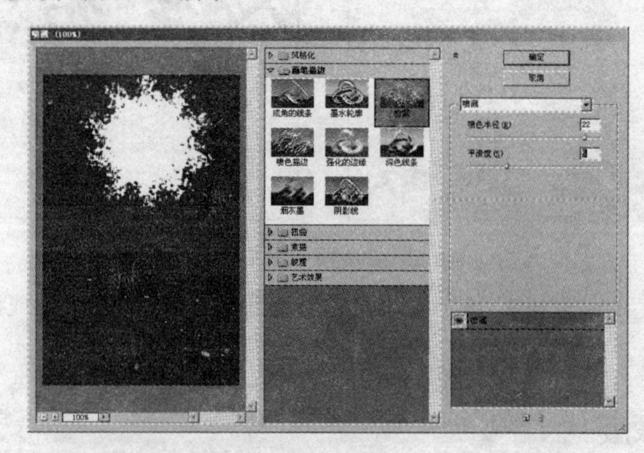

图 8.1.11　“喷溅”对话框

（2）设置好参数后，单击 确定 按钮，效果如图 8.1.12 所示。

（3）单击工具箱中的“以标准模式编辑”按钮，转换到普通模式，效果如图 8.1.13 所示。

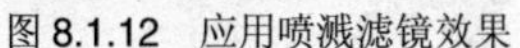

图 8.1.12　应用喷溅滤镜效果　　　　图 8.1.13　转换到普通模式效果

（4）按“Ctrl+Shift+I”键反选选区，并用白色填充选区，然后按“Ctrl+D”键取消选区，效果如图 8.1.14 所示。

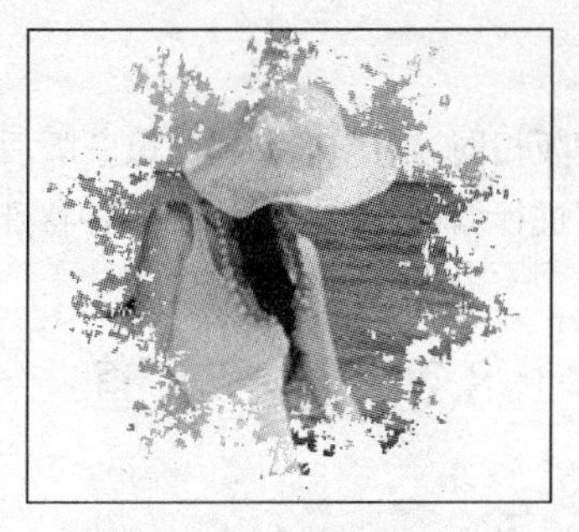

图 8.1.14　编辑快速蒙版效果

8.1.5　通道蒙版

通道蒙版与快速蒙版的作用类似，都是为了存储选区以备下次使用。不同的是在一幅图像中只允许有一个快速蒙版存在，而通道蒙版则不同，在一幅图像中可以同时存在多个通道蒙版，分别存放不同的选区。此外，用户还可以将通道蒙版转换为专色通道，而快速蒙版则不能。

1．创建通道蒙版

在 Photoshop CS4 中，创建通道蒙版常用的方法有以下 2 种：

（1）首先在图像中创建一个选区，然后单击通道面板底部的“将选区存储为通道”按钮，即可将选区保存为通道蒙版，如图 8.1.15 所示。

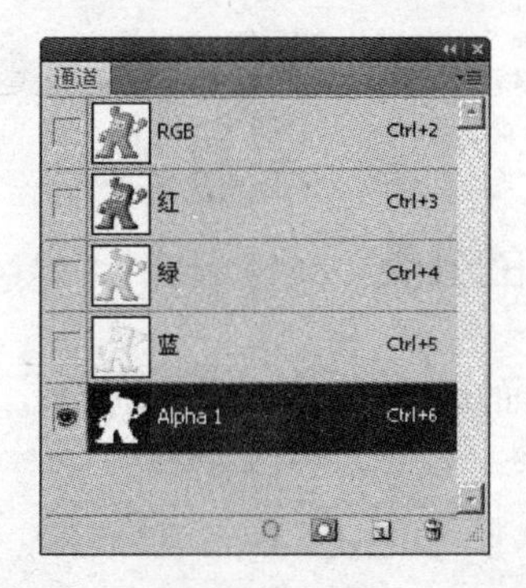

图 8.1.15　创建通道蒙版效果及通道面板

（2）首先在图像中创建一个选区，再选择菜单栏中的选择(S)→存储选区(V)...命令，弹出“存储选区”对话框，如图 8.1.16 所示。在名称(N):文本框中输入通道蒙版的名称，再单击确定按钮，即可将选区保存为通道蒙版。

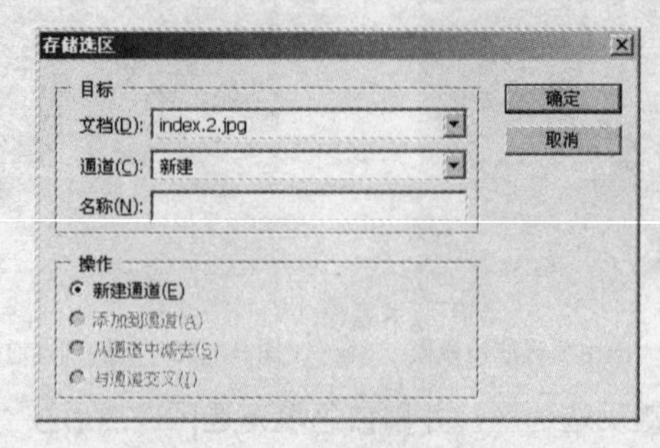

图 8.1.16 “存储选区”对话框

2．编辑通道蒙版

通道蒙版的编辑方法与快速蒙版相同，为图像创建通道蒙版后，可以使用 Photoshop 工具箱中的绘图工具、调整命令和滤镜等对其进行编辑，为图像添加各种特殊效果。

8.2 通 道

在处理图像过程中，经常会利用通道对图像进行色彩调整，并运用滤镜和其他特殊效果，使图像更加有视觉效果。

8.2.1 通道的概念

在 Photoshop CS4 中，可以使用不同的方法将一幅图像分成几个相互独立的部分，对其中某一部分进行编辑而不影响其他部分，通道就是实现这种功能的途径之一，它用于存放图像的颜色和选区数据。打开一幅图像时，Photoshop 便自动创建了颜色信息通道，图像的颜色模式决定所创建的颜色通道的数目。例如，RGB 图像有 4 个默认的通道，分别用于红色、绿色、蓝色和用于编辑图像的复合通道。此外，Alpha 通道将选区作为 8 位灰度图像存放，并被加入到图像的颜色通道中。包括所有的颜色通道和 Alpha 通道在内，一幅图像最多可以有 56 个通道。

注意： RGB 通道和 CMYK 通道是通道面板上的第 1 个通道，也是各个通道组合到一起的复合通道。

8.2.2 通道的分类

Photoshop CS4 的通道大致可分为 5 种类型，即复合通道、颜色通道、Alpha 通道、专色通道和单色通道。

1．复合通道

复合通道不包含任何信息，实际上它只是能同时预览并编辑所有颜色通道的一种快捷方式。它通

常被用来在单独编辑完一个或多个颜色通道后使通道面板返回到默认状态。对于不同模式的图像，其通道的数量是不一样的。在 Photoshop 中，通道涉及 3 种模式，对于 RGB 模式的图像，有 RGB、红、绿、蓝共 4 个通道；对于 CMYK 模式的图像，有 CMYK、青色、洋红、黄色、黑色共 5 个通道；对于 Lab 模式的图像，有 Lab、明度、a、b 共 4 个通道。

2．颜色通道

在 Photoshop CS4 中，图像像素点的色彩是通过各种色彩模式中的色彩信息进行描述的，所有的像素点包含的色彩信息组成了一个颜色通道。例如，一幅 RGB 模式的图像有 3 个颜色通道，其中 R（红色）通道中的像素点是由图像中所有像素点的红色信息组成的，同样 G（绿色）通道和 B（蓝色）通道中的像素点分别是由所有像素点中的绿色信息和蓝色信息组成的。这些颜色通道的不同信息搭配组成了图像中的不同色彩。

3．Alpha 通道

Alpha 通道是计算机图形学的术语，指的是特别的通道。Alpha 通道与图层看起来相似，但区别却非常大。Alpha 通道可以随意地增减，这一点类似于图层，但 Alpha 通道不是用来存储图像而是用来保存选区的。在 Alpha 通道中，黑色表示非选区，白色表示选区，不同层次的灰度则表示该区域被选取的百分比。

4．专色通道

专色通道可以使用除了青、黄、品红、黑以外的颜色来绘制图像。它主要用于辅助印刷，是用一种特殊的混合油墨来代替或补充印刷色的预混合油墨，每种专色在复印时都要求有专用的印版，使用专色油墨叠印通常要比四色叠印更平整，颜色更鲜艳。如果在 Photoshop CS4 中要将专色应用于特定的区域，则必须使用专色通道，它能够用来预览或增加图像中的专色。

5．单色通道

单色通道的产生比较特别，也可以说是非正常的。例如，在通道面板中随便删除其中一个通道，就会发现所有的通道都变成"黑白"的，原有的彩色通道即使不删除，也变成了灰度的。

8.2.3　通道面板

打开一个图像文件后，系统会自动在通道面板中建立颜色通道，单击浮动面板组中的 通道 标签，即可打开通道面板，如果在 Photoshop 界面中找不到该面板，可以通过选择 窗口(W) → 通道 命令将其打开，如图 8.2.1 所示。

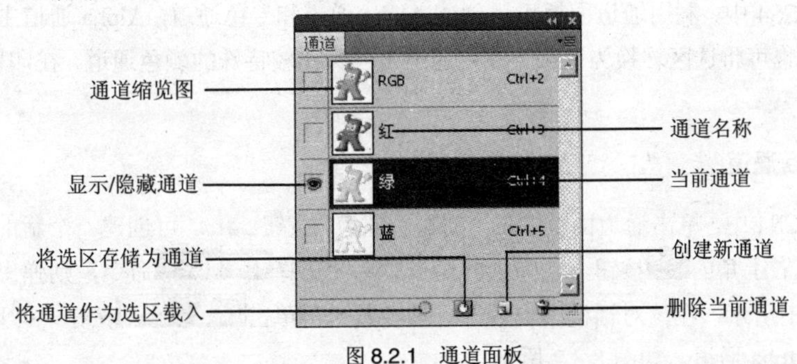

图 8.2.1　通道面板

单击按钮，可以将通道作为选区载入到图像中，也可以按住“Ctrl”键在面板中单击需要载入选区的通道，来载入通道选区。

单击按钮，可将当前的选区存储为通道，存储后的通道将显示在通道面板中。

单击按钮，可创建新的通道，如果同时按住“Alt”键单击该按钮，则可以在弹出的对话框中设置新建通道的参数；如果同时按住“Ctrl”键单击该按钮，则可以创建新的专色通道。

单击按钮，可删除当前所选的通道。

：此图标表示当前通道是否可见。隐藏该图标，表示该通道为不可见状态；显示该图标，则表示该通道为可见状态。

单击通道面板右上角的按钮，可弹出如图 8.2.2 所示的通道面板菜单，其中包含了有关通道的操作命令。此外，用户可以选择通道面板菜单中的面板选项...命令，在弹出的“通道面板选项”对话框（见图 8.2.3）中调整每个通道缩览图的大小。

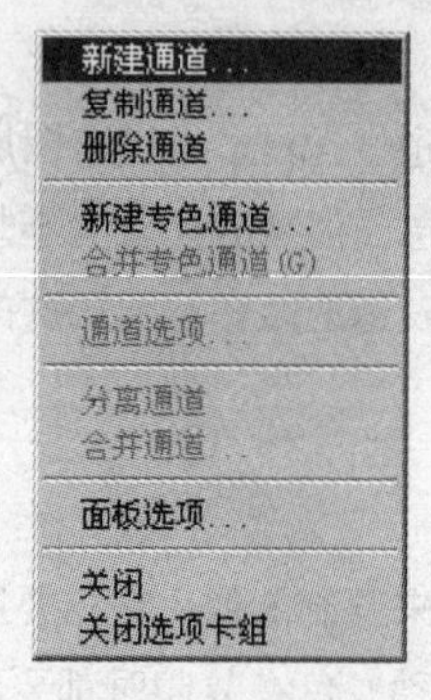

图 8.2.2 通道面板菜单

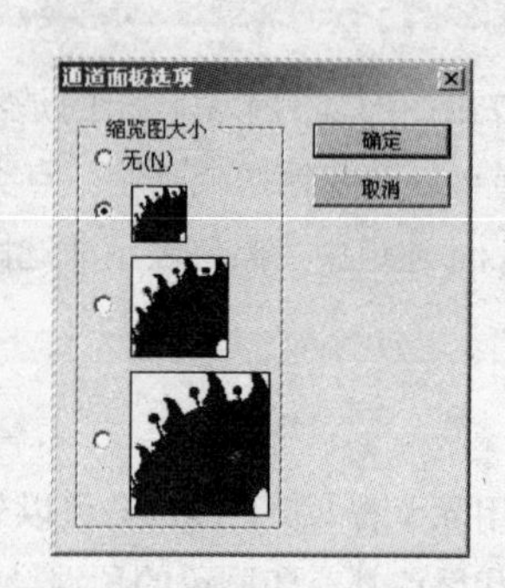

图 8.2.3 “通道面板选项”对话框

注意：在编辑通道的过程中，用户不要轻意地修改原色通道，如果必须要修改，最好将原色通道进行复制，然后在其副本上进行修改。

8.3 通道的基本操作

通道的基本操作包括创建通道、复制通道、删除通道、分离通道和合并通道等，下面将分别进行介绍。

8.3.1 创建通道

在 Photoshop CS4 中，利用通道面板可以创建 Alpha 通道和专色通道，Alpha 通道主要用于建立、保存和编辑选区，也可将选区转换为蒙版。专色通道是一种比较特殊的颜色通道，在印刷过程中会经常用到。

1. 创建 Alpha 通道

在 Photoshop CS4 中，单击通道面板中的“创建新通道”按钮，可创建一个新的 Alpha 通道。也可单击通道面板右上角的按钮，从弹出的面板菜单中选择新建通道...命令，则弹出“新建通道”对话框，如图 8.3.1 所示，在该对话框中设置好各项参数，再单击确定按钮，即可在通道面板中创建一个新的 Alpha 通道，如图 8.3.2 所示。

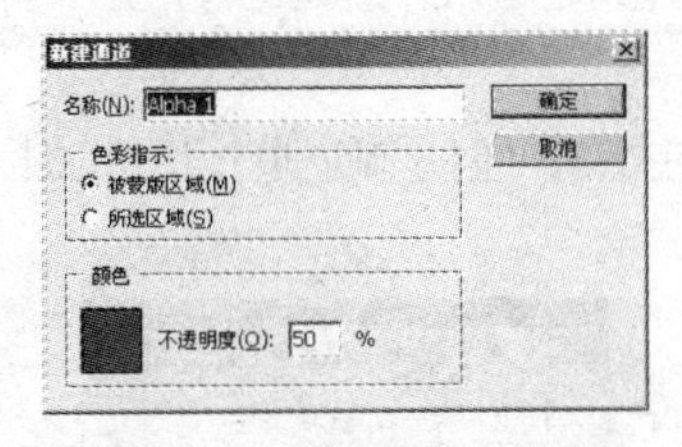

图 8.3.1　“新建通道”对话框

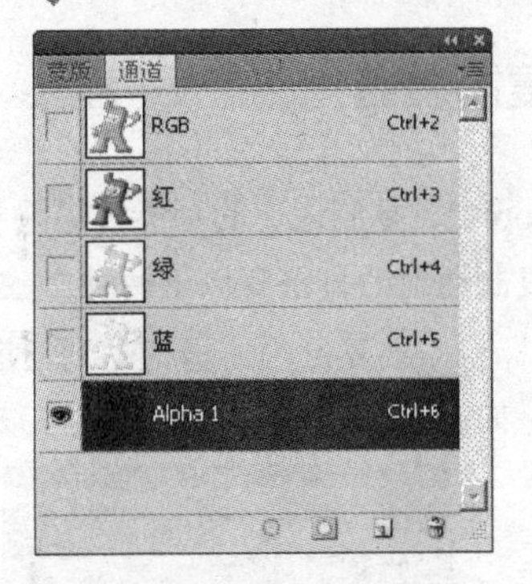

图 8.3.2　创建的 Alpha 通道

技巧：在按住“Alt”键的同时单击通道面板底部的“创建新通道”按钮，也可弹出“新建通道”对话框。

2. 创建专色通道

单击通道面板右上角的按钮，从弹出的面板菜单中选择新建专色通道...命令，则弹出“新建专色通道”对话框，如图 8.3.3 所示。在该对话框中设置好各项参数，再单击确定按钮，即可创建出新的专色通道，效果如图 8.3.4 所示。

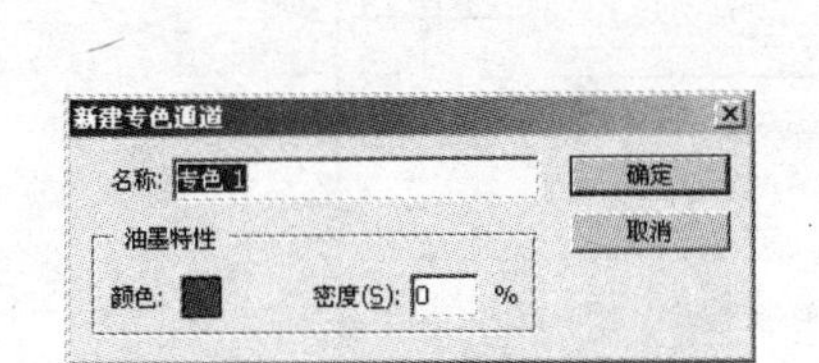

图 8.3.3　“新建专色通道”对话框

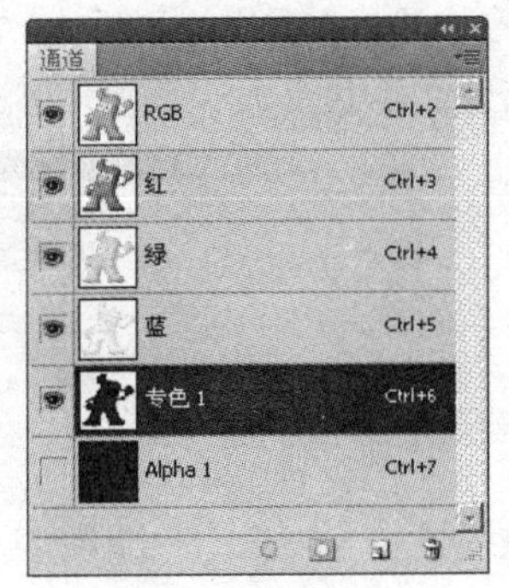

图 8.3.4　创建的专色通道

3. 将 Alpha 通道转换为专色通道

在通道面板中选择需要转换的 Alpha 通道后，单击通道面板右上角的按钮，在弹出的通道面板菜单中选择通道选项...命令，弹出“通道选项”对话框，如图 8.3.5 所示，在色彩指示:选项区中选中专色(P)单选按钮，然后单击确定按钮，即可将 Alpha 通道转换为专色通道。

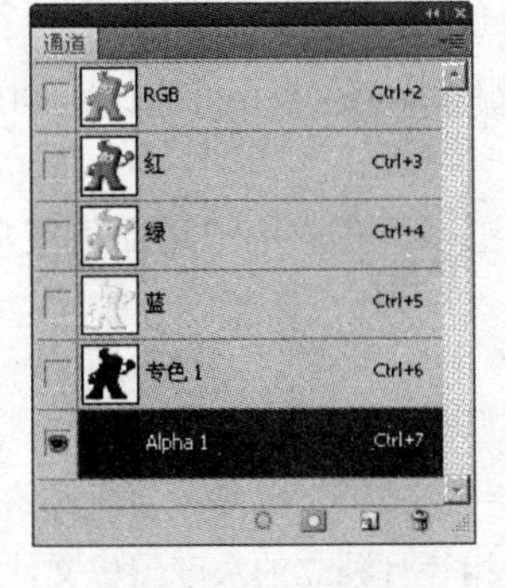

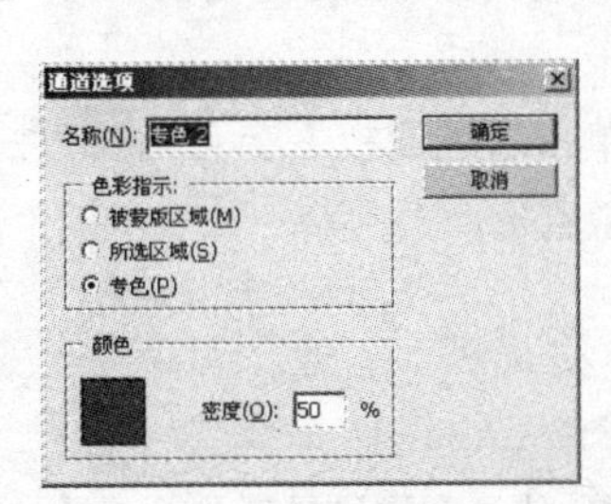

图 8.3.5　将 Alpha 通道转换为专色通道

8.3.2 复制通道

在 Photoshop 中，复制通道的功能只局限于复制合成通道以外的通道，并且不能复制位图模式图像中的通道。复制通道的方法有以下两种：

（1）用鼠标将需要复制的通道拖动到通道面板底部的“创建新通道”按钮上，释放鼠标，即可复制通道，如图 8.3.6 所示。

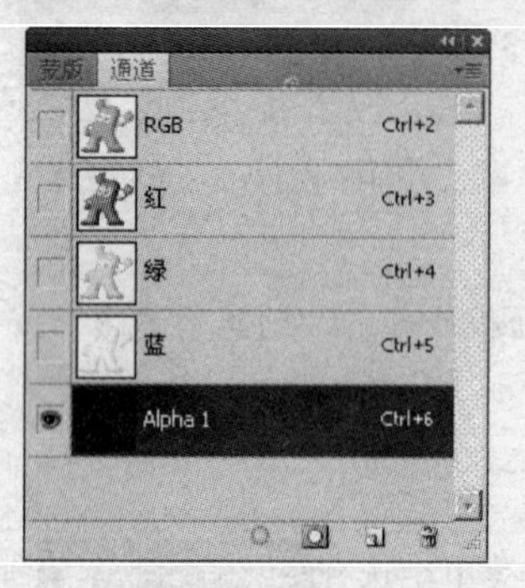

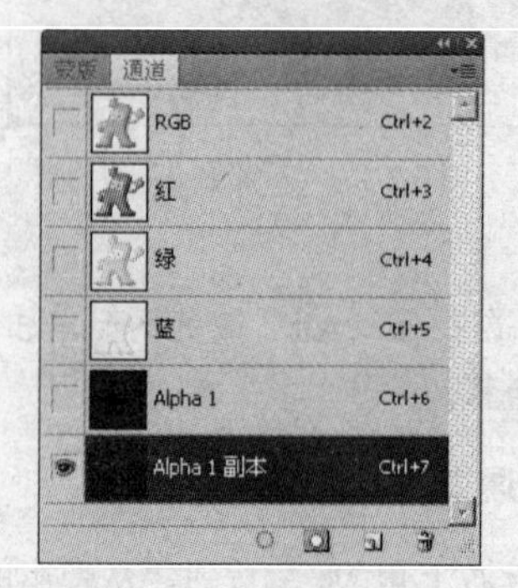

图 8.3.6 复制通道

（2）选中需要复制的通道，单击通道面板右上角的按钮，在弹出的通道面板菜单中选择 复制通道... 命令，然后在弹出的如图 8.3.7 所示的对话框中设置通道的名称和复制通道的目标位置（当前文件或新建文件中），如果需要，可选中 ☑ 反相(I) 复选框复制反相的通道。

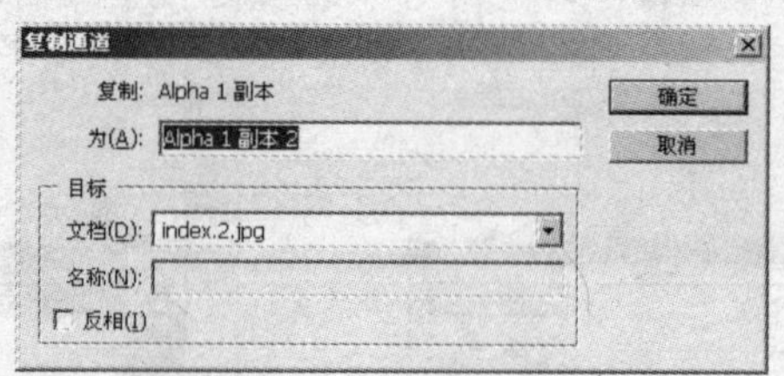

图 8.3.7 “复制通道”对话框

若要在不同的文件之间复制通道，则要求源文件和目标文件的大小一致。如果两个文件的大小不一致，可以在“图像大小”对话框中进行设置。

8.3.3 删除通道

在 Photoshop CS4 中，带有 Alpha 通道的图像会占用一定的磁盘空间，在编辑完图像后，用户可以将不需要的 Alpha 通道删除以释放磁盘空间。删除通道的方法有以下两种：

（1）选择需要删除的通道，然后将其拖动到通道面板中的“删除通道”按钮上，即可将选择的通道删除。

（2）选择需要删除的通道，单击通道面板右上角的按钮，从弹出的通道面板菜单中选择 删除通道 命令，即可将选择的通道删除。

8.3.4 分离通道

分离通道是将图像进行分解存储，使各个通道转变为几个大小相等且独立的灰度图像文件，以便

于用户对通道进行单独处理，使图像的存储和转移更加方便。另外，通过通道重组等操作，还可以为图像制作特殊效果。

要分离通道，单击通道面板右上角的按钮，在弹出的通道面板菜单中选择分离通道命令即可。如图 8.3.8 所示为将一幅 RGB 模式的图像分离通道后的效果。

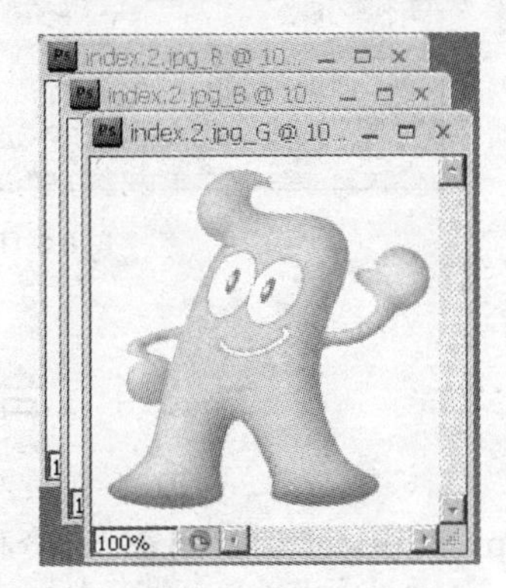

图 8.3.8　分离通道

当图像具有几个图层时，不能分离通道。另外，当执行了“分离通道”命令后，不能用“撤销”命令恢复原图像，而只能通过“合并通道”命令来恢复。

8.3.5　合并通道

为了将分离的通道合并恢复为原来的图像，或者将来自于不同图像的通道合并制作特殊效果，用户可以单击通道面板右上角的按钮，在弹出的通道面板菜单中选择合并通道...命令，弹出“合并通道”对话框，如图 8.3.9 所示，在其中可以定义合并的通道数及采用的色彩模式。一般情况下，建议用户使用“多通道”模式，设置完成后，单击确定按钮，将会打开另一个随色彩模式而变化的设置对话框，例如，用户选择多通道色彩模式，系统将会打开“合并多通道”对话框，如图 8.3.10 所示，在该对话框中可以进行进一步设置，设置好一个通道后，单击下一步(N)按钮再进行另一通道的设置。

图 8.3.9　“合并通道”对话框

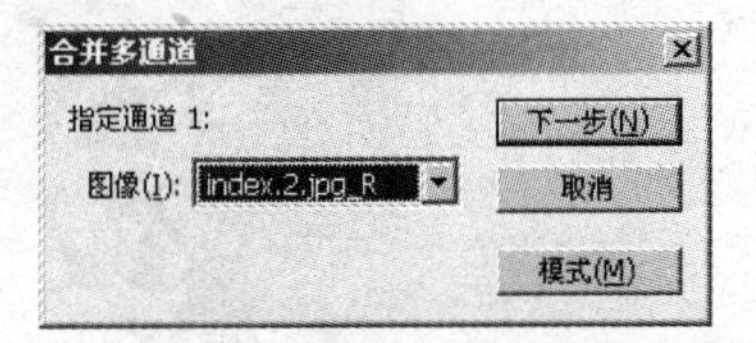

图 8.3.10　“合并多通道”对话框

最后在“合并多通道”对话框中单击确定按钮，当前选定的需要合并的图像文件将合并为一个文件，每个原始图像文件都以一个通道的模式存在于新文件中。另外，在不同的原图像文件之间合并通道时，要求合并的图像大小必须相同。

8.3.6　将通道作为选区载入

在通道面板中选择要载入选区的通道后，单击通道面板底部的“将通道作为选区载入”按钮，即可将所选通道中的浅色区域作为选区载入，如图 8.3.11 所示。

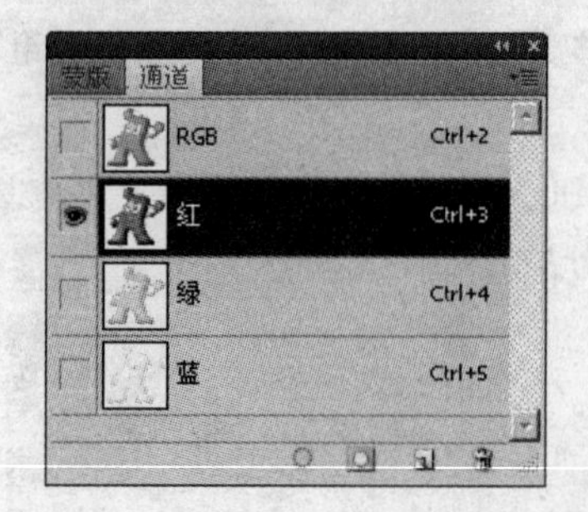

图 8.3.11　载入通道选区

8.4　合 成 通 道

在 Photoshop CS4 中，可通过“计算”命令和“应用图像”命令来合成图像，它们都包含在图像(I)菜单中。通过在一个或多个图像的通道和图层、通道和通道之间进行计算来合成图像，可以使图像产生各种各样的效果。在使用“计算”和“应用图像”命令合成图像时，只有当被混合的图像文件之间的文件格式、文件尺寸大小、分辨率、色彩模式等都相同时，才能对两幅图像进行合成。

8.4.1　应用图像

在 Photoshop CS4 中，用户可以选择图像(I)→应用图像(Y)...命令，将一幅图像的图层或通道混合到另一幅图像的图层或通道中，从而产生许多特殊效果。应用这一命令时必须保证源图像与目标图像有相同的像素大小，因为“应用图像”命令就是基于两幅图像的图层或通道重叠后，相应位置的像素在不同的混合方式下相互作用，从而产生不同的效果。

打开如图 8.4.1 所示的图像文件，选择图像(I)→应用图像(Y)...命令，弹出“应用图像”对话框。

图 8.4.1　打开的图像文件

在源(S):下拉列表中可以选择一个与目标文件相同大小的文件。

在图层(L):下拉列表中可以选择源文件的图层。

在通道(C):下拉列表中可以选择源文件的通道，并可以选中☑反相(I)复选框使通道的内容在处理前反相。

在混合(B):下拉列表中可以选择计算时的混合模式，不同的混合模式，效果也不相同。

在不透明度(O):输入框中输入数值可调整合成图像的不透明度。

设置完参数后，单击确定按钮，效果如图 8.4.2 所示

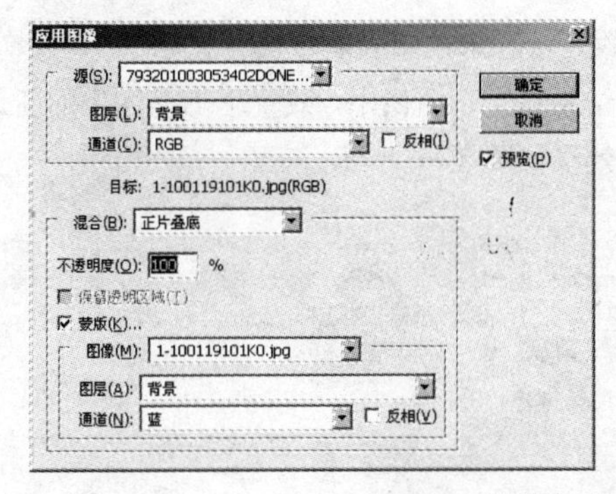

图 8.4.2　使用应用图像效果

8.4.2　计算

“计算”命令可以合成两个来自一个或多个源图像的单一的通道，然后将结果应用到新图像或新通道中，或作为当前图像的选区。若要在不同的图像间计算通道，则所打开的两幅图像的像素尺寸、分辨率必须相同。

打开如图 8.4.3 所示的图像文件，选择菜单栏中的图像(I)→计算(C)...命令，弹出“计算”对话框，如图 8.4.4 所示。

图 8.4.3　打开的图像文件

在源 1(S):选项区中可以选择第一个源文件及其图层和通道。

在源 2(U):选项区中可以选择第二个源文件及其图层和通道。

在混合(B):下拉列表中可以选择用于计算时的混合模式。

选中☑蒙版(K)...复选框，此时的“计算”对话框如图 8.4.5 所示，用户可为混合效果应用通道蒙版。

图 8.4.4　“计算”对话框

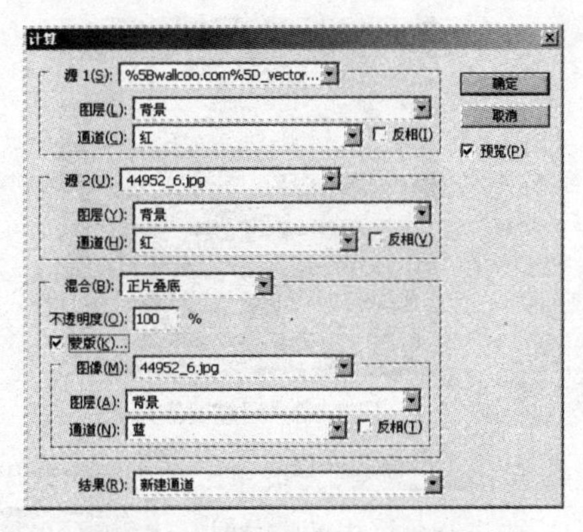

图 8.4.5　扩展后的“计算”对话框

选中☑ 反相(V) 复选框，可使通道的被蒙版区域和未被蒙版区域反相显示。

在 结果(R): 下拉列表中可选择将混合后的结果置于新图像中，或置于当前图像的新通道或选区中。

设置完参数后，单击 确定 按钮，效果如图 8.4.6 所示。

图 8.4.6　使用计算效果

8.5　课堂实训——制作撕纸效果

本节主要利用所学的知识制作撕纸效果，最终效果如图 8.5.1 所示。

图 8.5.1　最终效果图

操作步骤

（1）新建一个图像文件，设置背景为白色，再打开一幅图像，使用移动工具将其移至新建的图像文件中，自动生成图层 1，按“Ctrl+T”键调整图层 1 中图像的大小，如图 8.5.2 所示。

（2）按回车键确认此操作，确认图层 1 为当前可编辑图层，设置前景色为红色，选择菜单栏中的 编辑(E) → 描边(S)... 命令，弹出“描边”对话框，设置参数如图 8.5.3 所示。

图 8.5.2　调整图像大小

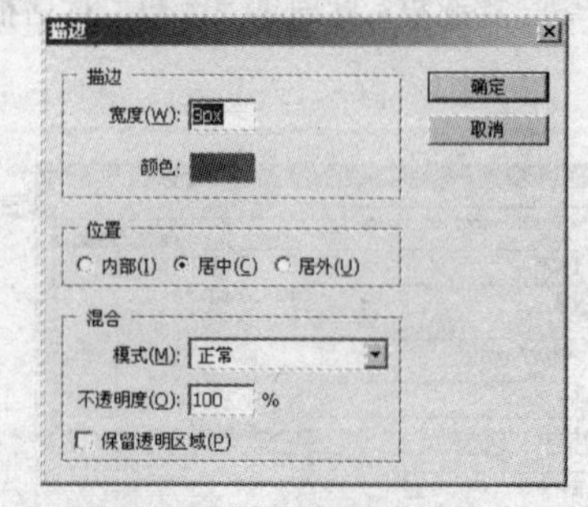

图 8.5.3　“描边”对话框

（3）单击 确定 按钮，描边后的效果如图 8.5.4 所示。

（4）选择菜单栏中的 图层(L) → 图层样式(Y) → 投影(D)... 命令，弹出“图层样式”对话框，设

置参数如图 8.5.5 所示。单击 确定 按钮，即可为图像添加投影效果。

图 8.5.4　描边后的效果

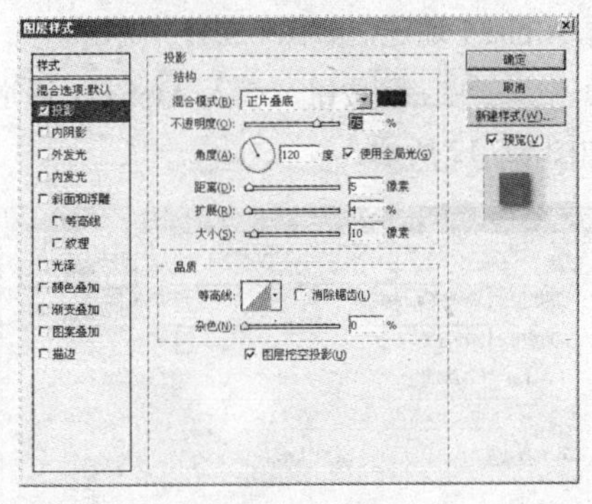

图 8.5.5　“投影”选项设置

（5）在通道面板中单击“创建新通道”按钮，新建 Alpha 1 通道，如图 8.5.6 所示。

（6）单击工具箱中的“套索工具”按钮，在图像中创建选区，如图 8.5.7 所示。

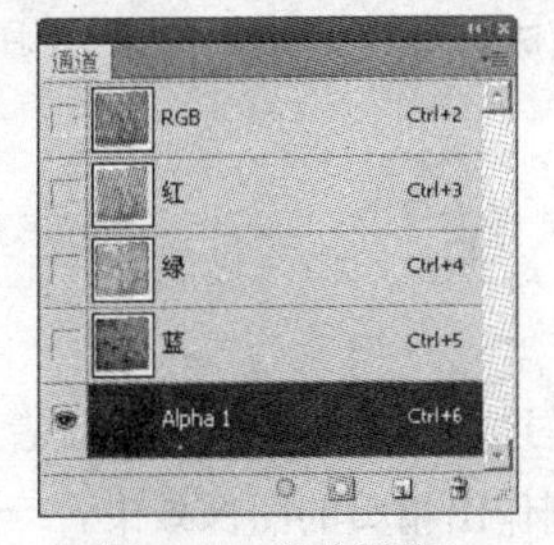

图 8.5.6　新建通道

图 8.5.7　创建选区

（7）设置前景色为白色，按“Alt+Delete”键填充选区，如图 8.5.8 所示。

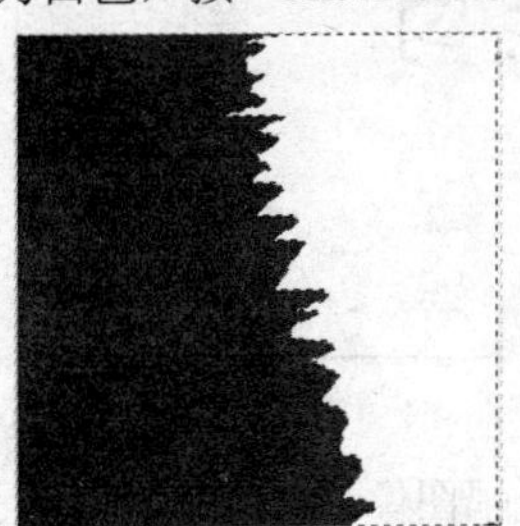

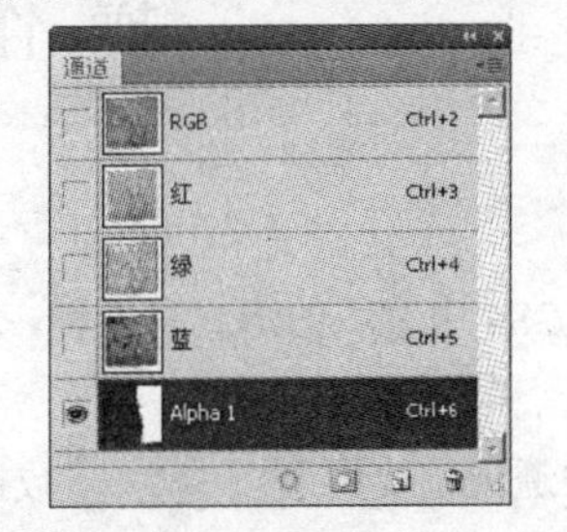

图 8.5.8　填充选区及通道面板

（8）按“Ctrl+D”键取消选区，选择菜单栏中的 滤镜(T) → 像素化 → 晶格化... 命令，弹出“晶格化”对话框，设置参数如图 8.5.9 所示。

（9）单击 确定 按钮，使用晶格化滤镜后的效果如图 8.5.10 所示。

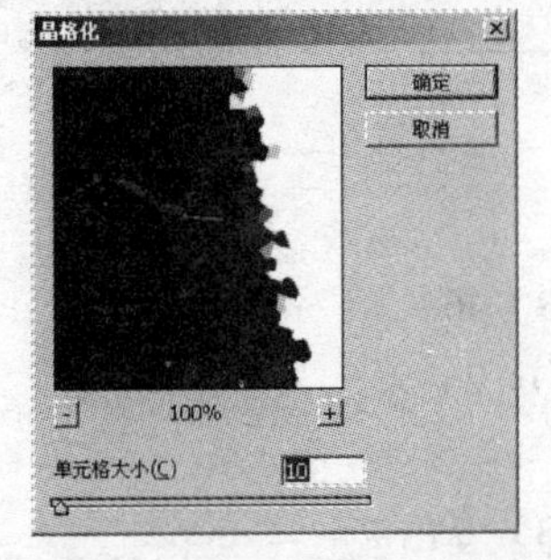

图 8.5.9　“晶格化”对话框

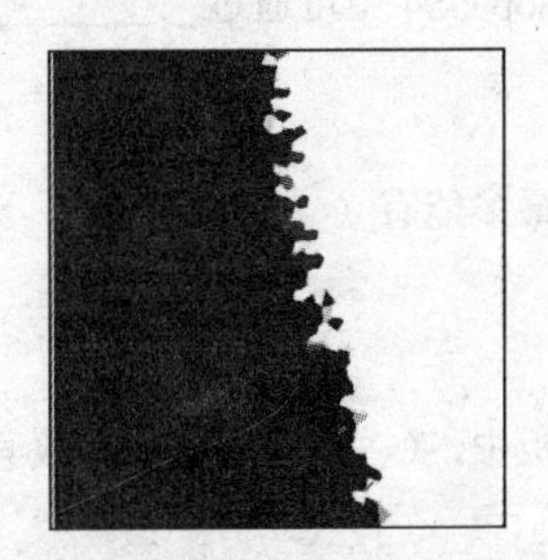

图 8.5.10　使用晶格化滤镜效果

（10）返回到 RGB 通道，选择菜单栏中的 选择(S) → 载入选区(O)... 命令，弹出“载入选区”对话框，从中选择 Alpha 1 通道，如图 8.5.11 所示。

（11）单击 确定 按钮，载入 Alpha 1 通道，返回到 RGB 复合通道，再使用移动工具移动选区，效果如图 8.5.12 所示。

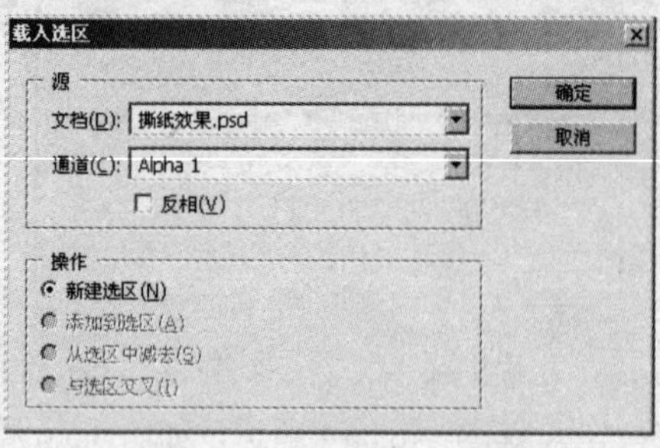

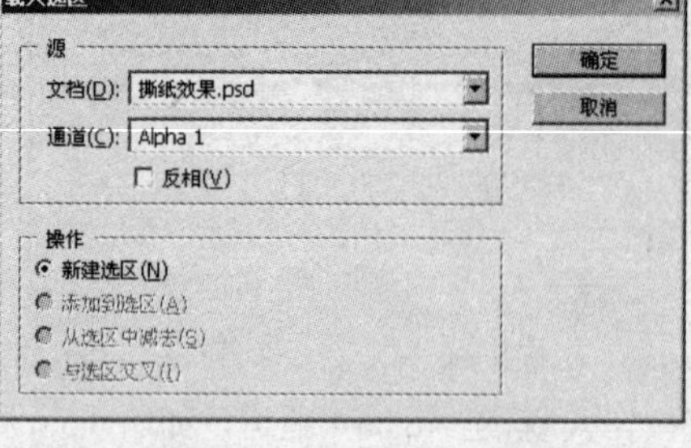

图 8.5.11 “载入选区”对话框

图 8.5.12 移动选区

（12）按“Ctrl+D”键取消选区，撕纸效果制作完成，最终效果如图 8.5.1 所示。

本 章 小 结

本章主要介绍了蒙版与通道的使用方法与技巧。通过本章的学习，可使读者了解 Photoshop CS4 在通道和蒙版方面的强大功能，并能应用通道与蒙版制作出精美的图像效果。

操 作 练 习

一、填空题

1. 在 Photoshop CS4 中蒙版的形式有 5 种，分别为________、________、________、________以及________。

2. Photoshop 中通道主要用于________数据，一幅图像通过多个通道显示它的色彩，不同的色彩模式决定了不同的颜色通道数。

3. 所有的通道都是________位________图像，一共能够显示________种灰度色。

4. 打开一幅 CMYK 模式的图像时，在通道面板中有 5 个默认的通道，分别是________、________、________、________和________。

5. 在 Photoshop CS4 中可通过________命令和________命令来合成图像。

二、选择题

1. 一幅图像最多能有（ ）个通道。

（A）56　　（B）46

（C）36　　（D）26

2. 在通道面板中，（ ）通道不能更改其名称。

（A）Alpha　　（B）专色

（C）复合　　（D）单色

3．在 Photoshop 中保存图像文件时，使用（　）格式不能存储通道。

（A）PSD　　（B）TIFF

（C）DCS　　（D）JPEG

4．按住（　）键依次单击需要选择的通道则可同时选中多个通道。

（A）Shift　　（B）Alt

（C）Shift+Alt　　（D）Ctrl

5．在通道面板底部的按钮，主要作用是（　）。

（A）将通道作为选区载入　　（B）将选区存储为通道

（C）创建新的通道　　（D）删除通道

6．在 Photoshop CS4 中，（　）是将图像进行分解存储，使各个通道转变为几个大小相等且独立的灰度图像文件，以便于用户对通道进行单独处理，使图像的存储和转移更加方便。

（A）合并通道　　（B）单色通道

（C）专色通道　　（D）分离通道

三、简答题

1．如何创建一个剪贴蒙版？

2．如何创建通道蒙版？

3．在 Photoshop CS4 中，如何将 Alpha 通道转换为专色通道？

4．在 Photoshop CS4 中，如何将通道作为选区载入？

四、上机操作题

1．打开一个图像文件，练习使用蒙版功能精确选择某区域。

2．新建一个图像文件，创建一个椭圆选区，并将该选区保存到通道面板中。

3．打开两个图像文件，结合本章所学的内容制作合成通道效果。

第9章　调整图像颜色

在 Photoshop CS4 中提供了功能全面的色彩与色调调整命令，利用这些命令，可以非常方便地对图像进行修改和调整。本章将向用户介绍图像的色彩模式以及调整图像色调命令、调整图像色彩命令和特殊色调调整命令的使用方法。

知识要点

- 色彩的基础知识
- 调整图像色调
- 调整图像色彩

9.1　色彩的基础知识

如果想在自己的作品中应用色彩，那就必须了解色彩的概念，下面将具体介绍色彩的基础知识。

9.1.1　三原色

色彩五颜六色、千变万化，我们平时所看到的白色光，经过分析在色带上可以看到，它事实上包括红、橙、黄、绿、青、蓝、紫等七色，各颜色间自然过渡。其中，红、黄、蓝是三原色，三原色通过不同比例的混合可以得到各种颜色，如图 9.1.1 所示。色彩有冷暖色之分，冷色（如蓝色）给人的感觉是安静、冰冷；而暖色（如红色）给人的感觉是热烈、火热。冷暖色的巧妙运用可以让作品产生意想不到的效果。

9.1.2　色彩三要素

色调、亮度以及饱和度被称为色彩的三要素，它是色彩最基本的属性，是研究色彩的基础。

1．色调

色调是颜色最明显的特性，是区别色彩的名称或色彩的种类，而色调与色彩明暗无关。红、橙、黄、绿、蓝、紫等每个字都代表一类具体的色调，它们之间的差别属于色调差别，如图 9.1.2 所示。

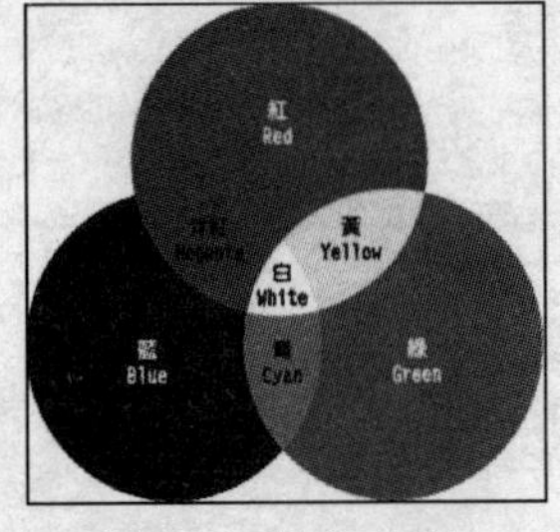

图 9.1.1　色彩三原色

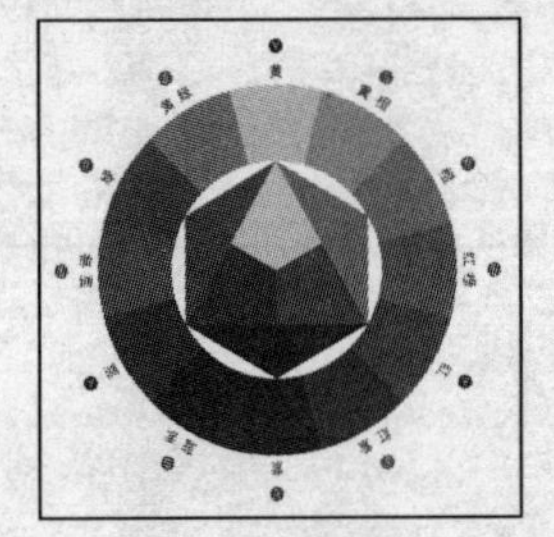

图 9.1.2　色调环

2. 亮度

亮度是指色彩的明暗程度，任何色彩都有自己的明暗特征。一个物体表面的光反射率越大，对视觉的刺激程度就越大，看上去就越亮，这一颜色的亮度就越高。因此，亮度表示颜色的明暗特征，它适于表现物体的立体感和空间感。

3. 饱和度

饱和度是指颜色所含的无彩色的分量，含无彩色分量越多，饱和度就越低，反之越高。简单来说，无彩色就是没有颜色冷暖倾向的黑、白、灰。如灰蓝色的饱和度就比蓝色的饱和度低，而粉蓝色的饱和度比蓝色低，因为其中加了无彩色——白色。

9.1.3 色彩搭配的原则

色彩搭配既是一项技术性工作，同时它也是一项艺术性很强的工作。因此，当设计者在设计作品时，除了考虑作品本身的特点外，还要遵循一定的艺术规律，从而设计出色彩鲜明、性格独特的优秀作品。

1. 特色鲜明

一个作品的用色必须要有自己独特的风格，这样才能显得个性鲜明，给他人留下深刻的印象。

2. 搭配合理

设计的作品在遵从艺术规律的同时，还考虑人的生理特点，色彩搭配一定要合理，给人一种和谐、愉快的感觉，避免采用纯度很高的单一色彩，这样容易造成视觉疲劳。

3. 讲究艺术性

作品的设计过程也是一种艺术活动，因此它必须遵循艺术规律，在考虑到作品本身特点的同时，按照内容决定形式的原则，大胆进行艺术创新，设计出既符合作品要求，又有一定艺术特色的优秀作品。

9.1.4 色彩搭配要注意的问题

1. 使用单色

尽管作品设计要避免采用单一色彩，以免产生单调的感觉，但通过调整色彩的饱和度和透明度也可以产生变化，使作品避免单调。

2. 使用邻近色

所谓邻近色，就是在色带上相邻近的颜色，例如绿色和蓝色，红色和黄色就互为邻近色。采用邻近色设计作品可以使作品避免色彩杂乱，易于达到作品的和谐统一。

3. 使用对比色

对比色可以突出重点，产生了强烈的视觉效果，通过合理使用对比色能够使作品特色鲜明、重点突出。在设计时一般以一种颜色为主色调，对比色作为点缀，可以起到画龙点睛的作用。

4. 黑色的使用

黑色是一种特殊的颜色，如果使用恰当，设计合理，往往可以产生很强烈的艺术效果，黑色一般用来作背景色，与其他纯度色彩搭配使用。

5. 背景色的使用

背景色一般采用素淡清雅的色彩，避免采用花纹复杂的图片和纯度很高的色彩作为背景色，同时背景色要与文字的色彩对比强烈一些。

6. 色彩的数量

一般初学者在设计作品时往往使用多种颜色，使作品变得很“花”，缺乏统一和协调，表面上看起来很花哨，但缺乏内在的美感。事实上，用色并不是越多越好，一般控制在三种色彩以内，通过调整色彩的各种属性来产生变化。

9.1.5 常用色彩模式

在 Photoshop 中，常用的色彩模式有 RGB 模式、CMYK 模式、Lab 模式、灰度模式、位图模式和索引模式等。

1. RGB 模式

RGB 模式是 Photoshop CS4 中最常用的一种色彩模式，在这种色彩模式下图像占据空间比较小，而且还可以使用 Photoshop CS4 中所有的滤镜和命令。

RGB 模式下的图像有 3 个颜色通道，分别为红色通道（Red）、绿色通道（Green）和蓝色通道（Bule），每个通道的颜色被分为 256（0～255）个亮度级别，在 Photoshop CS4 中，每个像素的颜色都是由这 3 个通道共同作用的结果，所以每个像素都有 256^3（1 677 万）种颜色可供选择。

RGB 模式的图像不能直接转换为位图模式和双色调模式图像。要把 RGB 模式先转换为灰度模式，再由灰度模式转换为位图模式或双色调模式。

2. CMYK 模式

CMYK 模式是一种印刷模式，同样也是一种多通道模式，它有 4 个颜色通道，分别是青色（Cyan）、洋红（Magenta）、黄色（Yellow）与黑色（Black），在印刷中代表 4 种颜色的油墨。

CMYK 模式每个通道的颜色为 8 位，即每个像素有 32 位的颜色容量。在处理图像时，一般不采用此模式，因为这种模式文件大，会占用更多的硬盘空间与内存。此外，在这种模式下，有很多滤镜都不能使用，所以编辑图像时有很大的不便，通常在印刷时才转换成 CMYK 模式。

3. Lab 模式

Lab 模式属于多通道模式，共有 3 个通道，即 L、a 和 b。其中 L 表示明亮度分量，范围为 0～100；a 表示从绿色到红色的光谱变化；b 表示从蓝色到黄色的光谱变化，两者的范围都为 -120～120。

Lab 模式所包含的颜色范围最广，而且包含所有 RGB 与 CMYK 中的颜色，CMYK 模式所包括的颜色最少。Lab 模式是作为其他颜色模式之间的转换时使用的中间颜色模式，如从 RGB 模式转换 CMYK 模式时，系统会先将图像转换为 Lab 模式，然后再转换为 CMYK 模式。

4. 灰度模式

灰度模式共有256级灰度，灰度图像中的每个像素都有一个0（黑色）～256（白色）之间的亮度值。灰度值也可以用黑色油墨覆盖的百分比来度量（5%等于白色，100%等于黑色）。当把图像转换为灰度模式后，可除去图像中所有的颜色信息，转换后的像素色度（灰阶）表示原有像素的亮度。当图像由灰度模式转换为RGB模式时，图像中像素的颜色值将取决于原来的灰度值。也就是说，灰度模式下的图像转换为RGB模式后，图像为黑白图像。

5. 位图模式

位图模式是指由黑、白两种像素组成的图像模式，它有助于控制灰度图的打印。只有灰度模式或多通道模式的图像才能转换为位图模式。因此，要把RGB模式转换为位图模式，应先将其转换为灰度模式，再由灰度模式转换为位图模式。

6. 索引模式

索引模式又叫做映射色彩模式，该模式的像素只有8位，即图像只能含有256种颜色。这些颜色是预先定义好的，组织在一张颜色表中，当用户从RGB模式转换到索引模式时，RGB模式中的16M种颜色将映射到这256种颜色中。但是因为该模式下的文件较小，所以被较多地应用于多媒体文件和网页图像中。

9.2　调整图像色调

对图像进行色调调整，主要是调整图像的明暗程度。色调调整命令主要包括色阶、曲线、色彩平衡、亮度/对比度等。

9.2.1　亮度/对比度和自动对比度

“亮度/对比度”命令是通过调整图像的亮度和对比度来改变图像的色调。选择 图像(I) → 调整(A) → 亮度/对比度(C)... 命令，弹出“亮度/对比度”对话框，如图9.2.1所示。

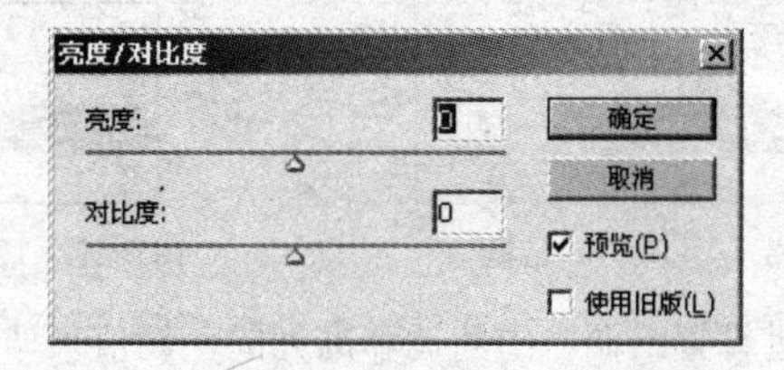

图9.2.1　“亮度/对比度”对话框

亮度(B)：用于调整图像的亮度，向左移动滑块，图像越来越暗；向右移动滑块，图像越来越亮。也可在其右侧的输入框中输入数值进行调整，数值范围为－100～100。

对比度(C)：用于调整图像的对比度，向左移动滑块，图像对比度减弱；向右移动滑块，图像的对比度加强。也可在其右侧的输入框中输入数值进行调整，输入数值范围为－100～100。

如图9.2.2所示为利用“亮度/对比度”命令调整图像后的效果。

图 9.2.2　应用亮度/对比度命令前后效果对比

使用“自动对比度”命令可以自动地调整图像中颜色的总体对比度。选择菜单栏中的 图像(I) → 自动对比度(U) 命令，或按“Alt+Shift+Ctrl+L”键，即可自动调整图像的对比度。它将图像中最亮和最暗的像素分别转换为白色和黑色，使得高光区显得更亮。

提示：“自动对比度”命令不能调整颜色单一的图像，也不能单独调节颜色通道，所以不会导致色偏；但也不能消除图像已经存在的色偏，所以不会添加或减少色偏。

9.2.2　色阶

“色阶”命令允许用户通过修改图像的暗调、中间调和高光的亮度水平来调整图像的色调范围和颜色平衡。选择 图像(I) → 调整(A) → 色阶(L)... 命令，弹出“色阶”对话框，如图 9.2.3 所示。

该对话框显示了选中的某个图层或单层的整幅图像的色彩分布情况。呈山峰状的图谱显示了像素在各个颜色处的分布，峰顶表示具有该颜色的像素数量最多；左侧表示暗调区域；右侧表示高光区域。

（1）通道(C)：用来选择调整色阶的通道。在其右侧单击 RGB 下拉按钮，弹出下拉列表如图 9.2.4 所示，可从中选择一种选项来进行颜色通道的调整。

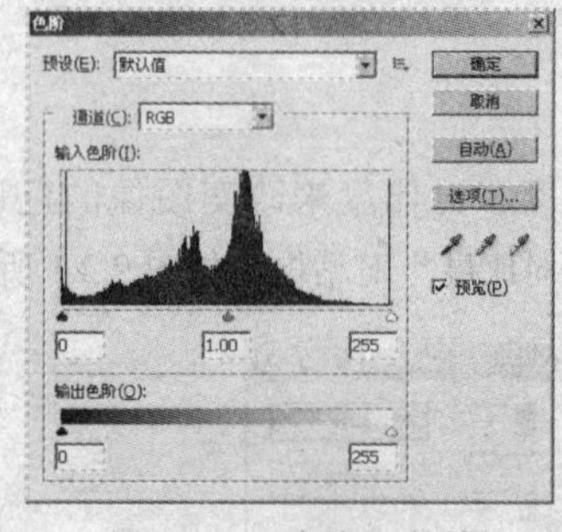

图 9.2.3　“色阶”对话框

红
RGB　Alt+2
红　Alt+3
绿　Alt+4
蓝　Alt+5

图 9.2.4　通道下拉列表

（2）输入色阶(I)：用于通过设置暗调、中间调和高光的色调值来调整图像的色调和对比度。

输出色阶(O)：在对应的输入框中输入数值或拖动滑块来调整图像的色调范围，即可增高或降低图像的对比度。

（3）载入(L)... 按钮：可以载入一个色阶文件作为对当前图像的调整。

（4）存储(S)... 按钮：可以将当前设置的参数进行存储。

（5）自动(A) 按钮：可以将“暗部”和“亮部”自动调整到最暗和最亮。

（6）选项(T)... 按钮：单击该按钮，即可弹出“自动颜色校正选项”对话框，如图 9.2.5 所示。在该对话框中可设置各种颜色校正选项。

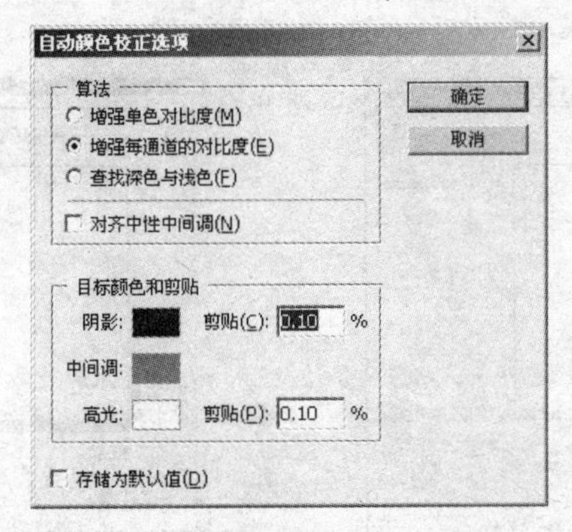

图 9.2.5　“自动颜色校正选项”对话框

“设置黑场”按钮：用来设置图像中阴影的范围。单击该按钮，再在图像中选取相应的点单击，单击后图像中比选取点更暗的像素颜色将会变得更深（黑色选取点除外）。

“设置灰点”按钮，用来设置图像中中间调的范围。单击该按钮，再在图像中选取相应的点单击，单击处颜色的亮度将成为图像的中间色调范围的平均亮度。

“设置白场”按钮，用来设置图像中高光的范围。单击该按钮，再在图像中选取相应的点单击，单击后图像中比选取点更亮的像素颜色将会变得更浅（白色选取点除外）。

设置好参数后，单击 确定 按钮，效果如图 9.2.6 所示。

图 9.2.6　应用“色阶”命令前后的效果对比

9.2.3　曲线

“曲线”命令的功能比较强大，它不仅可以调整图像的亮度，还可以调整图像的对比度与色彩范围。“曲线”命令与“色阶”命令类似，不过它比“色阶”命令的功能更全面、更精确。

打开一幅需要调整的图像，选择菜单栏中的 图像(I) → 调整(A) → 曲线(U)... 命令，或按“Ctrl+M”键，可弹出“曲线”对话框，如图 9.2.7 所示。

在 通道(C): 下拉列表中可选择要调整色调的通道。

改变对话框的曲线框中的线条形状就可以调整图像的亮度、对比度和色彩平衡等。曲线框中的横坐标表示原图像的色调，对应值显示在 输入(I): 输入框中；纵坐标表示新图像的色调，对应值显示在 输出(O): 输入框中，数值范围为 0～255。调整曲线形状有以下两种方法：

（1）使用曲线工具。在“曲线”对话框中单击“曲线工具”按钮，将鼠标移至曲线框中，当鼠标指针变成十形状时，单击一下可以产生一个节点。该节点的输入与输出值显示在 输入(I): 与 输出(O): 输入框中。用鼠标拖动节点改变曲线形状，如图 9.2.8 所示。曲线向左上角弯曲，色调变亮；

曲线向右下角弯曲，色调变暗。

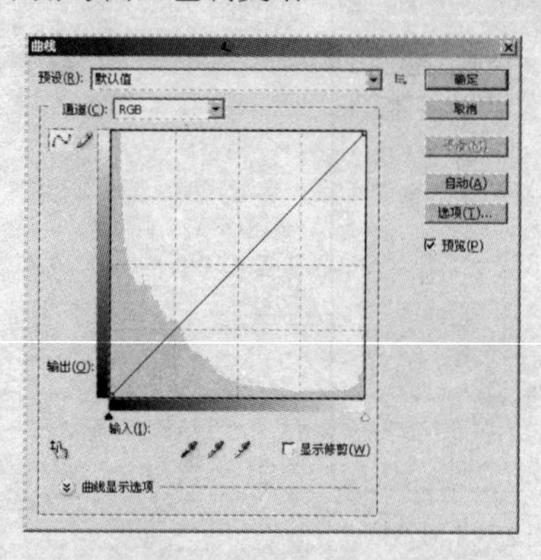

图 9.2.7 “曲线”对话框

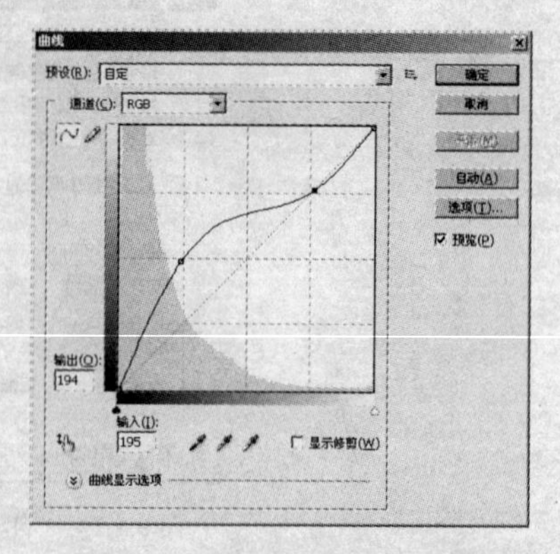

图 9.2.8 使用曲线工具改变曲线形状

（2）使用铅笔工具。在“曲线”对话框中单击“铅笔工具”按钮，在曲线框内移动鼠标就可以绘制曲线，如图 9.2.9 所示。使用铅笔工具绘制曲线时，对话框中的 平滑(M) 按钮将显示为可用状态，单击该按钮，可改变铅笔工具绘制的曲线的平滑度。

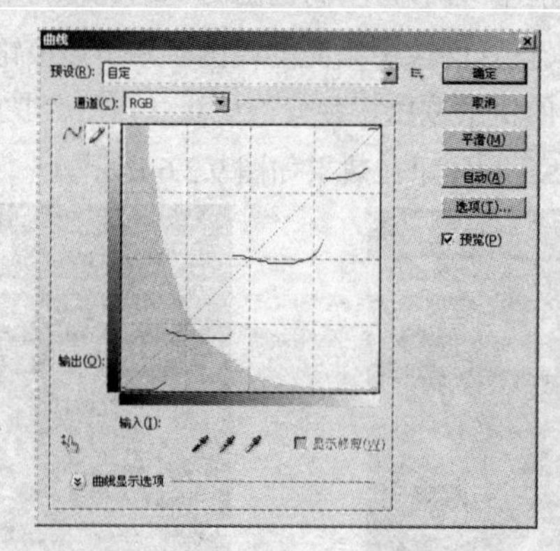

图 9.2.9 使用铅笔工具改变曲线形状

在“曲线”对话框中的曲线框左侧与下方各有一个亮度杆，单击它可以切换成以百分比为单位显示输入与输出的坐标值，如图 9.2.10 所示。在切换数值显示方式的同时，改变亮度的变化方向。默认状态下，亮度杆代表的颜色是从黑到白，从左到右输出值逐渐增加，从下到上输入值逐渐增加。当切换为百分比显示时，黑白互换位置，变化方向与原来相反，即曲线越向左上角弯曲，图像色调越暗；曲线越向右下角弯曲，图像色调越亮。

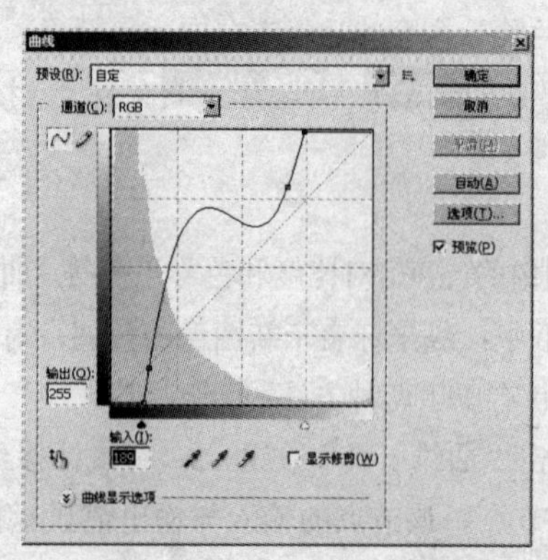

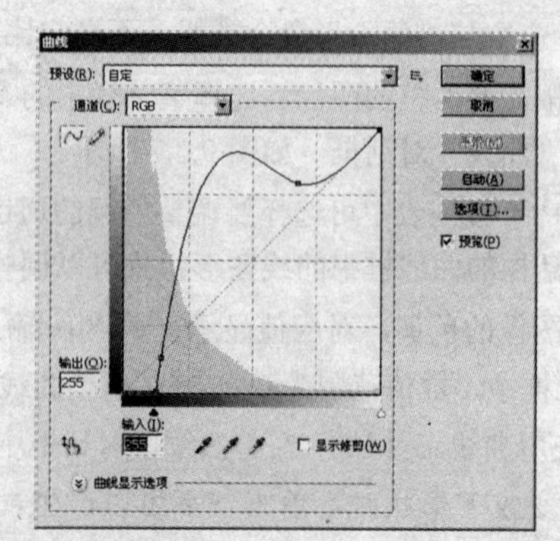

图 9.2.10 两种不同的坐标

在“曲线”对话框中设置好曲线形状后，单击 确定 按钮，效果如图 9.2.11 所示。

图 9.2.11　应用“曲线”命令前后的效果对比

9.2.4　色彩平衡

利用“色彩平衡”命令可以进行一般性的色彩校正，可更改图像的总体混合颜色，但不能精确设置单个颜色成分，只能作用于复合颜色通道。

使用“色彩平衡”命令调整图像，具体的操作方法如下：

（1）打开一幅需要调整色彩平衡的图像。

（2）选择菜单栏中的 图像(I) → 调整(A) → 色彩平衡(B)... 命令，弹出“色彩平衡”对话框，如图 9.2.12 所示。

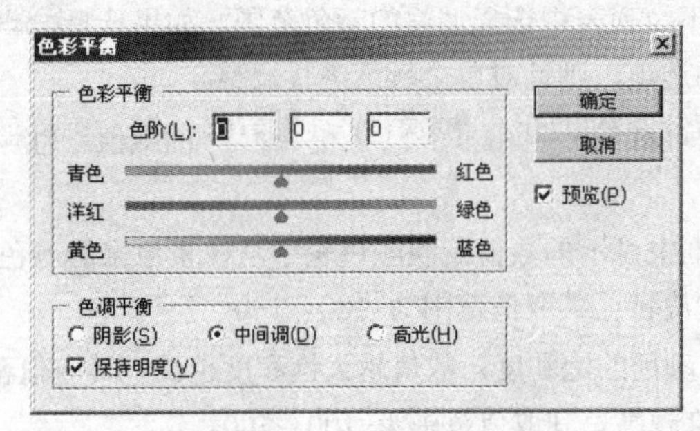

图 9.2.12　“色彩平衡”对话框

（3）在 色彩平衡 选项区中选择需要更改的色调范围，其中包括阴影、中间调和高光选项。

（4）选中 ☑ 保持亮度(V) 复选框，可保持图像中的色彩平衡。

（5）在 色彩平衡 选项区中通过输入数值或拖动滑块，可对图像色彩进行调整。同时，色阶(L): 3 个输入框中的数值将在-100～100 之间变化。将色彩调整到满意效果后，单击 确定 按钮即可。如图 9.2.13 所示的是调整色彩平衡前后的效果对比。

图 9.2.13　应用“色彩平衡”命令前后的效果对比

9.2.5 色相/饱和度

对色相的调整表现为在色轮中旋转，也就是颜色的变化；对饱和度的调整表现为在色轮半径上移动，也就是颜色浓淡的变化。

选择菜单栏中的图像(I)→调整(A)→色相/饱和度(H)...命令，弹出“色相/饱和度”对话框，如图9.2.14所示。在该对话框中可以调整图像的色相、饱和度和明度。

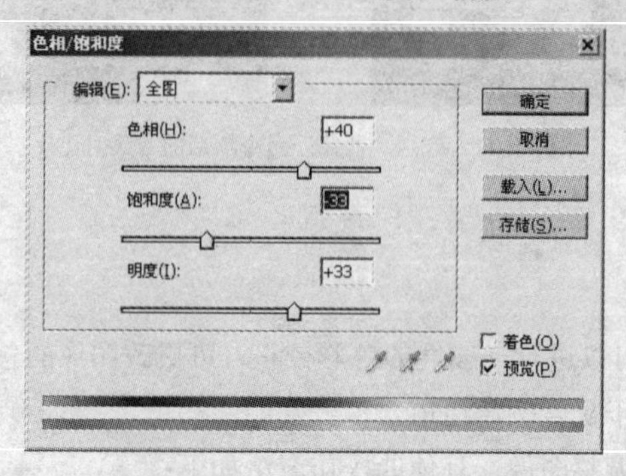

图 9.2.14 “色相/饱和度”对话框

在该对话框底部显示有两个颜色条，第一个颜色条显示了调整前的颜色，第二个颜色条则显示了如何以全饱和的状态影响图像所有的色相。

调整时，先在编辑(E):下拉列表中选择调整的颜色范围。如果选择全图选项，则可一次调整所有颜色；如果选择其他范围的选项，则针对单个颜色进行调整。

确定好调整范围后，便可对色相(H):、饱和度(A):和明度(I):的数值进行调整，图像的色彩会随数值的调整而变化。

色相(H):：其后的输入框中显示的数值反映颜色轮中从像素原来的颜色旋转的度数，正值表示顺时针旋转，负值表示逆时针旋转。其取值范围为-180～180。

饱和度(A):：可调整图像颜色的饱和度，数值越大饱和度越高。其取值范围为-100～100。

明度(I):：数值越大明度越高。其取值范围为-100～100。

选中☑着色(O)复选框，可为灰度图像上色，或创建单色调图像效果。

如图9.2.15所示的是调整色相/饱和度前后的效果对比。

图 9.2.15 应用“色相/饱和度”命令前后的效果对比

9.2.6 色调均化

“色调均化”命令可以调整图像中像素的亮度值，以使其更均匀地呈现所有范围的亮度级。“色调均化”命令将重新映射复合图像中的像素值，使最亮的值呈现白色，最暗的值呈现黑色，而中间的

值则均匀地分布在整个图像的灰度区域中。

如果在调整图像前，使用选择工具选取了一定的区域，则使用“色调均化”命令时，会弹出“色调均化”对话框，如图 9.2.16 所示。

图 9.2.16 “色调均化”对话框

选中 仅色调均化所选区域(S) 单选按钮，对图像进行处理时，仅对选区内的图像起作用。

选中 基于所选区域色调均化整个图像(E) 单选按钮，将以选区内图像的最亮和最暗像素为基准使整幅图像色调平均化。

单击 确定 按钮，即可对选区中的图像进行色调均化处理，效果如图 9.2.17 所示。

图 9.2.17 应用“色调均化”命令前后的效果对比

9.2.7 阈值

使用“阈值”命令可以将图像调整成只有黑白两种色彩的图像。选择 图像(I) → 调整(A) → 阈值(T)... 命令，弹出“阈值”对话框，如图 9.2.18 所示。

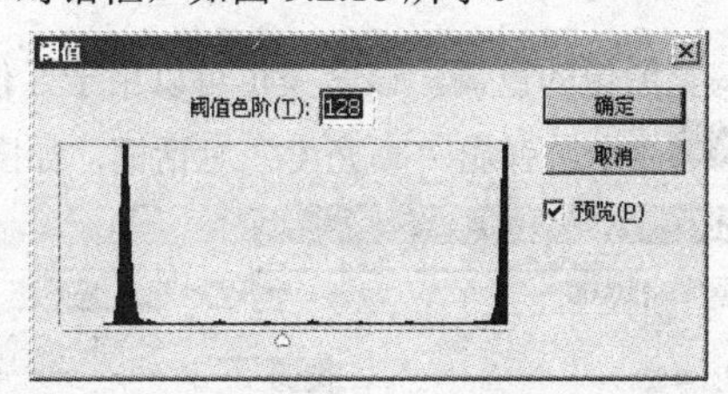

图 9.2.18 “阈值”对话框

在 阈值色阶(T): 输入框中输入数值或拖动其下方的滑块可以调整图像颜色，向右拖动滑块可将图像变成纯黑色，向左拖动滑块可将图像变成纯白色。

设置好参数后，单击 确定 按钮，应用“阈值”命令前后的效果对比如图 9.2.19 所示。

图 9.2.19 应用“阈值”命令前后的效果对比

9.2.8 色调分离

使用“色调分离”命令可以设置图像中每个通道亮度值的数目，然后将像素映射为最接近的匹配颜色。该命令对图像的调整效果与“阈值”命令相似，但比“阈值”命令调整的图像色彩更丰富。

选择 图像(I) → 调整(A) → 色调分离(P)... 命令，弹出“色调分离”对话框，如图 9.2.20 所示。

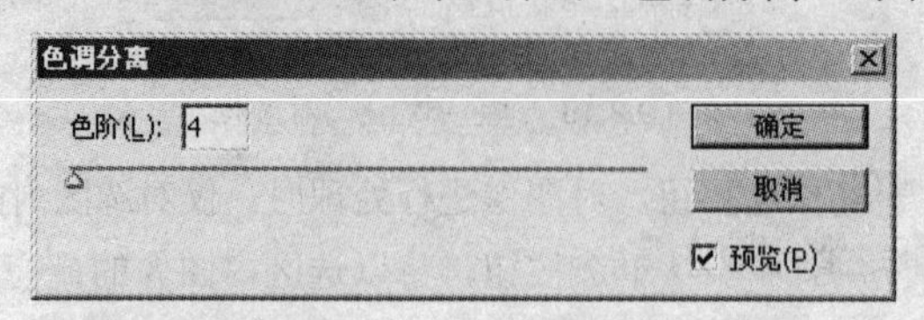

图 9.2.20 “色调分离”对话框

在 色阶(L): 输入框中输入数值可设置图像的色调变化，其值越小，色调变化越明显。

设置好参数后，单击 确定 按钮，效果如图 9.2.21 所示。

图 9.2.21 应用“色调分离”命令前后的效果对比

9.2.9 曝光度

利用“曝光度”命令可以调整图像的色调，该命令也可以用于 8 位和 16 位图像。选择菜单栏中的 图像(I) → 调整(A) → 曝光度(E)... 命令，弹出“曝光度”对话框，如图 9.2.22 所示。

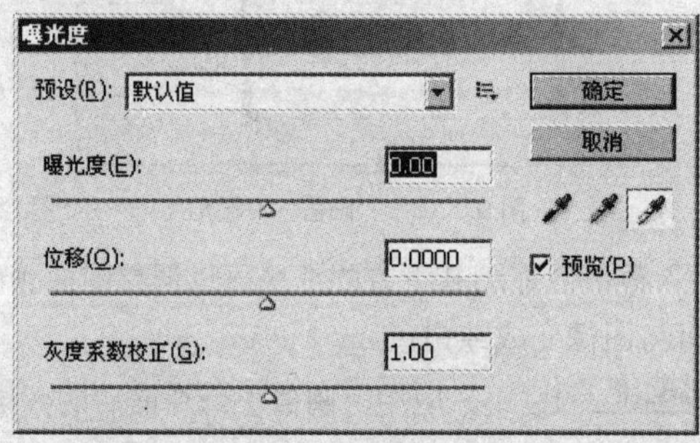

图 9.2.22 “曝光度”对话框

在 曝光度(E): 输入框中输入数值，可以调整色调范围的高光端，此选项对极限阴影的影响很小。

在 位移(O): 输入框中输入数值，可以使图像中阴影和中间调变暗，此选项对高光的影响很小。

在 灰度系数校正(G): 输入框中输入数值，可以使用简单的乘方函数调整图像灰度系数。负值会被视相应的正值。

：该组按钮可用于调整图像的亮度值。从左至右分别为“设置黑场”吸管工具、“设置

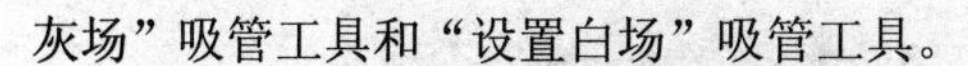

灰场”吸管工具和“设置白场”吸管工具。

打开一幅图像，选择曝光度(E)...命令，在弹出的“曝光度”对话框中对图像进行调整，调整完毕后单击确定按钮即可，效果如图 9.2.23 所示。

图 9.2.23 应用“曝光度”命令前后的效果对比

9.3 调整图像色彩

使用精确色彩调整命令可以对图像进行精细的调整。精确调整命令包括色阶、曲线、阴影/高光、色彩平衡、替换颜色、匹配颜色、可选颜色、照片滤镜和通道混合器等

9.3.1 色相/饱和度

利用“色相/饱和度”命令可以调整图像中单个颜色成分的色相、饱和度和亮度。选择图像(I)→调整(A)→色相/饱和度(H)...命令，弹出“色相/饱和度”对话框，如图 9.3.1 所示。

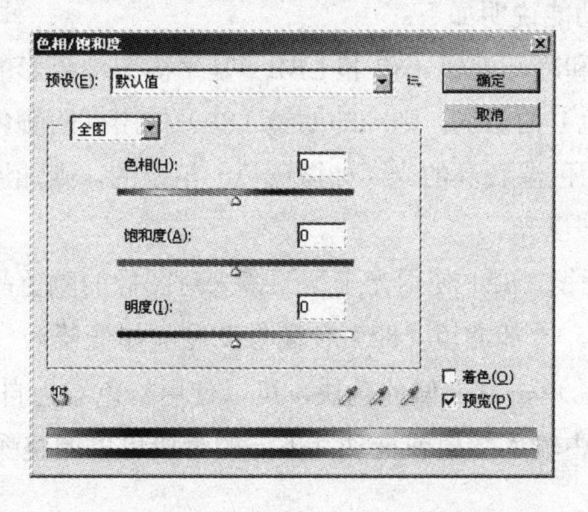

图 9.3.1 “色相/饱和度”对话框

预设(E)：用于设定所要调整的颜色范围，可以对全图的颜色进行调整，也可以对个别颜色进行调整。

色相(H)：拖动其对应的滑块或在输入框中输入数值可更改图像的色相。

饱和度(A)：拖动其对应滑块或在输入框中输入数值可更改图像的饱和度。

明度(I)：拖动其对应滑块或在输入框中输入数值可更改图像的明度。

选中☑着色(O)复选框，可以为灰度图像整体添加一种单一的颜色。

设置好参数后，单击确定按钮，效果如图 9.3.2 所示。

图 9.3.2　应用“色相/饱和度”命令前后的效果对比

9.3.2　照片滤镜

“照片滤镜”命令模拟在相机镜头前面添加彩色滤镜，以便调整通过镜头传输的光的色彩平衡和色温，使胶片曝光。选择 图像(I) → 调整(A) → 照片滤镜(F)... 命令，弹出“照片滤镜”对话框，如图 9.3.3 所示。

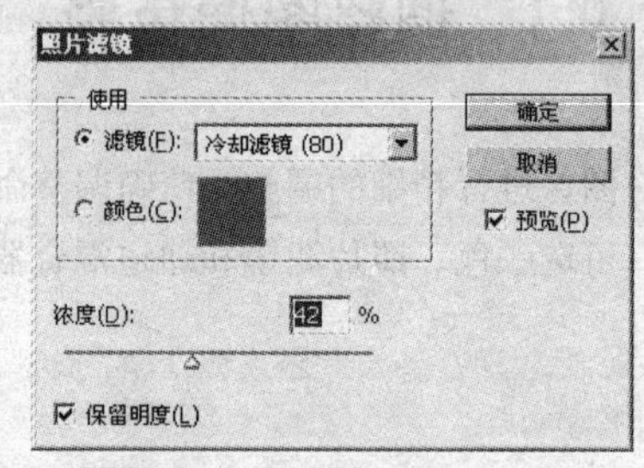

图 9.3.3　“照片滤镜”对话框

选中 滤镜(F): 单选按钮，单击其右侧的下拉按钮，弹出其下拉列表，用户可根据需要选择相应的滤镜或颜色。各滤镜的功能说明如下：

加温滤镜（85 和 LBA）和冷却滤镜（80 和 LBB）是平衡图像色彩的颜色转换滤镜。如果图像是使用色温较低的光（如微黄色）拍摄的，则冷却滤镜（80）使图像的颜色更蓝，以便补偿色温较低的环境光。相反，如果照片是用色温较高的光（如微蓝色）拍摄的，则加温滤镜（85）会使图像的颜色更暖，以便补偿色温较高的环境光。

加温滤镜（81）和冷却滤镜（82）使用光平衡滤镜来对图像的颜色品质进行细微调整，加温滤镜（81）使图像变暖（如变黄），冷却滤镜（82）使图像变冷（如变蓝）。

选中 颜色(C): 单选按钮，单击其右侧的色块，可以使用拾色器为自定颜色滤镜指定颜色。

在 浓度(D): 右侧的输入框中输入数值或拖动其下方的滑块可以调整颜色的浓度，数值越大，颜色调整幅度越大。

使用“照片滤镜”命令调整图像，效果如图 9.3.4 所示。

图 9.3.4　应用“照片滤镜”命令前后的效果对比

9.3.3　去色

利用“去色”命令可以将图像中的颜色信息去除，使彩色图像转化为灰度图像。在去色过程中，每个像素保持原有的亮度值。这个命令与在“色相/饱和度”对话框中将饱和度值调整为－100 时的效果相同。选择 图像(I) → 调整(A) → 去色(D) 命令，即可将彩色图像中的色彩除掉，转换为灰度图像，如图 9.3.5 所示为应用“去色”命令的效果对比。

图 9.3.5　应用“去色”命令前后的效果对比

注意：如果图像有多个图层，则“去色”命令仅对选定的图层进行处理。

9.3.4　可选颜色

利用“可选颜色”命令可以选择某种颜色范围进行针对性的调整，在不影响其他原色的情况下调整图像中某种原色的数量。此命令主要利用 CMYK 颜色来对图像的颜色进行调整。选择菜单栏中的 图像(I) → 调整(A) → 可选颜色(S)... 命令，弹出“可选颜色”对话框，如图 9.3.6 所示。

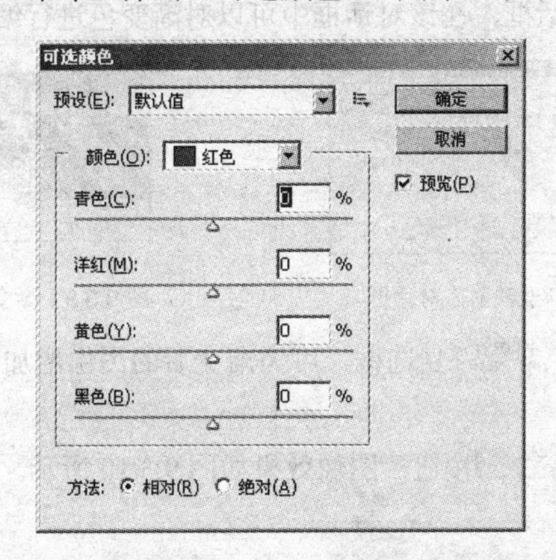

图 9.3.6　“可选颜色”对话框

可选颜色校正是高端扫描仪和分色程序使用的一种技术，用于在图像中的每个主要原色成分中更改印刷色数量。用户可以有选择地修改任何主要颜色中的印刷色数量而不会影响其他主要颜色，该命令使用 CMYK 颜色来校正图像。

“可选颜色”对话框中各选项含义如下：

（1）颜色(O)：该选项区用于设置需要调整的颜色，单击其右侧的下拉按钮，弹出颜色下拉列表，其中包括红色、黄色、绿色、青色、蓝色、洋红、白色、中性色和黑色。

（2）分别在 青色(C): 、洋红(M):、黄色(Y): 和 黑色(B): 右侧的输入框中输入数值或拖动其下方的滑块，可以增加或减少所选颜色中的像素。

（3）方法：该选项用于设置图像中颜色的调整是相对于原图像调整，还是使用调整后的颜色覆盖原图。

1）选中 相对(R) 单选按钮，表示按照总量的百分比更换现有的青色、洋红、黄色或黑色的量。

2）选中 绝对(A) 单选按钮，表示采用绝对值调整颜色。

设置完成后，单击 确定 按钮，效果如图 9.3.7 所示。

图 9.3.7　应用“可选颜色”命令前后的效果对比

9.3.5　渐变映射

利用“渐变映射”命令可将图像颜色调整为选定的渐变颜色。选择菜单栏中的 图像(I) → 调整(A) → 渐变映射(G)... 命令，弹出“渐变映射”对话框，如图 9.3.8 所示。

在 灰度映射所用的渐变 下拉列表中提供了多种预设的渐变样式。单击右侧的下拉按钮，可弹出渐变色预设面板，如图 9.3.9 所示，从中可以选择预设的渐变颜色；如果单击 下拉列表框，可弹出“渐变编辑器”对话框，在该对话框中可以对渐变色进行编辑。

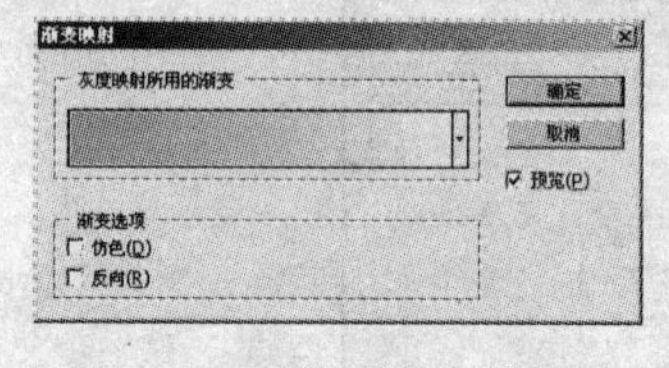

图 9.3.8　“渐变映射”对话框

图 9.3.9　渐变色预设面板

在 渐变选项 选项区中选中 仿色(D) 复选框，可为渐变后的图像增加仿色；选中 反向(R) 复选框，可将渐变后的图像颜色反转。

设置好参数后，单击 确定 按钮，图像效果如图 9.3.10 所示。

图 9.3.10　应用“渐变映射”命令前后的效果对比

9.3.6　阴影/高光

“阴影/高光”命令适用于校正由强逆光而形成剪影的照片，或者校正由于太接近相机闪光灯而有些发白的焦点。“阴影/高光”命令不是简单地使图像变亮或变暗，它基于阴影或高光中的周围像素（局部相邻像素）增亮或变暗。

打开一幅需要调整的图像，选择菜单栏中的图像(I)→调整(A)→阴影/高光(W)...命令，弹出“阴影/高光”对话框，如图 9.3.11 所示。

在阴影选项区中的数量(A):输入框中输入数值或拖动相应的滑块，可设置暗部数量的百分比，数值越大，图像越亮。而在高光选项区中的数量(U):输入框中输入数值或拖动相应的滑块，可设置高光数量的百分比，数值越大，图像就越暗。

选中☑显示更多选项(O)复选框，“阴影/高光”对话框将显示成如图 9.3.12 所示的状态，在该对话框中可以进行更精确的调整。

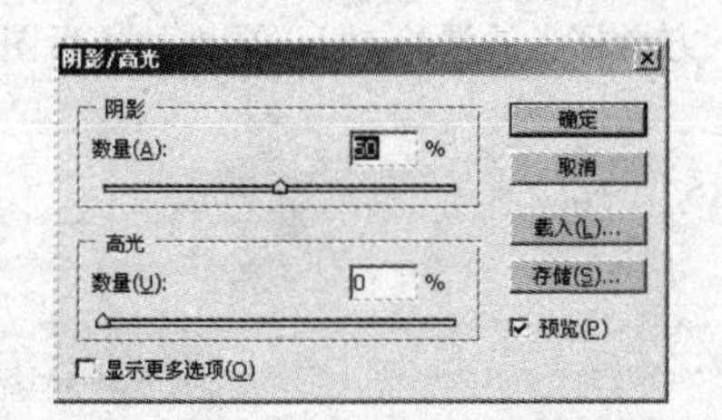

图 9.3.11　“阴影/高光”对话框

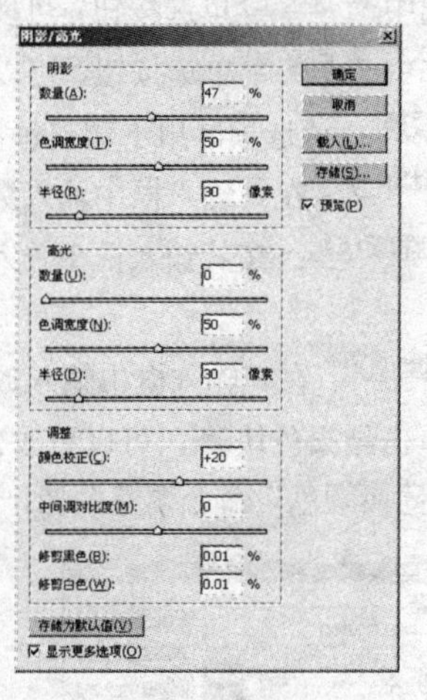

图 9.3.12　“阴影/高光”对话框的其他选项

在色调宽度(N):输入框中输入数值，可设置阴影或高光中色调的修改范围。

在半径(D):输入框中输入数值，可设置每个像素周围的局部相邻像素的大小。

设置好参数后，单击确定按钮，图像效果如图 9.3.13 所示。

图 9.3.13　应用“阴影/高光”命令前后的效果对比

9.3.7　替换颜色

使用“替换颜色”命令可以创建蒙版，以选择图像中的特定颜色，可以设置选定区域的色相、饱和度和亮度，或者使用拾色器来选择替换颜色。选择 图像(I) → 调整(A) → 替换颜色(R)... 命令，弹出“替换颜色”对话框，如图 9.3.14 所示。

“替换颜色”对话框中各选项含义如下：

（1）选区：该选项区用于设置图像中将被替换颜色的图像范围。

1）吸管工具：选择该工具，在图像或对话框中的预览框中单击可以选择由蒙版显示的区域。

2）添加到取样吸管工具：在按住“Shift”键的同时选择该工具，在图像或对话框中的预览框中单击可以添加选取的区域。

3）从取样中减去吸管工具：在按住“Alt”键的同时选择该工具，在图像或对话框中的预览框中单击可以减去选取的区域。

4）单击颜色色块，可以更改选区的颜色，即要替换的目标颜色。

5）在 颜色容差(F): 输入框中输入数值或拖动颜色容差滑块，可以调整蒙版的容差，此滑块用于控制颜色的选取范围。

6）选中 选区(C) 单选按钮，可以在预览框中显示蒙版。蒙版区域是黑色，非蒙版区域是白色。

7）选中 图像(M) 单选按钮，可以在预览框中显示图像，处理放大的图像时，该选项非常有用。

（2）替换：该选项区用于调整替换后图像颜色的色相、饱和度和明度。

1）色相(H):：在其输入框中输入数值或拖动其下方滑杆上的滑块，可以调整替换后图像的色相。

2）饱和度(A):：在其输入框中输入数值或拖动其下方滑杆上的滑块，可以调整替换后图像的饱和度。

3）明度(G):：在其输入框中输入数值或拖动其下方滑杆上的滑块，可以调整替换后图像的亮度。

4）单击结果色块，可以更改替换后的颜色。

使用“替换颜色”命令调整图像，效果如图 9.3.15 所示。

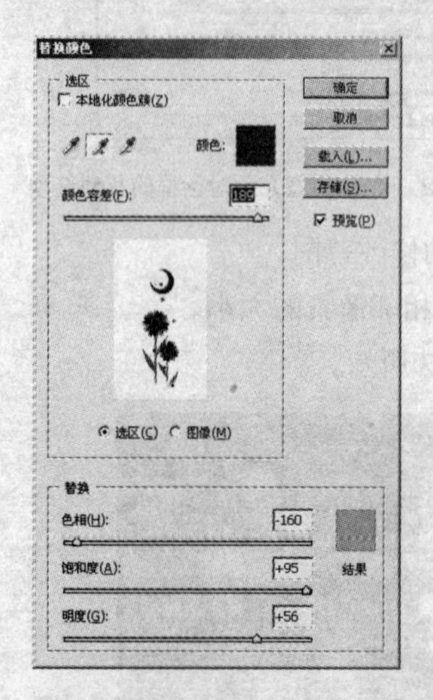

图 9.3.14 “替换颜色”对话框

图 9.3.15 应用“替换颜色”命令前后的效果对比

9.4 课堂实训——为图片上色

本节主要利用所学的知识为图片上色，最终效果如图 9.4.1 所示。

图 9.4.1　最终效果图

操作步骤

（1）按“Ctrl+O”键打开一幅黑白图片，如图 9.4.2 所示。

（2）选择 图像(I) → 模式(M) → RGB 颜色(R) 命令，将黑白图片的灰度模式转换为 RGB 颜色模式。

（3）单击工具箱中的“快速选择工具”按钮，选取人物图像的皮肤部分，如图 9.4.3 所示。

图 9.4.2　打开的黑白图片

图 9.4.3　选取人物图像的皮肤部分

（4）设置前景色为淡黄色，单击工具箱中的“油漆桶工具”按钮，对选区中的图像进行填充，效果如图 9.4.4 所示。

（5）使用快速选择工具选取人物的衣服图像，设置前景色为红色，使用颜料桶工具填充选区，效果如图 9.4.5 所示。

图 9.4.4　为皮肤上色

图 9.4.5　为衣服上色

（6）单击工具箱中的“钢笔工具”按钮，创建如图 9.4.6 所示的选区。

（7）单击工具箱中的“渐变工具”按钮，对绘制的选区进行渐变填充，效果如图 9.4.7 所示。

（8）使用快速选择工具选取人物的嘴部和头发饰品，分别使用红色和黄色对其进行填充，效果如图 9.4.8 所示。

图 9.4.6　创建选区

图 9.4.7　填充选区

（9）单击工具箱中的“快速选择工具”按钮，在图像中创建如图 9.4.9 所示的选区。

图 9.4.8　为嘴部和头发饰品上色

图 9.4.9　选取背景

（10）单击工具箱中的“油漆桶工具”按钮，对选区进行图案填充，效果如图 9.4.10 所示。

（11）选择 图像(I) → 调整(A) → 曲线(U)... 命令，弹出“曲线”对话框，设置其对话框参数如图 9.4.11 所示。

图 9.4.10　填充背景

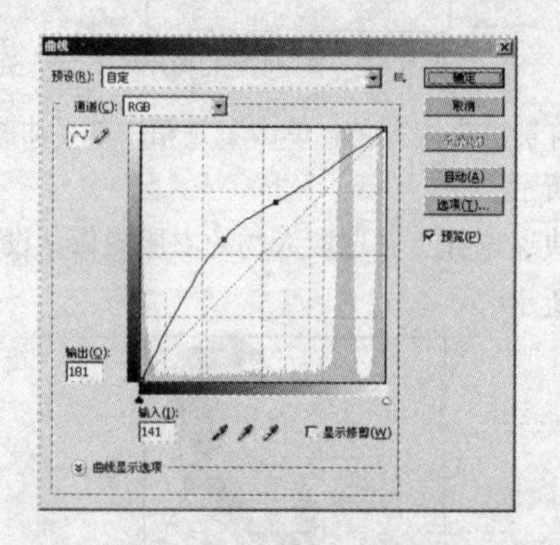

图 9.4.11　“曲线”对话框

（12）设置好参数后，单击 确定 按钮，最终效果如图 9.4.1 所示。

本 章 小 结

本章主要介绍了色彩的基础知识、调整图像色调以及调整图像色彩等知识。通过本章的学习，可使读者了解 Photoshop 中图像颜色的调配，并学会使用这些命令对图像进行色相、饱和度、对比度和亮度的调整，从而制作出形态万千、魅力无穷的艺术作品。

操 作 练 习

一、填空题

1．三原色是指_________、_________和_________。

2．_________、_________以及_________被称为色彩的三要素，它是色彩最基本的属性，是研究色彩的基础。

3．_________是颜色最明显的特性，是区别色彩的名称或色彩的种类，而色调与色彩明暗无关。

4．在 Photoshop 中，常用的色彩模式有_________、_________、Lab 模式、_________、位图模式和索引模式等。

5．_________模式的图像共有 256 个等级，看起来类似传统的黑白照片，除黑、白两色之外，还有 254 种深浅不同的灰色，计算机中必须以 8 位二进制数来显示这 256 种色调。

二、选择题

1．利用（　）命令可调整图像的整体色彩平衡，使图像颜色看起来更加自然，图像也更加美观。

（A）自动色阶　　（B）色相/饱和度

（C）色彩平衡　　（D）色阶

2．利用（　）命令可以调整图像中单个颜色成分的色相、饱和度和亮度。

（A）色阶　　（B）渐变映射

（C）色相/饱和度　　（D）色阶

3．利用（　）命令可以去掉彩色图像中的所有颜色值，将其转换为相同色彩模式的灰度图像。

（A）去色　　（B）可选颜色

（C）反相　　（D）曝光度

4．利用（　）命令适用于校正由强逆光而形成剪影的照片，或者校正由于太接近相机闪光灯而有些发白的焦点。

（A）色相/饱和度　　（B）阴影/高光

（C）亮度/对比度　　（D）色调分离

三、简答题

简述亮度、色调以及饱和度的概念。

四、上机操作题

使用本章所学的内容，制作如题图 9.1 所示的图像效果。

题图　9.1

第10章　滤　　镜

滤镜是一种经过专门设计、用于产生图像特殊效果的工具，使用 Photoshop CS4 滤镜功能可以产生许多种神奇的特殊效果。

知识要点

- 滤镜的基础知识
- 外挂滤镜
- 内置滤镜
- 作品保护滤镜

10.1　滤镜的基础知识

滤镜主要是用来制作图像的各种特殊效果，它通过分析图像中各个像素的值，根据滤镜中各种不同功能的要求，调用不同的运算模块处理图像，以达到所需的效果。

10.1.1　滤镜的使用范围

Photoshop 的滤镜功能是该软件中用处最多，效果最奇妙的功能。Photoshop 提供了 100 多种不同效果的滤镜，使用这些滤镜可以模拟世界的事物及现象，也可以创造具有丰富想象力的作品。

滤镜可以应用于图像的选择区域，也可以应用于整个图层。Photoshop 中的滤镜从功能上基本分为矫正性滤镜与破坏性滤镜。矫正性滤镜包括模糊、锐化、视频、杂色以及其他滤镜，它们对图像处理的效果很微妙，可调整对比度、色彩等宏观效果。除这几种滤镜外，滤镜(T)菜单中的其他滤镜都属于破坏性滤镜，破坏性滤镜对图像的改变比较明显，主要用于构造特殊的艺术效果。

滤镜的处理以像素为单位，因此滤镜的处理效果与分辨率有关，同一幅图像如果分辨率不同，处理时所产生的效果也不同。

在为图像添加滤镜时，图像如果是在位图、索引图、48 位 RGB 图、16 位灰度图等色彩模式下，将不允许使用滤镜；在 CMYK、Lab 色彩模式下，将不允许使用艺术效果、画笔描边、素描、纹理以及视频等滤镜。

10.1.2　滤镜的使用方法

在 Photoshop 中提供了多种滤镜，这些滤镜各有其特点，但使用方法基本相似。在使用滤镜时，一般都可以按照以下操作步骤进行。

（1）选择需要使用滤镜处理的某个图层、某区域或某个通道。

（2）在滤镜(T)菜单中选择需要使用的滤镜命令，弹出相应的设置对话框。

（3）在弹出的对话框中设置相关的参数，一般有两种方法：一种是使用滑块，此方法很方便，也更容易随时预览效果；另一种是直接输入数值，这样可以设置得较为精确。

（4）预览图像效果。大多数滤镜对话框中都设置了预览图像效果的功能。

（5）调整好各个参数后，单击 确定 按钮，即可执行该滤镜命令。如果对调整的效果不满意，可单击 取消 按钮取消操作。

提示：在滤镜对话框中，有的参数可以在正值与负值之间切换，正值与负值所产生的效果是相反的。

10.1.3 滤镜的使用技巧

滤镜的种类很多，产生的效果也不一样。滤镜的使用技巧主要包括以下几种：

（1）Photoshop 会针对选区进行滤镜效果处理，如果没有创建选区，则对整个图像进行处理；如果当前选择的是某一图层或某个通道，则只对当前图层或通道起作用。

（2）运用滤镜后，要通过“Ctrl+Z”键切换，以观察使用滤镜前后的图像效果对比，能更清楚地观察滤镜的作用。

（3）在对某一选择区域使用滤镜时，一般应先对选择区域执行羽化命令，然后再执行滤镜命令，这样可以使通过滤镜处理后的图像很好地融合到图像中。

（4）按“Ctrl+F”键可重复执行上次使用的滤镜，但此时不会弹出滤镜对话框，即不能调整滤镜参数；如果按“Ctrl+Alt+F”键，则会重新弹出上一次执行的滤镜对话框，此时即可调整滤镜的参数。

（5）可以将多个滤镜命令组合使用，从而制作出特殊的文字、纹理或图像效果。

（6）在位图、索引颜色和16位的颜色模式下不能使用滤镜。

10.2 外 挂 滤 镜

在开发大型软件的过程中，设计者常会只着眼于大的功能方面，一些人性化和细节化的东西无法做的十分细致。于是，外挂程序文件就诞生了，这类软件在不同的软件中会有不同的叫法，比如在平面软件 Photoshop 中称为“外挂滤镜”（增效滤镜），在一些软件中称为“插件”“过滤器”。

10.2.1 滤镜库

滤镜库可将常用的滤镜组拼嵌到一个面板中，以折叠菜单的方式显示出来，以直接预览其效果。下面通过一个实例来说明滤镜库的功能与使用方法，具体操作步骤如下：

（1）打开一幅图像，选择菜单栏中的 滤镜(I) → 滤镜库(G)... 命令，弹出“滤镜库”对话框，如图10.2.1所示。

（2）单击预览窗口下方的“百分比数值”下拉按钮 100% ▸，可弹出百分比数值下拉列表，从中选择百分比数值为50%来预览图像。

（3）在“滤镜库”对话框右侧的滤镜设置区中，单击 粗糙蜡笔 下拉列表框，从弹出的下拉列表中选择扩散亮光滤镜，并设置好其参数，如图 10.2.2 所示。

图 10.2.1 “滤镜库”对话框

图 10.2.2 设置扩散亮光滤镜

（4）设置完参数后，单击 确定 按钮即可。

10.2.2 液化

液化滤镜可用于推、拉、旋转、反射、折叠和膨胀图像的任意区域，是修饰图像和创建艺术效果的强大工具。选择菜单栏中的 滤镜(T) → 液化(L)... 命令，弹出“液化”对话框，如图 10.2.3 所示。

图 10.2.3 “液化”对话框

该对话框中的各选项含义介绍如下：

单击“向前变形”按钮，在图像上拖动，会使图像向拖动方向产生弯曲变形效果。

单击“重建工具”按钮，在已发生变形的区域单击或拖动鼠标，可以使已变形图像恢复为原始状态。

单击“顺时针旋转扭曲工具”按钮，在图像上按住鼠标时，可以使图像中的像素顺时针旋转；按住“Alt”键，在图像上按住鼠标时，可以使图像中的像素逆时针旋转。

单击“褶皱工具”按钮，在图像上单击或拖动鼠标时，会使图像中的像素向画笔区域的中心移动，使图像产生收缩效果。

单击“膨胀工具”按钮，在图像上单击或拖动鼠标时，会使图像中的像素从画笔区域的中心向画笔边缘移动，使图像产生膨胀效果，该工具产生的效果正好与“褶皱工具”产生的效果相反。

单击“左推工具”按钮，在图像上拖动鼠标时，图像中的像素会以相对于拖动方向左垂直的方向在画笔区域内移动，使其产生挤压效果；在按住“Alt”键拖动鼠标时，图像中的像素会以相对于拖动方向右垂直的方向在画笔区域内移动，使其产生挤压效果。

单击“镜像工具”按钮，在图像上拖动鼠标时，图像中的像素会以相对于拖动方向右垂直的方向上产生镜像效果；在按住“Alt”键拖动鼠标时，图像中的像素会以相对于拖动方向左垂直的方向上产生镜像效果。

单击“湍流工具”按钮，在图像上拖动鼠标时，图像中的像素会平滑地混和在一起，可以十分轻松地在图像上产生与火焰、波浪或烟雾相似的效果。

单击“冻结蒙版工具”按钮，将图像中不需要变形的区域涂抹进行冻结，使涂抹的区域不受其他区域变形的影响；使用“向前变形”工具在图像上拖动鼠标经过冻结的区域图像不会被变形。

单击“解冻蒙版工具”按钮，在图像中冻结的区域涂抹，可解除图像中的冻结区域。

单击“抓手工具”按钮，当图像放大到超出预览框时，使用抓手工具可以移动图像进行查看。

单击“缩放工具”按钮，可以将预览区的图像放大，按住“Alt”键单击鼠标会将图像按比例缩小。

液化变形的工作原理很简单，编辑前必须对画笔大小及压力值进行设置，然后区分图像的处理区域，该动作在此被称为“冻结”。“液化”命令对冻结区域的图像不产生效果，使其保持原来的样子，而经过“解冻”处理的区域会受到“液化”命令的变形处理，产生不同的变化效果，如图 10.2.4 所示。

图 10.2.4 应用液化滤镜效果

10.2.3 消失点

使用消失点滤镜可以在图像中指定平面进行绘画、仿制、拷贝、粘贴、变换等编辑操作。所有编辑操作都将采用所处理平面的透视，因此，使用消失点来修饰、添加或移去图像中的内容，效果将更加逼真。

选择菜单栏中的滤镜(T)→消失点(V)...命令，弹出“消失点”对话框，如图 10.2.5 所示。

图 10.2.5 “消失点”对话框

对话框中各选项的含义如下：

（1）“创建平面工具”按钮：可以在预览编辑区的图像中单击并创建平面的 4 个点，节点之间会自动连接成透视平面，在透视平面边缘上按住“Ctrl”键拖动时，就会产生另一个与之配套的透视平面。

（2）“编辑平面工具”按钮：可以对创建的透视平面进行选择、编辑、移动和调整大小，存在两个平面时，按住“Alt”键拖动控制点可以改变两个平面的角度。

（3）“选框工具”按钮：在平面内拖动即可在平面内创建选区；按住“Alt”键拖动选区可以将选区内的图像复制到其他位置，复制的图像会自动生成透视效果；按住“Ctrl”键拖动选区可以将选区停留的图像复制到创建的选区内。

（4）“图章工具”按钮：与软件工具箱中的“仿制图章工具”用法相同，只是多出了修复透视区域效果，按住“Alt”键在平面内取样，松开键盘，移动鼠标到需要仿制的地方按下鼠标拖动即可复制，复制的图像会自动调整所在位置的透视效果。

（5）“画笔工具”按钮：使用画笔工具可以在图像内绘制选定颜色的画笔，在创建的平面内绘制的画笔会自动调整透视效果。

（6）“变换工具”按钮：使用变换工具可以对选区复制的图像进行调整变换，还可以将复制“消失点”对话框中的其他图像拖动到多维平面内，并可以对其进行移动和变换。

（7）“吸管工具”按钮：在图像中采集颜色，选取的颜色可作为画笔的颜色。

（8）“缩放工具”按钮：用来缩放预览区的视图，在预览区内单击会将图像放大，按住“Alt”键单击鼠标会将图像按比例缩小。

（9）“抓手工具”按钮：单击并拖动可在预览窗口中查看局部图像。

设置好参数后，单击 确定 按钮，效果如图 10.2.6 所示。

图 10.2.6 使用消失点滤镜前后的效果对比

10.3 风格化滤镜组

风格化滤镜组通常用来使图像产生印象派作品的艺术效果。选择菜单栏中的滤镜(T)→风格化命令，其子菜单如图10.3.1所示。下面对主要滤镜进行介绍。

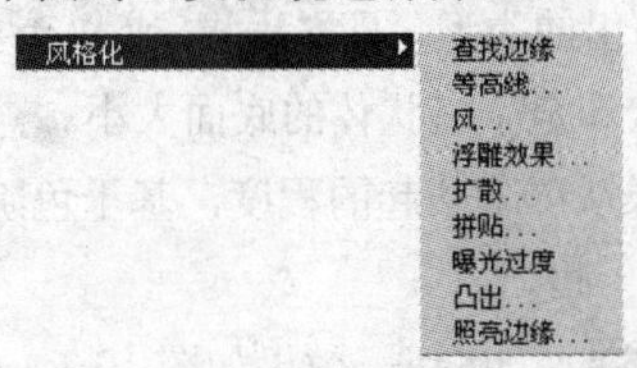

图10.3.1 风格化滤镜组子菜单

10.3.1 查找边缘

查找边缘滤镜可以查找图像中主色色块颜色变化的区域，并将查找的边缘轮廓用铅笔描边。打开一幅图像，选择菜单栏中的滤镜(T)→风格化→查找边缘命令，系统会自动对图像进行调整，效果如图10.3.2所示。

图10.3.2 应用查找边缘滤镜前后的效果对比

10.3.2 风

风滤镜通过在图像中添加一些小的水平线生成风的效果。打开一幅图像，选择菜单栏中的滤镜(T)→风格化→风...命令，弹出"风"对话框。

在方法选项区中可设置风力的大小，包括风(W)、大风(B)和飓风(S)3个单选按钮。

在方向选项区中可设置风吹的方向，包括从右(R)和从左(L)两个单选按钮。

设置相关的参数后，单击确定按钮，效果如图10.3.3所示。

图10.3.3 应用风滤镜前后的效果对比

10.3.3 凸出

凸出滤镜可以赋予图像一种 3D 的纹理效果，它能将图像转化为三维立方体或锥体。打开一幅图像，选择菜单栏中的滤镜(T)→风格化→凸出...命令，弹出“凸出”对话框。

在类型:选项区中可选择一种凸出的类型，即块(B)或金字塔(P)。

在大小(S):输入框中可设置块状和金字塔状体的底面大小。

在深度(D):输入框中可设置图像从屏幕凸起的程度，基于色阶选项可使图像中的某一部分亮度增加，使块状和金字塔状与色阶连在一起。

设置相关的参数后，单击确定按钮，效果如图 10.3.4 所示。

图 10.3.4　应用凸出滤镜前后的效果对比

10.3.4 拼贴

利用拼贴滤镜可以使图像产生类似用瓷砖拼贴的效果。打开一幅图像，选择菜单栏中的滤镜(T)→风格化→拼贴...命令，弹出“拼贴”对话框。

在拼贴数:输入框中输入数值，可设置在图像中每行和每列显示的小方格数量。

在最大位移:输入框中输入数值，可设置小方格偏移的距离。

填充空白区域用:选项区用于设置拼贴块之间空白区域的填充方式。

设置相关的好参数后，单击确定按钮，效果如图 10.3.5 所示。

图 10.3.5　应用拼贴滤镜前后的效果对比

10.3.5 扩散

利用扩散滤镜命令可使图像产生不同色彩颗粒向外扩散的效果。打开一幅图像，选择滤镜(T)→风格化→扩散...命令，弹出“扩散”对话框。

在 模式 选项区中可选择要进行扩散的位置，包括 正常(N)、 变暗优先(D)、 变亮优先(L) 和 各向异性(A) 4个单选按钮。

设置相关的参数后，单击 确定 按钮，效果如图10.3.6所示。

图10.3.6　应用扩散滤镜前后的效果对比

10.3.6　浮雕效果

浮雕效果滤镜通过勾画图像或选区的轮廓和降低周围色值来生成浮雕图像效果。打开一幅图像，选择菜单栏中的 滤镜(T) → 风格化 → 浮雕效果... 命令，弹出“浮雕效果”对话框。

在 角度(A): 输入框中输入数值，可设置光线照射的角度值。

在 高度(H): 输入框中输入数值，可设置浮雕凸起的高度。

在 数量(M): 输入框中输入数值，可设置凸出部分细节的百分比。

设置相关的参数后，单击 确定 按钮，效果如图10.3.7所示。

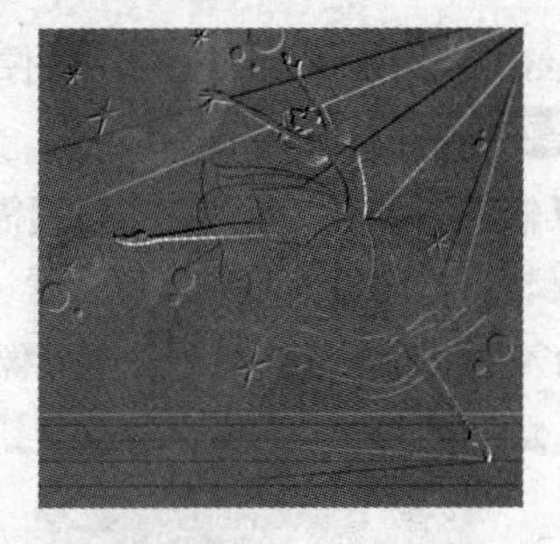

图10.3.7　应用浮雕滤镜前后的效果对比

10.4　画笔描边滤镜组

画笔描边滤镜组是利用不同的画笔和油墨描边，使图像产生一种具有一定长度、宽度的线条效果。选择 滤镜(T) → 画笔描边 命令，弹出如图10.4.1所示的画笔描边滤镜组子菜单。

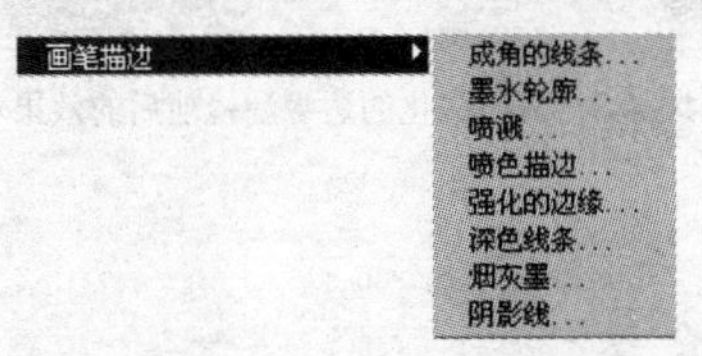

图10.4.1　画笔描边滤镜组子菜单

10.4.1 墨水轮廓

利用墨水轮廓滤镜可在图像中建立黑色油墨的喷溅效果。打开一幅图像，选择 滤镜(T) → 画笔描边 → 墨水轮廓... 命令，弹出“墨水轮廓”对话框。

在 描边长度(S) 输入框中输入数值，可以设置画笔描边的线条长度。

在 深色强度(D) 输入框中输入数值，可以设置黑色油墨的强度。

在 光照强度(L) 输入框中输入数值，可以设置图像中浅色区域的光照强度。

设置相关的参数后，单击 确定 按钮，效果如图 10.4.2 所示。

图 10.4.2　应用墨水轮廓滤镜前后的效果对比

10.4.2 强化的边缘

利用强化的边缘滤镜命令可以强化勾勒图像的边缘，使图像边缘产生荧光效果。打开一幅图像，选择 滤镜(T) → 画笔描边 → 强化的边缘... 命令，弹出“强化的边缘”对话框。

在 边缘宽度(W) 输入框中输入数值，可设置需要强化的边缘宽度。

在 边缘亮度(B) 输入框中输入数值，可设置边缘的明亮程度。

在 平滑度(S) 输入框中输入数值，可设置图像的平滑程度。

设置相关的参数后，单击 确定 按钮，效果如图 10.4.3 所示。

图 10.4.3　应用强化的边缘滤镜前后的效果对比

10.4.3 成角的线条

成角的线条滤镜命令是利用两种角度的线条来描绘图像，使图像产生具有方向性的线条效果。打

开一幅图像，选择滤镜(T)→画笔描边→成角的线条...命令，弹出“成角的线条”对话框。

在方向平衡(D)输入框中输入数值，可设置描边线条的方向角度。

在描边长度(L)输入框中输入数值，可设置描边线条的长度。

在锐化程度(S)输入框中输入数值，可设置图像效果的锐化程度。

设置相关的参数后，单击确定按钮，效果如图10.4.4所示。

图10.4.4 应用成角的线条滤镜前后的效果对比

10.4.4 喷溅

喷溅滤镜命令是利用图像本身的颜色来产生喷溅效果，类似于用水在画面上喷溅、浸润的效果。打开一幅图像，选择滤镜(T)→画笔描边→喷溅...命令，弹出“喷溅”对话框。

在喷色半径(R)输入框中输入数值，可设置喷溅的范围。

在平滑度(S)输入框中输入数值，可设置喷溅效果的平滑程度。

设置相关的参数后，单击确定按钮，效果如图10.4.5所示。

图10.4.5 应用喷溅滤镜前后的效果对比

10.5 模糊滤镜组

模糊滤镜组可以不同程度地降低图像的对比度来柔化图像。当强调图像中的主题或图像的边缘过渡太突然时，需要对图像进行一定的处理，使次要的部分变得模糊，或者使边缘的过渡变得柔和。该滤镜组包括表面模糊、动感模糊、方框模糊、高斯模糊、径向模糊、镜头模糊等11种滤镜。选择菜单栏中的滤镜(T)→模糊命令，其子菜单如图10.5.1所示。下面对主要滤镜进行介绍。

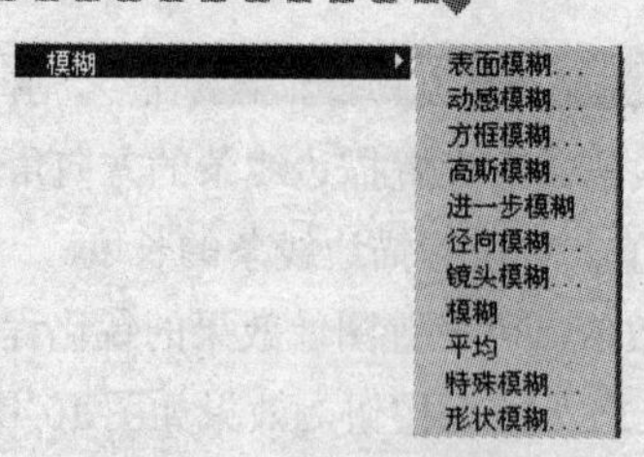

图 10.5.1 模糊滤镜组子菜单

10.5.1 径向模糊

径向模糊滤镜可对图像进行旋转模糊，也可将图像从中心向外缩放模糊。打开一幅图像，选择菜单栏中的滤镜(T)→模糊→径向模糊...命令，弹出“径向模糊”对话框。

在数量(A)文本框中输入数值，可设置图像产生模糊效果的强度，输入数值范围为 1～100。

在模糊方法:选项区中可选择模糊的方法。

在品质:选项区中可选择生成模糊效果的质量。

设置相关的参数后，单击确定按钮，效果如图 10.5.2 所示。

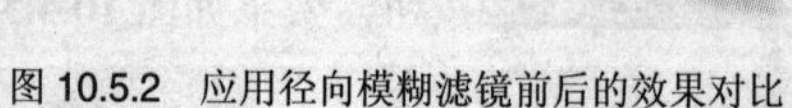

图 10.5.2 应用径向模糊滤镜前后的效果对比

10.5.2 动感模糊

动感模糊滤镜可在指定的方向上对像素进行线性的移动，使其产生一种运动模糊的效果。打开一幅图像，选择菜单栏中的滤镜(T)→模糊→动感模糊...命令，弹出动感模糊对话框。

在角度(A):输入框中输入数值，设置动感模糊的方向。

在距离(D):输入框中输入数值，设置处理图像的模糊强度，输入数值范围为 1～999。

设置相关的参数后，单击确定按钮，效果如图 10.5.3 所示。

图 10.5.3 应用动感模糊滤镜前后的效果对比

10.5.3　高斯模糊

高斯模糊滤镜是一种常用的滤镜，通过调整模糊半径的参数使图像快速模糊，从而产生一种朦胧效果。打开一幅图像，选择 滤镜(T) → 模糊 → 高斯模糊... 命令，弹出“高斯模糊”对话框。

在 半径(R): 输入框中输入数值，设置图像的模糊程度，输入的数值越大，图像模糊的效果越明显。

设置相关的参数后，单击 确定 按钮，效果如图 10.5.4 所示。

图 10.5.4　应用高斯模糊滤镜前后的效果对比

10.5.4　特殊模糊

利用特殊模糊滤镜可以使图像产生一种清晰边界的模糊效果。该滤镜能够找出图像边缘，并只模糊图像边界线以内的区域，设置的参数将决定 Photoshop 所找到的边缘位置。打开一幅图像，选择菜单栏中的 滤镜(T) → 模糊 → 特殊模糊... 命令，弹出“特殊模糊”对话框。

在 半径 输入框中输入数值，设置辐射的范围大小。

在 阈值 输入框中输入数值，设置模糊的阈值，输入数值范围为 0.1～100。

在 品质: 下拉列表中选择模糊效果的质量。

在 模式: 下拉列表中选择产生图像效果的模式。

设置相关的参数后，单击 确定 按钮，效果如图 10.5.5 所示。

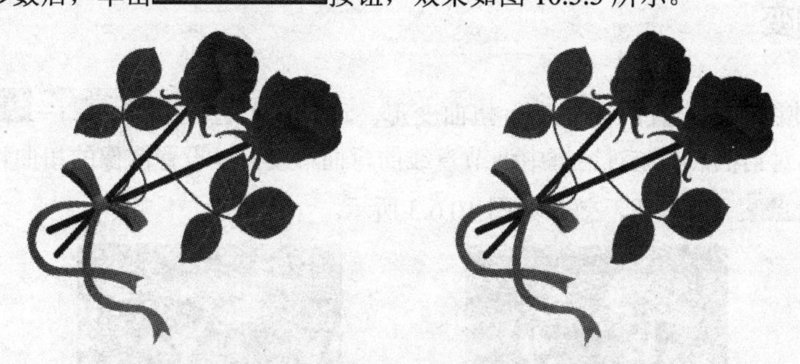

图 10.5.5　应用特殊模糊滤镜前后的效果对比

10.6　扭曲滤镜组

扭曲滤镜组可以对图像进行扭曲变形等操作，从而产生特殊的效果，该滤镜组包含一组功能强大的滤镜。选择菜单栏中的 滤镜(T) → 扭曲 命令，其子菜单如图 10.6.1 所示。下面对主要滤镜进行介绍。

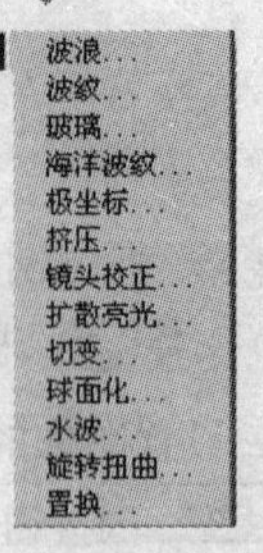

图 10.6.1 扭曲滤镜组子菜单

10.6.1 波纹

波纹滤镜可以使图像表面产生一些起伏的小波纹，其效果看上去像是水面上产生的波纹。打开一幅图像，选择菜单栏中的滤镜(T)→扭曲→波纹...命令，弹出“波纹”对话框。

在数量(A)输入框中输入数值，设置产生波纹的数量，输入数值范围为－999～999。

在大小(S)下拉列表中选择波纹的大小。

设置相关的参数后，单击确定按钮，效果如图 10.6.2 所示。

图 10.6.2 应用波纹滤镜效果

10.6.2 切变

切变滤镜可使图像沿设置的曲线进行扭曲变形。选择菜单栏中的滤镜(T)→扭曲→切变...命令，弹出“切变”对话框，在该对话框中调节直线的弯曲程度，可设置图像的扭曲程度，设置好相关参数后，单击确定按钮，效果如图 10.6.3 所示。

图 10.6.3 应用切变滤镜前后的效果对比

10.6.3 扩散亮光

扩散亮光滤镜可使图像产生一种弥漫着光热的效果。选择菜单栏中的滤镜(T)→扭曲→扩散亮光...命令，弹出"扩散亮光"对话框。

在粒度(G)输入框中输入数值，可以设置产生杂点颗粒的数量，其取值范围为0～10。

在发光量(L)输入框中输入数值，可以设置光线的照射强度，其取值范围为0～20。一般情况下，该参数不应设置得太大，在10以内的效果会比较好一些。

在清除数量(C)输入框中输入数值，可以设置图像效果的清晰度，其取值范围为0～20。

设置相关的参数后，单击确定按钮，效果如图10.6.4所示。

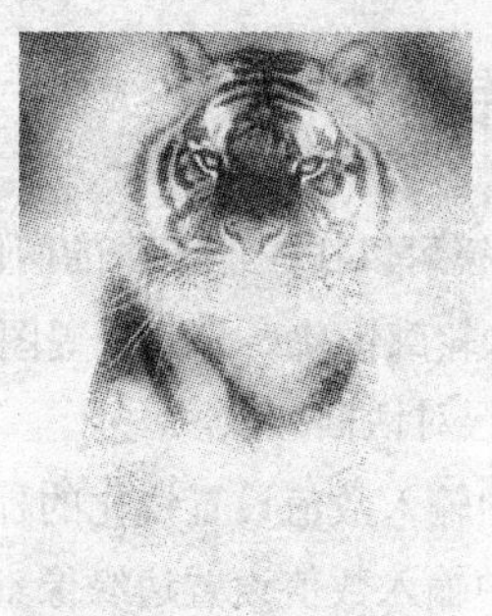

图10.6.4 应用扩散亮光滤镜前后的效果对比

10.6.4 玻璃

使用玻璃滤镜可产生一种类似透过玻璃看图像的效果。选择菜单栏中的滤镜(T)→扭曲→玻璃...命令，弹出"玻璃"对话框。

在扭曲度(D)输入框中输入数值，可以设置图像的变形程度。

在平滑度(M)输入框中输入数值，可以设置玻璃的平滑程度。

在缩放(S)输入框中输入数值，可以设置纹理的缩放比例。

在纹理(T):下拉列表中选择表面纹理的变形类型，选项为小镜头、磨砂、块状和画布。

选中☑反相(I)复选框，可以使图像中的纹理图进行反转。

设置相关的参数后，单击确定按钮，效果如图10.6.5所示。

图10.6.5 应用玻璃滤镜前后的效果对比

10.7　锐化滤镜组

锐化滤镜组通过增加相邻像素的对比度来聚焦模糊的图像。使用该组滤镜可使图像更清晰逼真，但是如果锐化太强烈，反而会适得其反。选择滤镜(T)→锐化命令，其子菜单如图 10.7.1 所示。下面对主要滤镜进行介绍。

图 10.7.1　锐化滤镜组子菜单

10.7.1　USM 锐化

使用 USM 锐化滤镜可以在图像边缘的两侧分别制作一条明线或暗线，以调整其边缘细节的对比度，最终使图像的边缘轮廓锐化。打开一幅图像，选择菜单栏中的滤镜(T)→锐化→USM 锐化...命令，弹出“USM 锐化”对话框。

在数量(A):文本框中输入数值设置锐化的程度。

在半径(R):文本框中输入数值设置边缘像素周围影响锐化的像素数。

在阈值(T):文本框中输入数值设置锐化的相邻像素之间的最低差值。

设置相关的参数后，单击确定按钮，效果如图 10.7.2 所示。

图 10.7.2　应用 USM 锐化滤镜前后效果对比

10.7.2　进一步锐化

进一步锐化滤镜可以产生强烈的锐化效果，用于提高图像的对比度和清晰度。该滤镜处理的图像效果比 USM 锐化滤镜更强烈。如图 10.7.3 所示为应用进一步锐化滤镜前后效果对比。

图 10.7.3　应用进一步锐化滤镜前后的效果对比

10.7.3 锐化

利用锐化滤镜可以增加图像像素之间的对比度，使图像清晰化。打开一幅图像，选择菜单栏中的滤镜(T)→锐化→锐化命令，系统会自动对图像进行调整，效果如图10.7.4所示。

图10.7.4 应用锐化滤镜前后的效果对比

10.8 素描滤镜组

素描滤镜组主要通过模拟素描、速写等绘画手法使图像产生不同的艺术效果。该滤镜可以在图像中添加底纹从而产生三维效果。素描滤镜组中的大部分滤镜都要配合前景色与背景色使用。选择菜单栏中的滤镜(T)→素描命令，其子菜单如图10.8.1所示。下面介绍主要滤镜的用法。

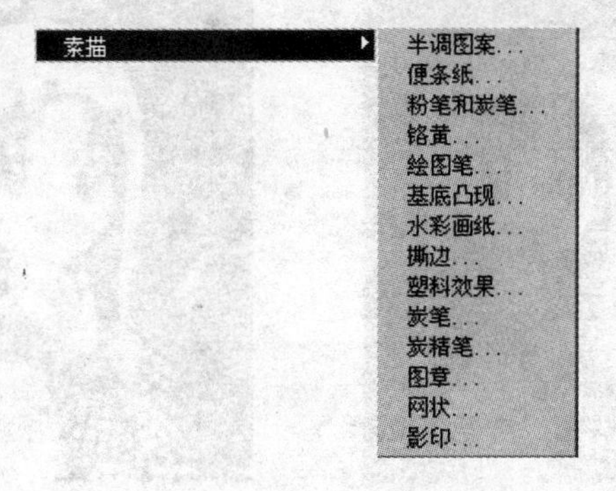

图10.8.1 素描滤镜组子菜单

10.8.1 半调图案

半调图案滤镜使用前景色和背景色在当前图像中重新添加颜色，使图像产生网状图案效果。打开一幅图像，选择菜单栏中的滤镜(T)→素描→半调图案...命令，弹出“半调图案”对话框。

在大小(S)输入框中输入数值，设置图案的大小。

在对比度(C)输入框中输入数值，设置图像中前景色和背景色的对比度。

在图案类型(P):下拉列表中可选择产生的图案类型，包括圆形、网点和直线3种类型。

设置相关的参数后，单击确定按钮，效果如图10.8.2所示。

图 10.8.2　应用半调图案滤镜前后的效果对比

10.8.2　撕边

利用撕边滤镜可以将图像撕成碎纸片状，使图像产生粗糙的边缘，并以前景色与背景色渲染图像。打开一幅图像，选择菜单栏中的 滤镜(T) → 素描 → 撕边... 命令，弹出“撕边”对话框。

在 图像平衡(I) 输入框中输入数值，设置前景色与背景色之间的平衡比例。

在 平滑度(S) 输入框中输入数值，设置撕破边缘的平滑程度。

在 对比度(C) 输入框中输入数值，设置图像的对比度。

设置相关的参数后，单击 确定 按钮，效果如图 10.8.3 所示。

图 10.8.3　应用撕边滤镜前后的效果对比

10.8.3　水彩画纸

水彩画纸滤镜可以使图像产生类似在潮湿的纸上绘图而产生画面浸湿的效果。打开一幅图像，选择菜单栏中的 滤镜(T) → 素描 → 水彩画纸... 命令，弹出“水彩画纸”对话框。

在 纤维长度(F) 输入框中输入数值，可设置扩散的程度与画笔的长度。

在 亮度(B) 输入框中输入数值，可设置图像的亮度。

在 对比度(C) 输入框中输入数值，可设置图像的对比度。

设置相关的参数后，单击 确定 按钮，效果如图 10.8.4 所示。

图 10.8.4 应用水彩画纸滤镜前后的效果对比

10.8.4 铬黄

铬黄滤镜可以模拟发光的液体金属，使图像产生金属质感效果。打开一幅图像，选择菜单栏中的 滤镜(T) → 素描 → 铬黄... 命令，弹出“铬黄渐变”对话框。

在 细节(D) 输入框中输入数值，设置原图像细节保留的程度。

在 平滑度(S) 输入框中输入数值，设置铬黄效果纹理的光滑程度。

设置相关的参数后，单击 确定 按钮，效果如图 10.8.5 所示。

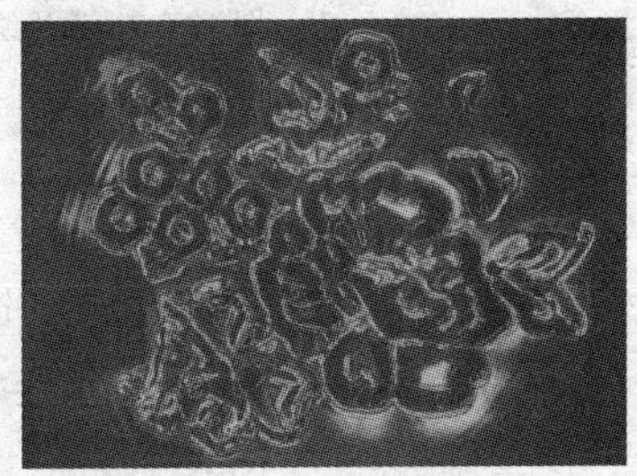

图 10.8.5 应用铬黄滤镜前后的效果对比

10.8.5 便条纸

便条纸滤镜用来模拟凸现压印图案产生草纸画效果。打开一幅图像，选择菜单栏中的 滤镜(T) → 素描 → 便条纸... 命令，弹出“便条纸”对话框。

在 图像平衡(I) 输入框中输入数值，设置前景色与背景色之间的平衡比例。

在 凸现(R) 输入框中输入数值，设置压印图案的凸现程度。

设置相关的参数后，单击 确定 按钮，效果如图 10.8.6 所示。

图 10.8.6 应用便条纸滤镜前后的效果对比

10.8.6 绘图笔

绘图笔滤镜可使图像产生使用精细的、具有一定方向的油墨线条重绘的效果。打开一幅图像，选择菜单栏中的滤镜(T)→素描→绘图笔...命令，弹出“绘图笔”对话框。

在描边长度(S)输入框中输入数值，设置笔画长度。

在明/暗平衡(B)输入框中输入数值，设置图像效果的明暗平衡度。

在描边方向(D):下拉列表中选择笔画描绘的方向。

设置相关的参数后，单击确定按钮，效果如图 10.8.7 所示。

图 10.8.7　应用绘图笔滤镜前后的效果对比

10.8.7 影印

影印滤镜可用前景色与背景色来模拟影印图像效果，图像中较暗的区域显示为背景色，较亮的区域显示为前景色。打开一幅图像，选择菜单栏中的滤镜(T)→素描→影印...命令，弹出“影印”对话框。

在细节(D)输入框中输入数值，可设置图像影印效果细节的明显程度。

在暗度(A)输入框中输入数值，可设置图像较暗区域的明暗程度，输入数值越大，暗区越暗。

设置相关的参数后，单击确定按钮，效果如图 10.8.8 所示。

图 10.8.8　应用影印滤镜前后的效果对比

10.9 纹理滤镜组

纹理滤镜组可给图像添加各种不同的纹理，使图像产生特殊效果。选择滤镜(T)→纹理命令，弹出如图 10.9.1 所示的纹理滤镜组子菜单。

纹理 ▸
- 龟裂缝...
- 颗粒...
- 马赛克拼贴...
- 拼缀图...
- 染色玻璃...
- 纹理化...

图 10.9.1 纹理滤镜组子菜单

10.9.1 龟裂缝

利用龟裂缝滤镜命令可使图像产生干裂的浮雕纹理效果。打开一幅图像，选择 滤镜(T) → 纹理 → 龟裂缝... 命令，弹出“龟裂缝”对话框。

在 裂缝间距(S) 输入框中输入数值，可设置产生的裂纹之间的距离。

在 裂缝深度(D) 输入框中输入数值，可设置产生裂纹的深度。

在 裂缝亮度(B) 输入框中输入数值，可设置裂缝的亮度。

设置相关的参数后，单击 确定 按钮，效果如图 10.9.2 所示。

图 10.9.2 应用龟裂缝滤镜前后的效果对比

10.9.2 拼缀图

利用拼缀图滤镜命令可将图像拆分为不同颜色的小方块，类似于拼贴图的效果。打开一幅图像，选择 滤镜(T) → 纹理 → 拼缀图... 命令，弹出“拼缀图”对话框。

在 方形大小(S) 输入框中输入数值，可设置生成方块的大小。

在 凸现(R) 输入框中输入数值，可设置方块的凸现程度。

设置相关的参数后，单击 确定 按钮，效果如图 10.9.3 所示。

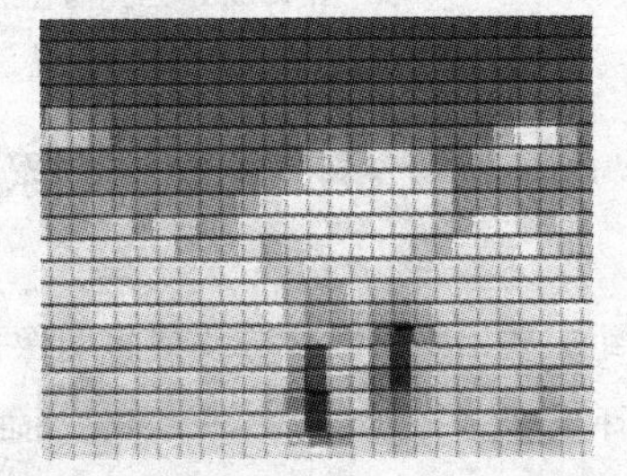

图 10.9.3 应用拼缀图滤镜前后的效果对比

10.9.3 染色玻璃

利用染色玻璃滤镜命令可以制作彩色的玻璃效果，像是透过彩色玻璃看图像的效果。打开一幅图像，选择 滤镜(T) → 纹理 → 染色玻璃... 命令，弹出“染色玻璃”对话框。

在单元格大小(C)输入框中输入数值，可设置产生的玻璃格的大小。

在边框粗细(B)输入框中输入数值，可设置玻璃边框的粗细。

在光照强度(L)输入框中输入数值，可设置光线照射的强度。

设置相关的参数后，单击确定按钮，效果如图 10.9.4 所示。

图 10.9.4　应用染色玻璃滤镜前后的效果对比

10.9.4　马赛克拼贴

马赛克拼贴滤镜通过将图像分割为不同形状的小块，并加深在这些小块交界处的颜色，使之产生缝隙的效果。打开一幅图像，选择滤镜(T)→纹理→马赛克拼贴...命令，弹出“马赛克拼贴”对话框。

在该对话框中，用户可设置马赛克的尺寸、缝隙宽度以及缝隙亮度。如图 10.9.5 所示为应用马赛克拼贴滤镜前后的效果对比。

图 10.9.5　应用马赛克拼贴滤镜前后的效果对比

10.10　像素化滤镜组

像素化滤镜组主要用来将图像分块或将图像平面化，将图像中颜色相近的像素连接，形成相近颜色的像素块。选择菜单栏中的滤镜(T)→像素化命令，其子菜单如图 10.10.1 所示。下面对主要滤镜进行介绍。

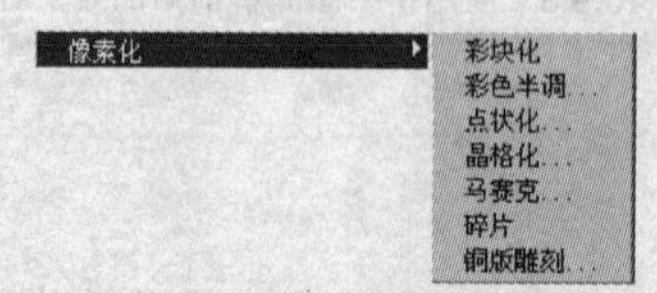

图 10.10.1　像素化滤镜组子菜单

10.10.1 彩色半调

彩色半调滤镜模拟在图像的每个通道上使用放大的半调网屏效果。打开一幅图像，选择菜单栏中的 滤镜(T) → 像素化 → 彩色半调... 命令，弹出“彩色半调”对话框。

在 最大半径(R): 输入框中输入数值，设置网格的大小；在 网角(度): 选项区中设置屏蔽的度数，其中的4个通道分别代表填入的颜色之间的角度，每一个通道的取值范围均为－360～360。

设置相关的参数后，单击 确定 按钮，效果如图10.10.2所示。

图10.10.2 应用彩色半调滤镜前后的效果对比

10.10.2 点状化

点状化滤镜可将图像中的颜色分散为随机分布的网点，且用背景色来填充网点之间的区域，从而实现点描画的效果。打开一幅图像，选择菜单栏中的 滤镜(T) → 像素化 → 点状化... 命令，弹出“点状化”对话框。

在其对话框中设置 单元格大小(C) 数值，设置相关的参数后，单击 确定 按钮。使用点状化滤镜前后的效果对比如图10.10.3所示。

图10.10.3 应用点状化滤镜前后的效果对比

10.10.3 马赛克

马赛克滤镜是通过将一个单元内的所有像素统一颜色，使图像产生如同是由一个个单一色彩小方块组成的马赛克效果。打开一幅图像，选择菜单栏中的 滤镜(T) → 像素化 → 马赛克... 命令，弹出“马赛克”对话框。

在 单元格大小(C): 输入框中输入数值，设置产生的单元格的大小，取值范围为2～200。

设置相关的参数后，单击 确定 按钮，效果如图 10.10.4 所示。

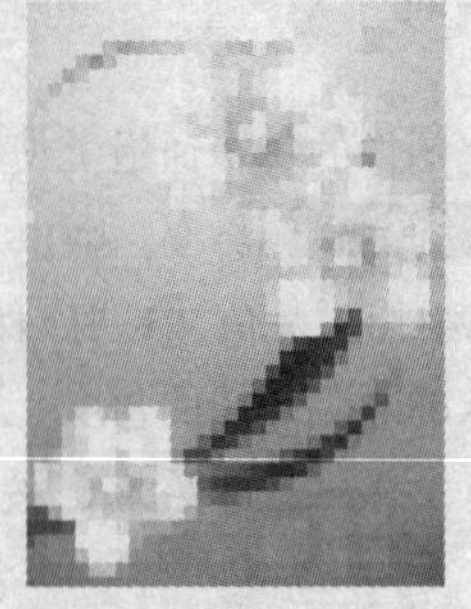

图 10.10.4 应用马赛克滤镜前后的效果对比

10.10.4 晶格化

晶格化滤镜可以在图像的表面产生结晶颗粒，使相近的像素集结形成一个多边形网格。打开一幅图像，选择菜单栏中的 滤镜(T) → 像素化 → 晶格化... 命令，弹出“晶格化”对话框。

在 单元格大小(C) 输入框中输入数值，设置产生色块的大小，取值范围为 3～300。

设置相关的参数后，单击 确定 按钮，效果如图 10.10.5 所示。

图 10.10.5 应用晶格化滤镜前后的效果对比

10.10.5 铜片雕刻

铜片雕刻滤镜是用点、线条或画笔重新生成图像。打开一幅图像，选择菜单栏中的 滤镜(T) → 像素化 → 铜版雕刻... 命令，弹出“铜板雕刻”对话框。

在该对话框中的 类型 下拉列表中选择铜板雕刻的类型，设置完成后，单击 确定 按钮。使用点状化滤镜前后的效果对比如图 10.10.6 所示。

图 10.10.6 应用铜片雕刻滤镜前后的效果对比

10.11 渲染滤镜组

渲染滤镜组可以对图像进行镜头光晕、云彩以及光照等效果的处理。选择菜单栏中的滤镜(T)→渲染命令，其子菜单如图 10.11.1 所示。下面对其中的主要滤镜进行介绍。

图 10.11.1 渲染滤镜组子菜单

10.11.1 光照效果

光照效果滤镜是 Photoshop CS4 中较复杂的滤镜，可对图像应用不同的光源、光类型和光的特性，也可以改变基调、增加图像深度和聚光区。打开一幅图像，选择菜单栏中的滤镜(T)→渲染→光照效果...命令，弹出“光照效果”对话框。

样式：用于选择光照样式。

光照类型：用于选择灯光类型，包括平行光、全光源、点光。

强度：用于控制光源的强度，还可以在右边的颜色框中选择一种灯光的颜色。

聚焦：可以调节光线的宽窄。此选项只有在使用点光时可使用。

属性：拖动光泽滑块可调节图像的反光效果；材料滑块可设置光线或光源所照射的物体是否产生更多的折射；曝光度可用于设置光线明暗度；环境可用于设置光照范围的大小。

纹理通道：在该下拉列表中可以选择一个通道，即将一个灰色图像当做纹理来使用。

设置相关的参数后，单击确定按钮，最终效果如图 10.11.2 所示。

图 10.11.2 应用光照效果滤镜前后的效果对比

10.11.2 镜头光晕

镜头光晕滤镜可给图像添加类似摄像机对着光源拍摄时的镜头炫光效果，可自动调节摄像机炫光位置。打开一幅图像，选择菜单栏中的滤镜(T)→渲染→镜头光晕...命令，弹出“镜头光晕”对话框。

在亮度(B):输入框中输入数值，可设置炫光的亮度大小。

拖动光晕中心:显示框中的十字光标，可以设置炫光的位置。

在镜头类型选项区中选择镜头的类型。

设置相关的参数后，单击确定按钮，效果如图 10.11.3 所示。

图 10.11.3　应用镜头光晕滤镜前后的效果对比

10.11.3　纤维

纤维滤镜命令可使图像产生一种纤维化的图案效果，其颜色与前景色和背景色有关。打开一幅图像，选择 滤镜(T) → 渲染 → 纤维... 命令，弹出“纤维”对话框。

在 差异 输入框中输入数值，可设置纤维的变化程度。

在 强度 输入框中输入数值，可设置图像效果中纤维的密度。

单击 随机化 按钮，可生成随机的纤维效果。

设置相关的参数后，单击 确定 按钮，效果如图 10.11.4 所示。

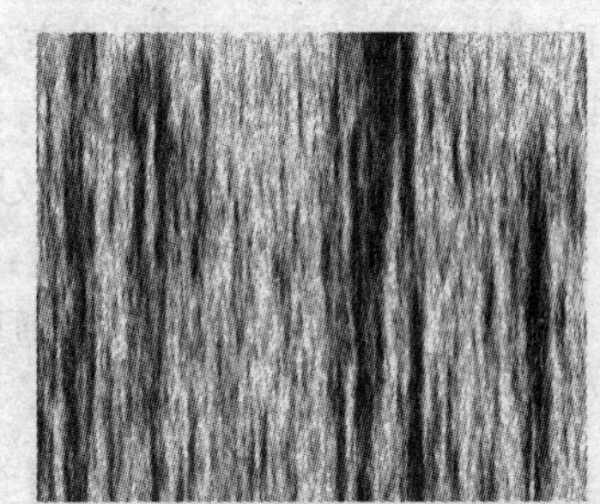

图 10.11.4　应用纤维滤镜前后的效果对比

10.11.4　云彩

云彩滤镜是在前景色和背景色之间随机抽取像素值并转换为柔和的云彩效果。打开一幅图像，选择菜单栏中的 滤镜(T) → 渲染 → 云彩 命令，系统会自动对图像进行调整，效果如图 10.11.5 所示。

图 10.11.5　应用云彩滤镜前后的效果对比

提示：在选择云彩滤镜命令时按下"Shift"键可产生低漫射云彩。如果需要一幅对比强烈的云彩效果，在选择云彩命令时须按"Alt"键。

10.12 艺术效果滤镜组

艺术效果滤镜组用于为美术或商业项目制作绘画效果或艺术效果。艺术效果滤镜组中共包含 15 种不同的滤镜，使用这些滤镜，可模仿不同风格的艺术绘画效果。选择菜单栏中的 滤镜(T) → 艺术效果 命令，其子菜单如图 10.12.1 所示。下面对主要滤镜进行介绍。

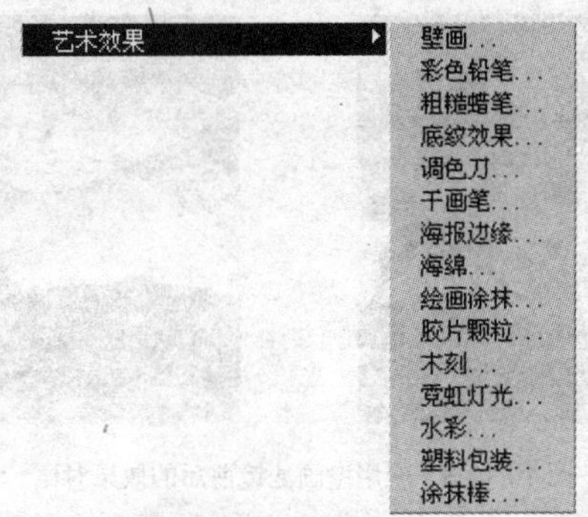

图 10.12.1 艺术效果滤镜组子菜单

10.12.1 彩色铅笔

彩色铅笔滤镜可以使图像产生类似用彩色铅笔在黑色、灰色、白色纸上作画的效果。该滤镜使用图像中的主要颜色，并把那些次要的颜色变为纸色（这取决于参数的设置）。选择菜单栏中的 滤镜(T) → 艺术效果 → 彩色铅笔... 命令，弹出"彩色铅笔"对话框。

在 铅笔宽度(P) 输入框中输入数值，可以设置笔画的宽度和密度，其取值范围为 1～24。该参数设置为 1 时，图像几乎全是彩色区，只显示出少量的背景色；该参数设置为 24 时，图像被打碎成以粗糙的背景色为主的画面，大小与原图像相等。

在 描边压力(S) 输入框中输入数值，可以设置图像中颜色的明暗度，其取值范围为 0～15。该参数设置为 0 时，无论其他参数如何调整，图像都不发生变化；设置为 15 时，则图像保持原有的亮度。

在 纸张亮度(B) 输入框中输入数值，可以设置图像的亮度，其取值范围为 0～50。

设置相关的参数后，单击 确定 按钮，效果如图 10.12.2 所示。

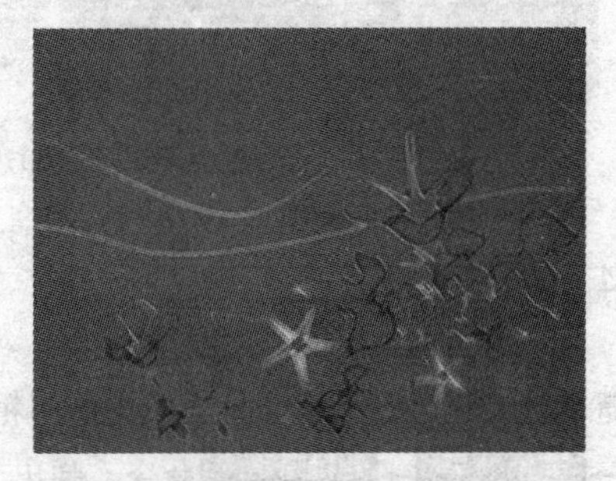

图 10.12.2 应用彩色铅笔滤镜前后的效果对比

10.12.2 壁画

壁画滤镜可使图像产生一种古壁画的斑点效果，它与干画笔滤镜产生的效果非常相似，不同的是壁画滤镜能够改变图像的对比度，使暗调区域的图像轮廓清晰。选择菜单栏中的滤镜(T)→艺术效果→壁画...命令，弹出“壁画”对话框。

在画笔大小(B)输入框中输入数值，可以设置模拟笔刷的大小，其取值范围为0～10。

在画笔细节(D)输入框中输入数值，可以设置笔触的细腻程度，其取值范围为0～10。

在纹理(T)输入框中输入数值，可以设置壁画效果的颜色过渡变形值，其取值范围为1～3。

设置相关的参数后，单击确定按钮，效果如图10.12.3所示。

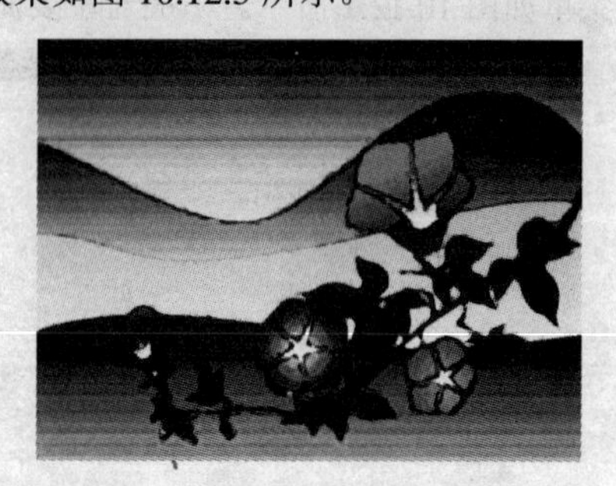

图 10.12.3　应用壁画滤镜前后的效果对比

10.12.3 海报边缘

使用海报边缘滤镜可以减少图像中的颜色数量，并用黑色勾画轮廓，使图像产生海报画的效果。打开一幅图像，选择菜单栏中的滤镜(T)→艺术效果→海报边缘...命令，弹出“海报边缘”对话框。

在边缘厚度(E)输入框中输入数值，设置边缘的宽度。

在边缘强度(I)输入框中输入数值，设置边缘的可见程度。

在海报化(P)输入框中输入数值，设置颜色在图像上的渲染效果。

设置相关的参数后，单击确定按钮，效果如图10.12.4所示。

图 10.12.4　应用海报边缘滤镜前后的效果对比

10.12.4 粗糙蜡笔

利用粗糙蜡笔滤镜可以将图像处理成类似用粗糙蜡笔画出来的效果。打开一幅图像，选择菜单栏中的滤镜(T)→艺术效果→粗糙蜡笔...命令，弹出“粗糙蜡笔”对话框。

在 描边长度(I) 输入框中输入数值，设置线条纹理的长度。

在 描边细节(D) 输入框中输入数值，设置笔触的细腻程度。

在 纹理(T): 下拉列表中选择纹理的类型。

在 光照(L): 下拉列表中选择光线的照射方向。

在 缩放(S) 输入框中输入数值，设置纹理的缩放比例。

在 凸现(R) 输入框中输入数值，设置纹理的深度。

选中 ☑ 反相(I) 复选框，可将产生的纹理反相处理。

设置相关的参数后，单击 确定 按钮，效果如图 10.12.5 所示。

图 10.12.5　应用粗糙蜡笔滤镜前后的效果对比

10.12.5　塑料包装

塑料包装滤镜可以使图像如涂上一层光亮的塑料，以产生一种表面质感很强的塑料包装效果，使图像具有立体感。打开一幅图像，选择菜单栏中的 滤镜(T) → 艺术效果 → 塑料包装... 命令，弹出“塑料包装”对话框。

在 高光强度(H) 输入框中输入数值，可设置塑料包装效果中高亮度点的亮度。

在 细节(D) 输入框中输入数值，可设置产生效果细节的复杂程度。

在 平滑度(S) 输入框中输入数值，可设置产生塑料包装效果的光滑度。

设置相关的参数后，单击 确定 按钮，效果如图 10.12.6 所示。

图 10.12.6　应用塑料包装滤镜前后的效果对比

10.12.6　底纹效果

底纹效果滤镜根据纹理的类型和色值来描绘图像，使图像产生一种纹理喷绘的效果。打开一幅图像，选择菜单栏中的 滤镜(T) → 艺术效果 → 底纹效果... 命令，弹出“底纹效果”对话框。

在画笔大小(B)输入框中输入数值，设置画笔的尺寸。

在纹理覆盖(C)输入框中输入数值，设置纹理覆盖的面积。

在纹理(T):下拉列表中可选择纹理类型。

在光照(L):下拉列表中可选择光线照射的方向。

在缩放(S)输入框中输入数值，设置纹理的缩放比例。

在凸现(R)输入框中输入数值，设置浮雕效果的凸现程度。

选中☑反相(I)复选框，可将产生的纹理反相处理。

设置相关的参数后，单击确定按钮，效果如图 10.12.7 所示。

图 10.12.7　应用底纹效果滤镜前后的效果对比

10.12.7　水彩

水彩滤镜以水彩的风格绘制图像，简化图像中的细节，使图像产生类似于用蘸了水和颜色的中号画笔绘制的效果。打开一幅图像，选择菜单栏中的滤镜(T)→艺术效果→水彩...命令，弹出“水彩”对话框。

在画笔细节(B)输入框中输入数值，设置水彩笔的细腻程度。

在阴影强度(S)输入框中输入数值，设置水彩阴影的强度。

在纹理(T)输入框中输入数值，设置水彩的材质纹理，输入数值范围为 1～3。

设置相关的参数后，单击确定按钮，效果如图 10.12.8 所示。

图 10.12.8　应用水彩滤镜前后的效果对比

10.12.8　木刻

木刻滤镜可以将图像描绘成好像是由粗糙剪下的彩色纸片组成的效果。打开一幅图像，选择菜单栏中的滤镜(T)→艺术效果→木刻...命令，弹出“木刻”对话框。

在 色阶数(L) 输入框中输入数值，可以设置图像上的色阶分布层次，其取值范围为 2～8。

在 边缘简化度(S) 输入框中输入数值，可以设置边缘简化量，其取值范围为 0～10。

在 边缘逼真度(F) 输入框中输入数值，可以设置产生痕迹的精确程度，其取值范围为 1～3。

设置相关的参数后，单击 确定 按钮，效果如图 10.12.9 所示。

图 10.12.9　应用木刻滤镜前后的效果对比

10.12.9　海绵

海绵滤镜是使用颜色对比强烈、纹理较重的区域创建图像，使图像看上去好像是用海绵绘制的。打开一幅图像，选择菜单栏中的 滤镜(T) → 艺术效果 → 海绵... 命令，弹出“海绵”对话框。

在 画笔大小(B) 输入框中输入数值，可以设置画笔笔刷的大小，其取值范围为 0～10。

在 清晰度(D) 输入框中输入数值，可以设置画笔的粗细程度，其取值范围为 0～25。

在 平滑度(S) 输入框中输入数值，可以设置效果的平滑程度，其取值范围为 1～15。

设置想关的参数后，单击 确定 按钮，效果如图 10.12.10 所示。

图 10.12.10　应用海绵滤镜前后的效果对比

10.13　杂色滤镜组

杂色滤镜组可以在图像中随机地添加或减少杂色，这有利于将选区混合到周围的像素中。选择 滤镜(T) → 杂色 命令，弹出如图 10.13.1 所示的杂色滤镜组子菜单。

图 10.13.1　杂色滤镜组子菜单

10.13.1 中间值

利用中间值滤镜命令可消除或减少图像中动感效果，使图像变得平滑。打开一幅图像，选择 滤镜(T) → 杂色 → 中间值... 命令，弹出“中间值”对话框。

在 半径(R): 输入框中输入数值，可设置图像中像素的色彩平均化。

设置相关的参数后，单击 确定 按钮，效果如图 10.13.2 所示。

图 10.13.2 应用中间值滤镜前后的效果对比

10.13.2 蒙尘与划痕

蒙尘与划痕滤镜命令是通过不同的像素来减少图像中的杂色。打开一幅图像，选择 滤镜(T) → 杂色 → 蒙尘与划痕... 命令，弹出“蒙尘与划痕”对话框。

在 半径(R): 输入框中输入数值，可设置清除缺陷的范围。

在 阈值(T): 输入框中输入数值，可设置进行处理的像素的阈值。

设置相关的参数后，单击 确定 按钮，效果如图 10.13.3 所示。

图 10.13.3 应用蒙尘与划痕滤镜前后的效果对比

10.13.3 添加杂色

利用添加杂色滤镜命令可给图像添加杂点。打开一幅图像，选择 滤镜(T) → 杂色 → 添加杂色... 命令，弹出“添加杂色”对话框。

在 数量(A): 输入框中输入数值，可设置添加杂点的数量。

在 分布 选项区中可设置杂点的分布方式，包括 平均分布(U) 和 高斯分布(G) 两个单选按钮。

选中 单色(M) 复选框，可增加图像的灰度，设置杂点的颜色为单色。

设置相关的参数后，单击 确定 按钮，效果如图 10.13.4 所示。

图 10.13.4　应用添加杂色滤镜前后的效果对比

10.13.4　去斑

去斑滤镜可以保留图像边缘而轻微模糊图像，从而去除较小的杂色。用户可以利用它来减少干扰或模糊过于清晰的区域，并可除去扫描图像中的波纹图案。打开一幅图像，选择滤镜(T)→杂色→去斑命令，系统会自动对图像进行调整。

10.14　其他滤镜

其他滤镜菜单下的滤镜不同于其他任何分类。在该组滤镜特效中，用户可以创建自己的特殊效果滤镜。选择滤镜(T)→其它命令，其子菜单如图 10.14.1 所示。下面对主要滤镜进行介绍。

图 10.14.1　其他滤镜子菜单

10.14.1　高反差保留

高反差保留滤镜可以删除图像中亮度逐渐变化的部分，并保留色彩变化最大的部分。该滤镜可以使图像中的阴影消失而亮点部分更加突出。打开一幅图像，选择菜单栏中的滤镜(T)→其它→高反差保留...命令，弹出“高反差保留”对话框。

在半径(R):输入框中输入数值，设置像素周围的距离，输入数值范围为 0.1～250。

设置相关的参数后，单击确定按钮，效果如图 10.14.2 所示。

图 10.14.2　应用高反差保留滤镜前后的效果对比

10.14.2 位移

位移滤镜将根据设定值对图像进行移动，可以用来创建阴影效果。打开一幅图像，选择菜单栏中的 滤镜(T) → 其它 → 位移... 命令，弹出“位移”对话框。

在 水平(H): 输入框中输入数值，图像将以指定的数值水平移动；在 垂直(V): 输入框中输入数值，图像将以指定的数值垂直移动。

在 未定义区域 选项区中选择移动后空白区域的填充方式，包括 设置为背景(B)、重复边缘像素(R) 和 折回(W) 3 个单选按钮。

设置相关的参数后，单击 确定 按钮，效果如图 10.14.3 所示。

图 10.14.3 应用位移滤镜前后的效果对比

10.14.3 最大值

最大值滤镜可以在指定的搜索区域中，用像素的亮度最大值替换其他像素的亮度值，因此可以扩大图像中的亮区，缩小图像中的暗区。打开一幅图像，选择菜单栏中的 滤镜(T) → 其它 → 最大值... 命令，弹出“最大值”对话框。

在 半径(R): 输入框中输入数值，可以设置选取较暗像素的距离，

设置相关的参数后，单击 确定 按钮，效果如图 10.14.4 所示。

图 10.14.4 应用最大值滤镜前后的效果对比

10.14.4 最小值

最小值滤镜与最大值滤镜刚好相反，使用最小值滤镜可以在指定的搜索区域内用像素的亮度最小值替换其他像素的亮度值，因此可以扩大图像中的暗区，缩小图像中的亮区。选择菜单栏中的 滤镜(T) → 其它 → 最小值... 命令，弹出“最小值”对话框。

在 半径(R): 输入框中输入数值，可以设置选取较亮像素的距离。

设置相关的参数后，单击 确定 按钮，效果如图 10.14.5 所示。

图 10.14.5 应用最小值滤镜前后的效果对比

10.15 作品保护滤镜

Digimarc 滤镜与其他的滤镜不同，是将数字水印嵌入到图像中储存版权及其他信息，它可以在计算机或出版物中永久保存。该类命令都包含在 滤镜(T) → Digimarc 命令子菜单中，如图 10.15.1 所示。

Digimarc ▸ 读取水印...
嵌入水印...

图 10.15.1 Digimarc 滤镜子菜单

10.15.1 嵌入水印

若要嵌入水印，必须首先向数字水印公司（该公司维护所有艺术家、设计人员和摄影师及其联系信息的数据库）注册，获得唯一的创作者 ID，然后将创作者 ID 连同版权年份或限制使用的标识符等信息一起嵌入到图像中。

默认的“水印耐久性”设置专门用于平衡大多数图像中的水印耐久性和可视性。当然，用户也可以根据图像的需要，自己调整水印耐久性的设置。低数值表示水印在图像中具有较低的可视性，耐久性也较差，而且应用滤镜效果或执行某些图像编辑、打印和扫描操作可能会损坏水印。高数值表示水印具有较高的耐久性，但可能会在图像中显示一些可见的杂色。

嵌入水印的具体操作步骤如下：

（1）打开一幅如图 10.15.2 所示的图像文件，，选择菜单栏中 滤镜(T) → Digimarc → 嵌入水印... 命令，弹出“嵌入水印”对话框，如图 10.15.3 所示。

图 10.15.2 打开图像

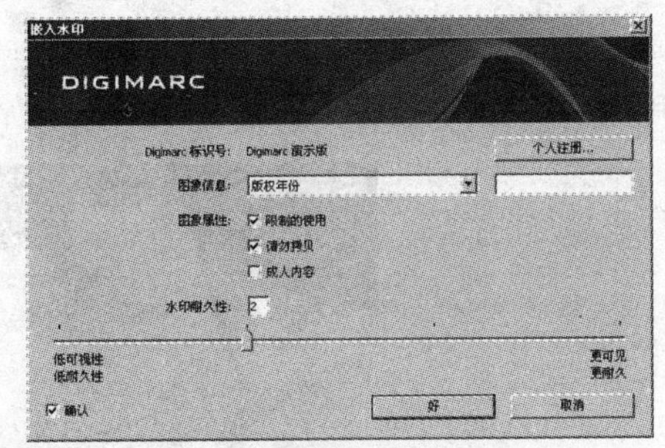

图 10.15.3 “嵌入水印”对话框

（3）将对话框的版权年份设置为“2010”，在图像属性中选中 ☑ 限制的使用 和 ☑ 请勿拷贝 复选框。

（4）单击 好 按钮，弹出“嵌入水印：验证”对话框，如图 10.15.4 所示。

（5）单击 好 按钮，弹出“Digimarc 增效工具更新”对话框，如图 10.15.5 所示。此时，单击 以后提醒我 按钮，即可完成水印的嵌入。

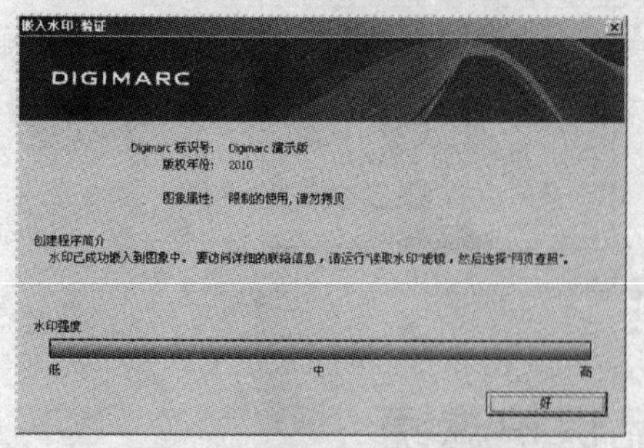

图 10.15.4 “嵌入水印：验证”对话框

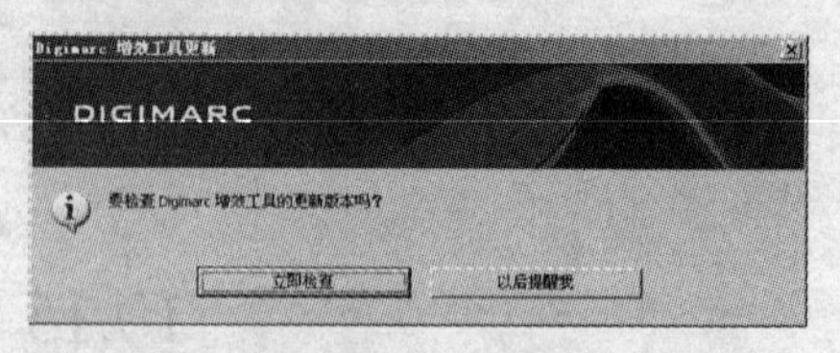

图 10.15.5 “Digimarc 增效工具更新”对话框

10.15.2 读取水印

嵌入水印后的图像会依据作者的设置差异显示在画面上。读取水印的操作步骤如下：

（1）打开设置过水印的图像，选择 滤镜(T) → Digimarc → 读取水印... 命令，弹出“水印信息”对话框，如图 10.15.6 所示。

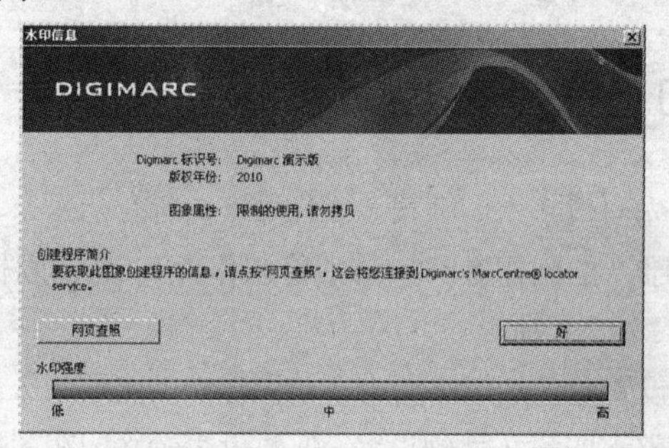

图 10.15.6 “水印信息”对话框

（2）在对话框中可观看该图像的属性和作者的版权年份，如果需要了解作者更多的信息，可单击 网页查照 按钮，在 http://www.digimarc.com 网站上查找。

10.16 课堂实训——绘制羽毛效果

本节主要利用所学的知识绘制羽毛效果，最终效果如图 10.16.1 所示。

图 10.16.1 最终效果图

操作步骤

（1）按“Ctrl + N”键，弹出“新建”对话框，新建一个图像文件，如图 10.16.2 所示。

（2）单击工具箱中的“矩形选框工具”按钮，在图像中绘制一个选区。

（3）新建图层 1，设置前景色为棕红色，按“Alt+Delete”键填充选区，效果如图 10.16.3 所示。

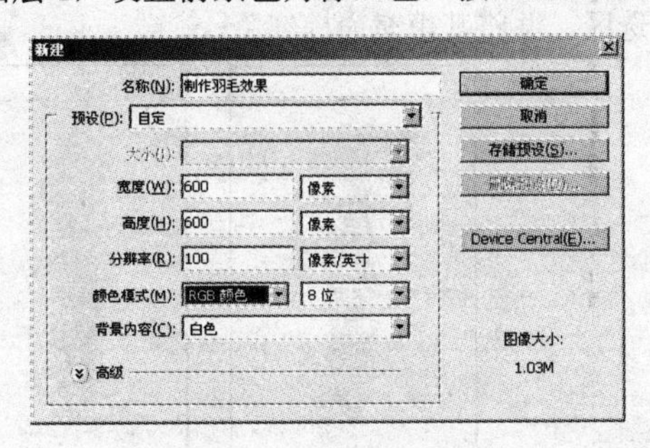

图 10.16.2 “新建”对话框

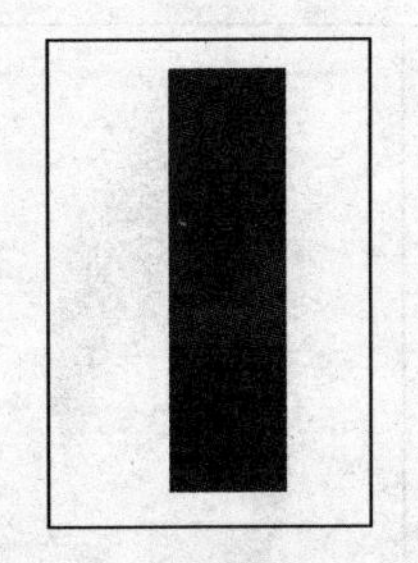

图 10.16.3 新建并填充选区

（4）将图层 1 作为当前图层，选择菜单栏中的滤镜(T)→风格化→风...命令，在弹出的“风”对话框中选中“大风”单选按钮，单击确定按钮，效果如图 10.16.4 所示。

（5）选择菜单栏中的滤镜(T)→模糊→动感模糊...命令，弹出“动感模糊”对话框，设置其对话框参数如图 10.16.5 所示。

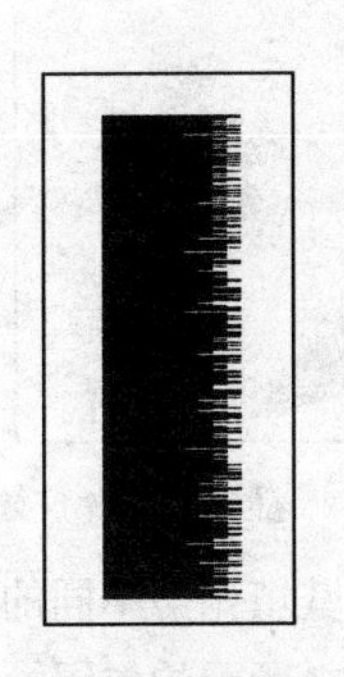

图 10.16.4 应用风滤镜效果

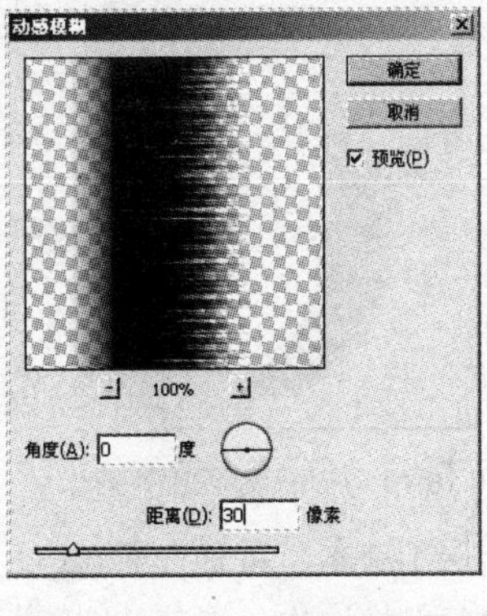

图 10.16.5 “动感模糊”对话框

（6）设置完成后，单击确定按钮，效果如图 10.16.6 所示。

（7）按“Ctrl+F”键 3 次，效果如图 10.16.7 所示。

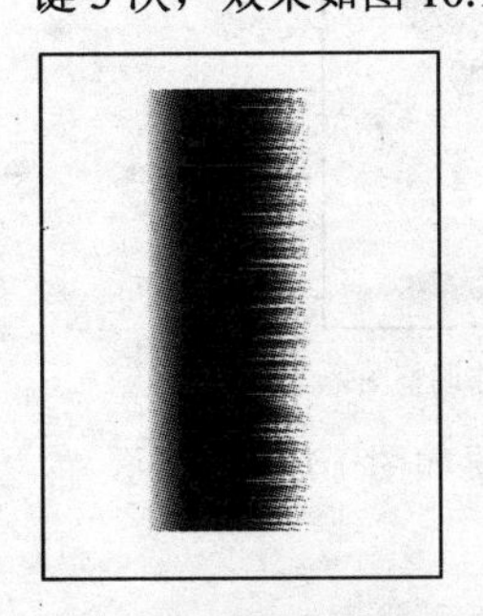

图 10.16.6 应用动感模糊滤镜效果

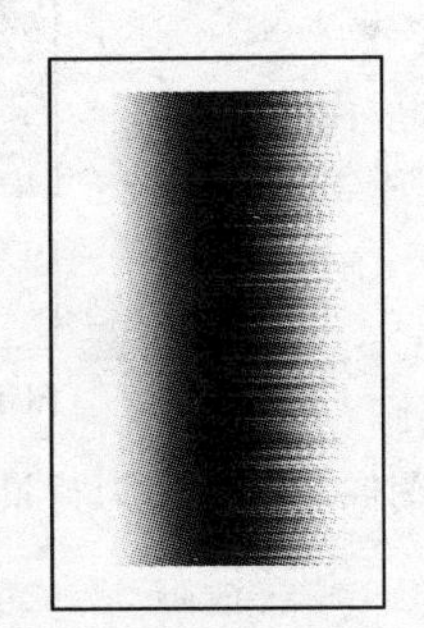

图 10.16.7 重复使用动感模糊滤镜效果

（8）按“Ctrl+T”键，对图像进行变换操作，使之为水平形状。

（9）选择菜单栏中的滤镜(T)→扭曲→极坐标...命令，在弹出的“极坐标”对话框中选中“极坐标到平面坐标”单选按钮，单击 确定 按钮，效果如图 10.16.8 所示。

（10）按“Ctrl+T”键，对图像进行变换操作，再用矩形选框工具 选取一边，按“Delete”键删除。

（11）复制图层 1 为图层 1 副本，选择 编辑(E) → 变换 → 水平翻转(H) 命令，再使用矩形选框工具在图像中绘制一个如图 10.16.9 所示的选区，并将其填充为棕红色。

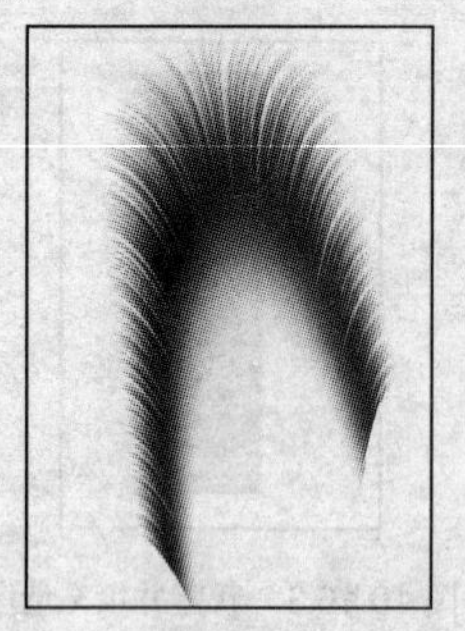

图 10.16.8　应用极坐标滤镜效果

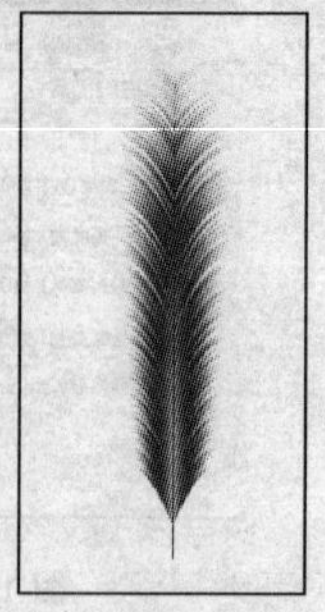

图 10.16.9　绘制并填充选区

（12）合并除背景层以外的所有图层为图层 1，选择菜单栏中的 滤镜(T) → 扭曲 → 切变... 命令，对图层 1 应用切变滤镜效果，如图 10.16.10 所示。

（13）复制图层 1 为图层 1 副本，按住“Ctrl”键将图层 1 副本载入选区，并将其填充为黄色，如图 10.16.11 所示。

图 10.16.10　应用切变滤镜效果

图 10.16.11　复制并填充选区效果

（14）复制 4 个图层 1 副本，重复步骤（13）的操作，将其填充为不同的颜色，再按“Ctrl+T”键对绘制的羽毛图像进行变换操作，将其分别移至如图 10.16.12 所示的位置。

图 10.16.12　复制并调整图像

（15）导入一幅图像，将其作为背景层，最终效果如图 10.16.1 所示。

本 章 小 结

本章主要介绍了 Photoshop CS4 中滤镜的基础知识、外挂滤镜以及内置滤镜等内容。通过本章的学习，可使读者了解和掌握滤镜的使用方法和技巧，并通过反复的实践学习，合理地搭配应用各种滤镜，创作出精美的图像。

操 作 练 习

一、填空题

1．滤镜的处理以________为单位，因此滤镜的处理效果与________有关。

2．按________键，可重复执行上次使用的滤镜。

3．________可将常用的滤镜组拼嵌到一个面板中，以折叠菜单的方式显示出来，以直接预览其效果。

4．使用________滤镜可以删除图像中亮度逐渐变化的部分，并保留色彩变化最大的部分。

5．在 Photoshop CS4 中，作品保护滤镜包括________和________。

二、选择题

1．在 Photoshop CS4 中，按（　）键，可以还原滤镜的操作。

（A）Ctrl+Alt+F　　（B）Ctrl+F

（C）Ctrl+Alt+Z　　（D）Ctrl+Z

2．在 Photoshop CS4 中，按（　）键，则会重新弹出上一次执行的滤镜对话框。

（A）Ctrl+Z　　（B）Ctrl+F

（C）Ctrl+Alt+F　　（D）Ctrl+Q

3．利用模糊滤镜中的（　）命令可使图像产生任意角度的动态模糊效果。

（A）动感模糊　　（B）高斯模糊

（C）特殊模糊　　（D）径向模糊

4．利用艺术滤镜中的（　）命令可以使图像产生一种像是用彩色蜡笔在有纹理的背景上描边的效果。

（A）干画笔　　（B）涂抹棒

（C）粗糙蜡笔　　（D）绘图笔

5．（　）滤镜是通过不同的像素来减少图像中的杂色。

（A）蒙尘与划痕　　（B）去斑

（C）中间值　　（D）最小值

三、简答题

1．简述滤镜的使用范围。

2．简述滤镜的使用方法。

3．在 Photoshop CS4 中，如何编辑智能滤镜？

四、上机操作题

1．打开一个图像文件，使用本章所学的知识，创建不同的滤镜效果。

2．使用本章所学的滤镜，制作一幅雪景图。

第 11 章 综 合 案 例

为了更好地了解并掌握 Photoshop CS4 的应用，本章准备了一些具有代表性的综合案例。所举案例由浅入深地贯穿本书的知识点，使读者能够深入了解 Photoshop 的相关功能和具体应用。

知识要点

- 标志设计
- 贺卡设计
- 宣传页设计
- 名片设计
- 建筑图后期处理
- 户外广告设计

案例 1 标 志 设 计

案例内容

本例主要进行标志设计，最终效果如图 11.1.1 所示。

图 11.1.1 最终效果图

设计思路

在制作过程中，主要用到矩形选框工具、椭圆选框工具、文本工具、变换命令以及填充命令等。

操作步骤

（1）选择 文件(E) → 新建(N)... 命令，弹出“新建”对话框，设置其对话框参数如图 11.1.2 所示。设置完成后，单击 确定 按钮，即可新建一个图像文件。

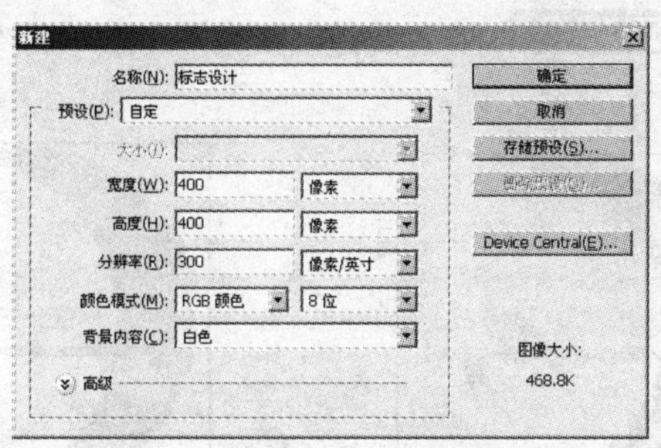

图 11.1.2　“新建”对话框

（2）单击工具箱中的“椭圆选框工具”按钮，设置其属性栏参数如图 11.1.3 所示。

图 11.1.3　“椭圆选框工具”属性栏

（3）设置完成后，绘制一个圆形，然后选择属性栏中的“从选取中减去”按钮，再绘制一个小圆形，效果如图 11.1.4 所示。

（4）新建图层 1，将前景色设置为红色，选择 编辑(E) → 填充(L)... 命令，填充选区，效果如图 11.1.5 所示。

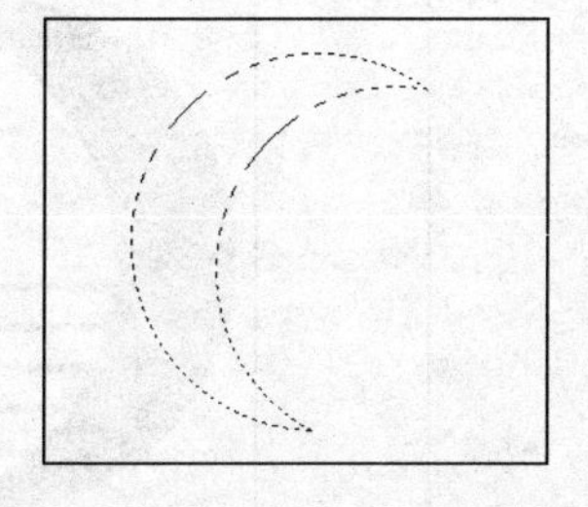

图 11.1.4　从选区中减去后的形状

图 11.1.5　填充后的效果图

（5）按“Ctrl+D”键取消选区，选择 编辑(E) → 自由变换(F) 命令，设置其属性栏参数如图 11.1.6 所示，扭曲变换后的图像效果如图 11.1.7 所示。

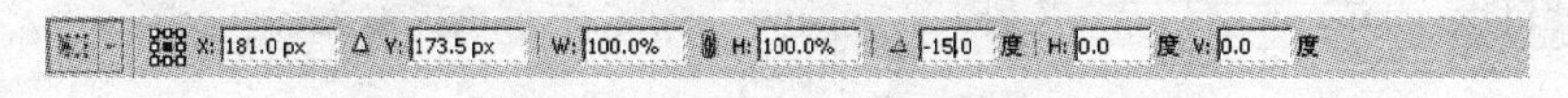

图 11.1.6　“自由变换”属性栏

（6）按“Enter”键结束变换操作，并调整其大小，效果如图 11.1.8 所示。

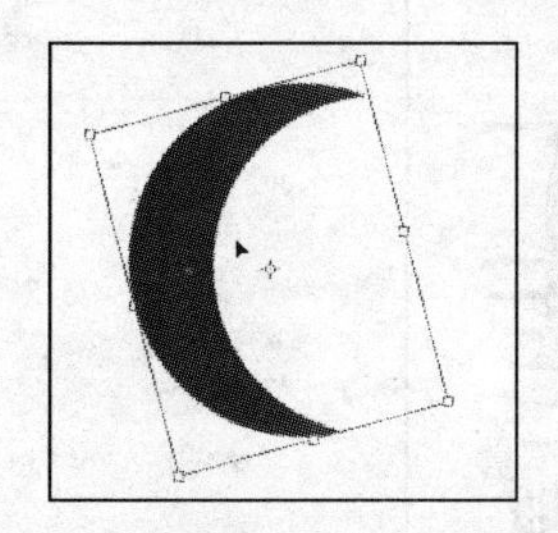

图 11.1.7　扭曲变换效果

图 11.1.8　最终变换的效果

（7）单击工具箱中的“矩形选框工具”按钮，设置其属性栏参数如图 11.1.9 所示。

图 11.1.9　“矩形选框工具”属性栏

（8）新建图层 2，在新建图像中绘制一个矩形选区，效果如图 11.1.10 所示。

（9）选择编辑(E)→填充(L)...命令，将选区填充为红色，按“Ctrl+D”键取消选区，效果如图 11.1.11 所示。

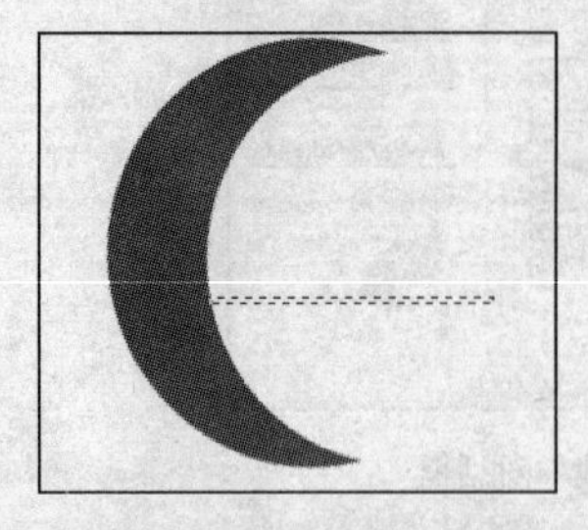

图 11.1.10　绘制选区

图 11.1.11　填充选区效果

（10）重复步骤（7）～（9）的操作，依次绘制如图 11.1.12 所示的图形。

（11）按“Ctrl+O”键，打开一幅素材，如图 11.1.13 所示。

（12）单击工具箱中的“移动工具”按钮，将素材中的人物图像拖曳到新建图像中，自动生成图层 3。

（13）按“Ctrl+T”键，执行“自由变换”命令，调整图像的大小及位置，效果如图 11.1.14 所示。

图 11.1.12　绘制图形

图 11.1.13　打开的素材

图 11.1.14　调整图像大小及位置

（14）单击工具箱中的“文本工具”按钮，设置其属性栏参数如图 11.1.15 所示。

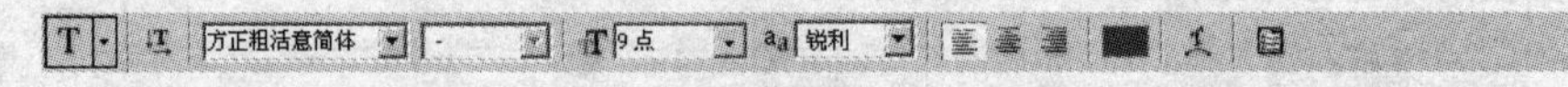

图 11.1.15　“文本工具”属性栏

（15）设置完成后，在图像中输入文字“婀娜美业”，效果如图 11.1.16 所示。

图 11.1.16　输入文字

（16）单击“文本工具”属性栏中的“创建文字变形”按钮，弹出“变形文字”对话框，设置其对话框参数如图 11.1.17 所示。

（17）设置完成后，单击 确定 按钮，效果如图 11.1.18 所示。

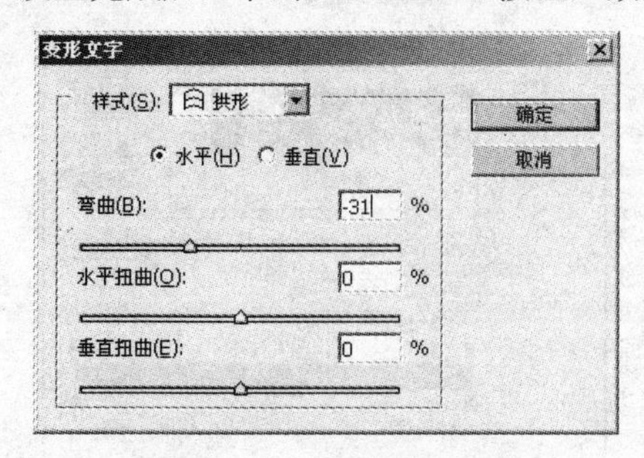

图 11.1.17　“变形文字”对话框

图 11.1.18　变形文字效果

（18）调整文字的位置，选中除背景图层外的所有图层，然后选择图层面板下方的“链接图层”按钮，最终效果如图 11.1.1 所示。

案例 2　贺 卡 设 计

案例内容

本例主要进行贺卡设计，最终效果如图 11.2.1 所示。

图 11.2.1　最终效果图

设计思路

在制作过程中，主要用到到自定形状工具、画笔工具、文本工具、路径选择工具、魔术橡皮擦工具、魔棒工具以及图层样式命令等。

操作步骤

（1）选择 文件(F) → 新建(N)... 命令，弹出“新建”对话框，设置其对话框参数如图 11.2.2 所示。设置好参数后，单击 确定 按钮，即可新建一个图像文件。

（2）单击工具箱中的“渐变工具”按钮，在其工具栏中单击选项，弹出“渐变编辑器”对话框，单击“前景到背景”按钮，设置前景色为（R：237，G：1，B：29），背景色为（R：

120，G：11，B：26)，如图 11.2.3 所示。设置好参数后，单击确定按钮。

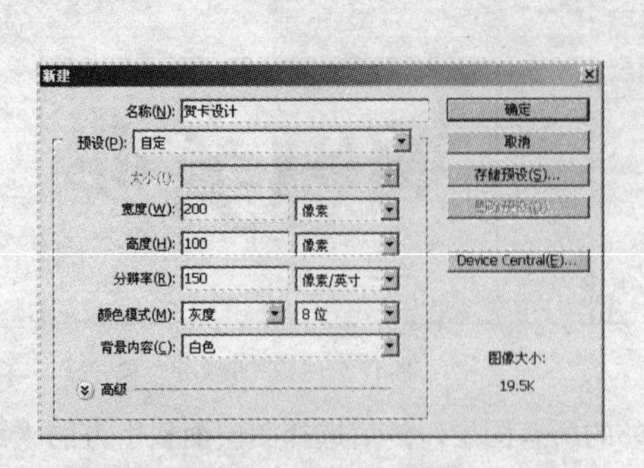

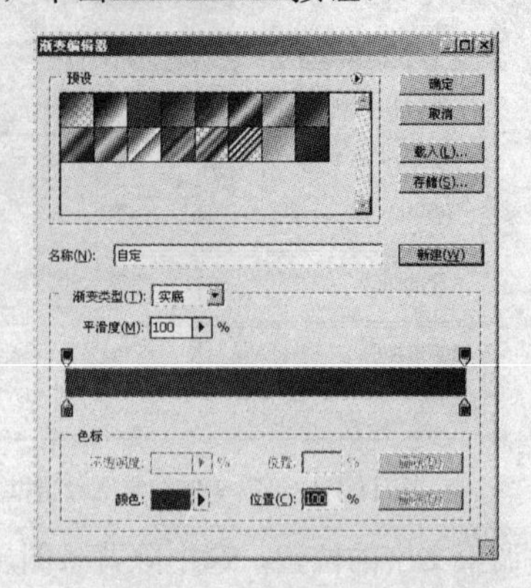

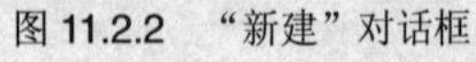
图 11.2.2 “新建”对话框　　　　图 11.2.3 “渐变编辑器”对话框

（3）利用渐变工具由左上角向右下角方向拖动，渐变填充背景图层，效果如图 11.2.4 所示。

（4）单击图层面板底部的“创建新图层”按钮，创建一个新图层并命名为背景图层，如图 11.2.5 所示。

图 11.2.4 渐变效果

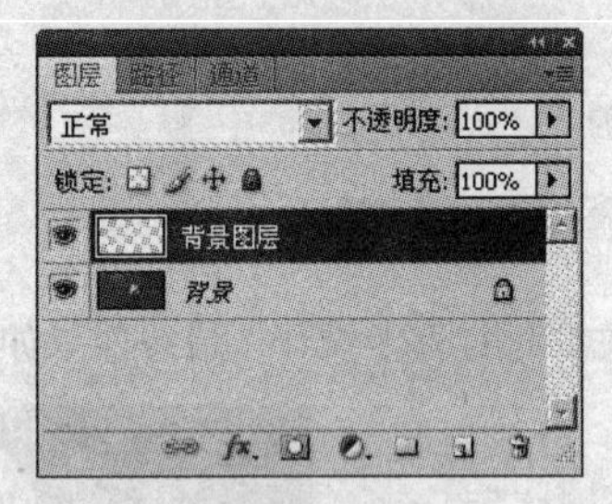

图 11.2.5 图层面板

（5）单击工具箱中的“自定形状工具”按钮，设置其属性栏参数如图 11.2.6 所示。

图 11.2.6 “自定形状工具”属性栏

（6）将背景图层作为当前可编辑图层，在画布的左上角绘制一个形状，然后单击“路径选择工具”按钮，按住“Alt”键移动形状进行均匀复制，让形状布满画布，效果如图 11.2.7 所示。

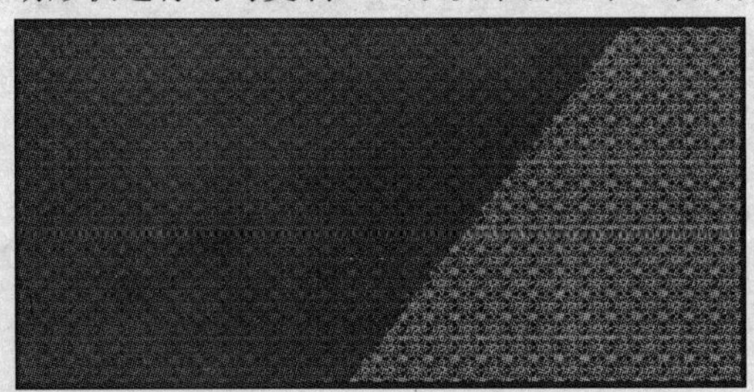
图 11.2.7 绘制并复制形状

（7）选择窗口(W)→路径命令，打开路径面板，选择路径面板中的“将路径作为选区载入”按钮，将自定形状转化为选区。

（8）单击图层面板底部的“锁定透明像素”按钮，设置前景色为（R：248，G：240，B：10)，按“Alt+Delete”键填充背景图层，并将图层混合模式设为“正片叠底”不透明度设置为“30%”，效果如图 11.2.8 所示。

图 11.2.8　叠加效果

（9）单击工具箱中的“横排文字工具”按钮T，设置其属性栏参数如图 11.2.9 所示。设置好参数后，在新建图像中输入“兔年快乐”。

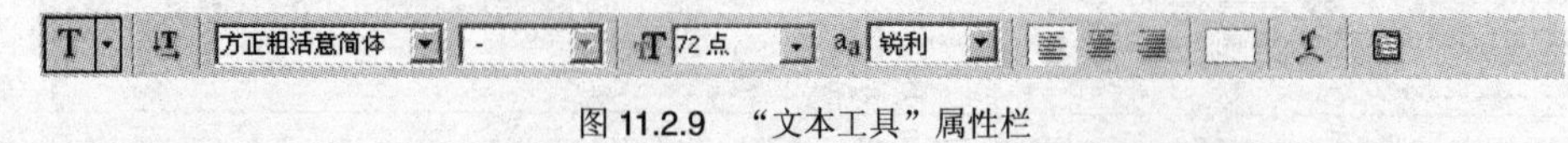

图 11.2.9　“文本工具”属性栏

（10）使用鼠标右键单击文字图层，从弹出的快捷菜单中选择栅格化文字选项，将文字栅格化。

（11）选择图层(L)→图层样式(Y)→投影(D)...选项，弹出“图层样式”对话框，设置其对话框参数如图 11.2.10 所示。然后在对话框左侧选中☑内阴影选项，设置其对话框参数如图 11.2.11 所示。

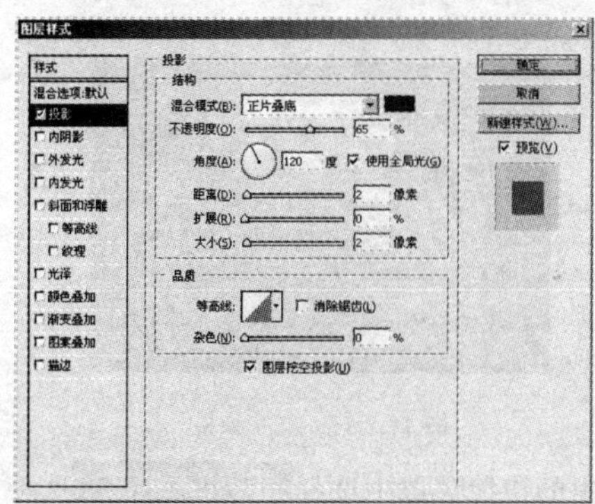

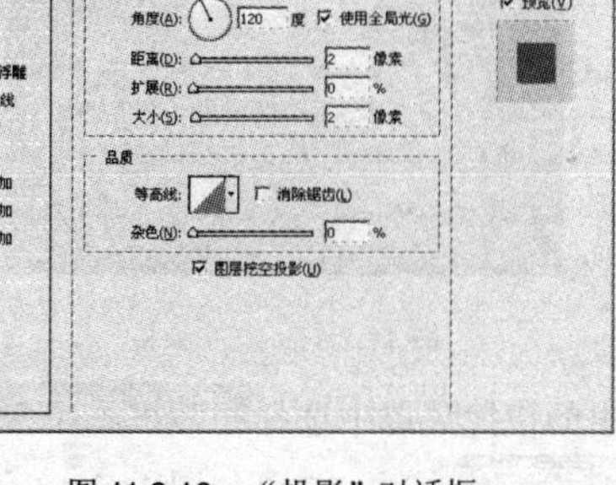

图 11.2.10　“投影”对话框　　图 11.2.11　“内阴影”对话框

（12）选中☑内发光选项，设置其对话框参数如图 11.2.12 所示，双击发光颜色，在弹出的“拾色器”对话框中设置颜色，如图 11.2.13 所示。

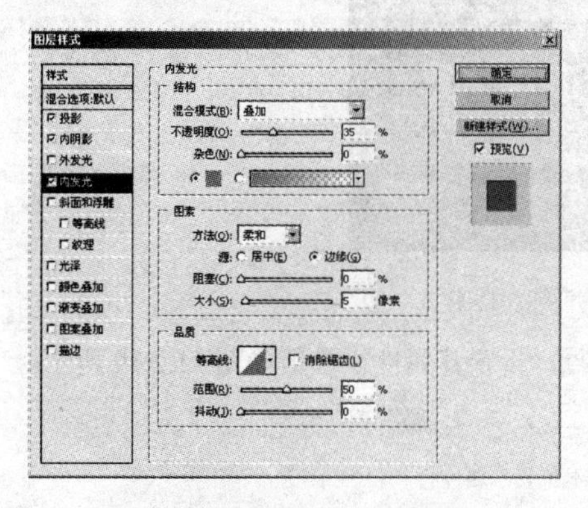

图 11.2.12　“内发光”对话框

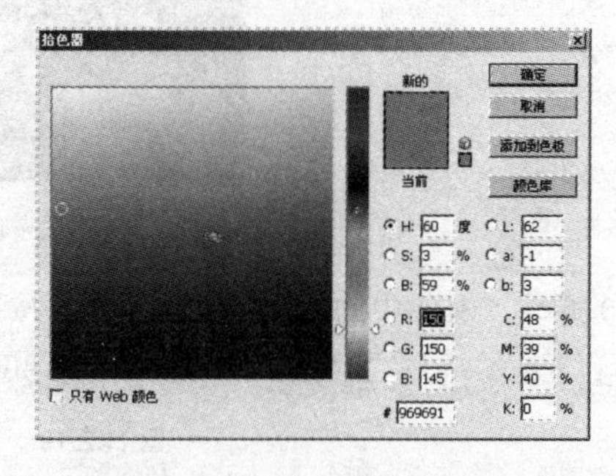

图 11.2.13　“拾色器”对话框

（13）选中☑斜面和浮雕选项，设置其对话框参数如图 11.2.14 所示。

（14）选中☑渐变叠加选项，双击渐变条选项，弹出“渐变叠加”对话框，设置色标 1 颜色为（R：230，G：117，B：7）；色标 2 颜色为（R：249，G：230，B：13），如图 11.2.15 所示。

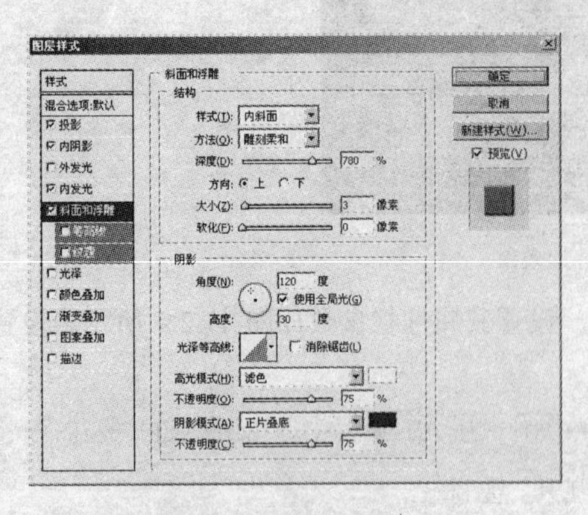

图 11.2.14 “斜面和浮雕”对话框

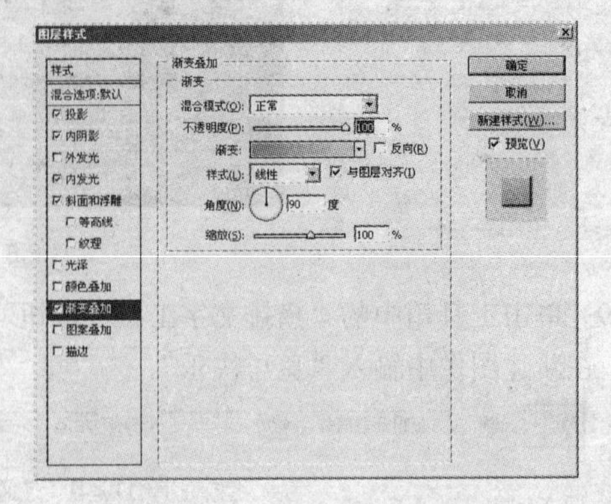

图 11.2.15 “渐变叠加”对话框

（15）单击 确定 按钮，得到的文字效果如图 11.2.16 所示。

（16）单击工具箱中的“横排文字工具”按钮 T，在其属性栏中设置好字体与字号后，在新建图像中输入文本“2011”，效果如图 11.2.17 所示。

图 11.2.16 添加图层样式效果

图 11.2.17 文字效果

（17）使用鼠标右键单击“兔年快乐”图层，在弹出的快捷菜单中选择 拷贝图层样式 选项，再右键单击“2011”图层，在弹出的快捷菜单中选择 粘贴图层样式 选项，效果如图 11.2.18 所示。

图 11.2.18 复制并粘贴图层样式

（18）单击工具箱中的“横排文字工具”按钮 T，设置其属性栏参数如图 11.2.19 所示。

图 11.2.19 “文本工具”属性栏

（19）设置好参数后，在新建图像中输入文本，并对其进行栅格化，然后重复步骤（17）的操作，为文本图层添加图层样式，效果如图 11.2.20 所示。

（20）按“Ctrl+O”键，打开一幅“兔子”的图片，如图 11.2.21 所示。

（21）单击工具箱中的“魔术橡皮擦工具”按钮，设置容差值为“35”，选中“连续”复选框，在图片白色区域单击，删除素材图层的背景，效果如图 11.2.22 所示。

图 11.2.20　添加图层样式

图 11.2.21　打开的图片

（22）单击工具箱中的“魔棒工具”按钮，选中透明背景区域建立选区，选择 选择(S) → 反向(I) 命令反选选区，将“兔子”图像拖曳到新建图像中，并复制“2011”的图层样式到“兔子”图层中，效果如图 11.2.23 所示。

图 11.2.22　擦除背景

图 11.2.23　粘贴图层样式

（23）单击工具箱中的“自定形状工具”按钮，设置其属性栏参数如图 11.2.24 所示。

图 11.2.24　“自定形状工具”属性栏

（24）设置好参数后，在新建图像中绘制一个形状，并调整其大小及位置，然后单击工具箱中的“渐变工具”按钮，双击渐变条选项，弹出“渐变编辑器”对话框，设置渐变色为橙、黄、橙，如图 11.2.25 所示。

（25）单击 确定 按钮，由上向下拖曳鼠标填充渐变，效果如图 11.2.26 所示。

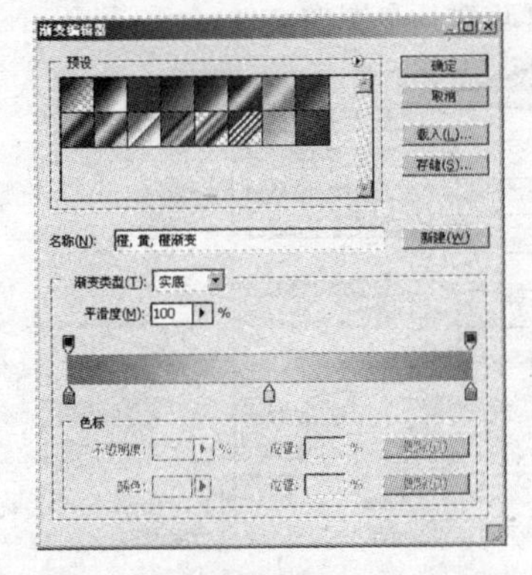

图 11.2.25　“渐变编辑器”对话框

图 11.2.26　填充渐变效果

（26）选择 图层(L) → 复制图层(D)... 命令，弹出“复制图层”对话框，在该对话框中将名称改为“花纹 2”，再选择 编辑(E) → 变换 → 水平翻转(H) 命令，翻转花纹并调整其位置，最终效果如图 11.2.1 所示。

案例 3　宣传页设计

案例内容

本例主要进行宣传页设计，最终效果如图 11.3.1 所示。

图 11.3.1　最终效果图

设计思路

在制作过程中，主要用到钢笔工具、风滤镜、极坐标滤镜、高斯模糊滤镜、文字工具、变换命令以及图层样式命令等。

操作步骤

（1）启动 Photoshop CS4 应用程序，按“Ctrl+N”键，弹出“新建”对话框，设置其对话框参数如图 11.3.2 所示，单击 确定 按钮，可新建一个图像文件。

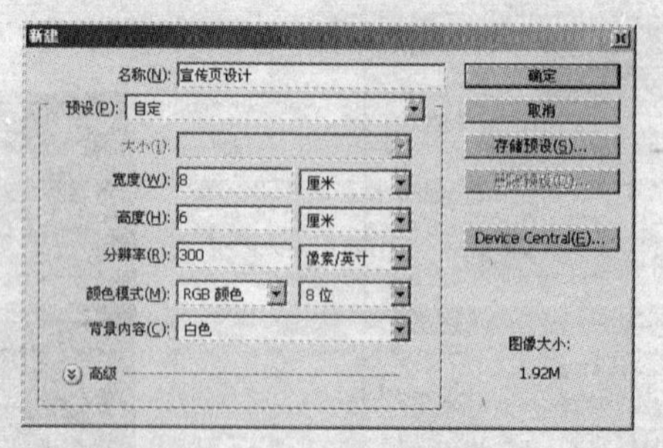

图 11.3.2　“新建”对话框

（2）单击工具箱中的“钢笔工具”按钮，在新建图像的右侧绘制一个路径。

（3）切换至路径面板，双击当前的“工作路径”，弹出“存储路径”对话框，单击 确定 按钮，将其保存为“路径1”，如图11.3.3所示。

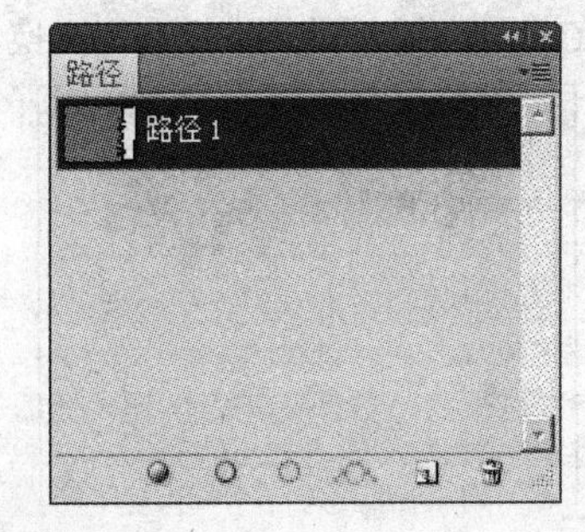

图11.3.3　绘制路径

（4）新建图层1，按“Ctrl+Enter”键，将“路径1”转换为选区，设置前景色的颜色为（C：72，M：64，Y：64，K：20），按“Alt+Delete”键填充选区，效果如图11.3.4所示。

（5）单击工具箱中的“钢笔工具”按钮，在文件的右侧再绘制路径，重复步骤（2），（3）的操作，将其存储为“路径2”。

（6）按“Ctrl+Enter”键，将“路径2”转换为选区。

（7）新建图层2，设置前景色为（C：84，M：72，Y：71，K：44），按“Alt+Delete”键，对选区进行填充。

（8）重复步骤（2），（3）的操作，在文件的右侧再绘制一个路径，将其存储为“路径3”。

（9）新建图层3，设置前景色为黑色，按“Ctrl+Enter”键，将“路径3”转换为选区，按“Alt+Delete”键填充选区，效果如图11.3.5所示。

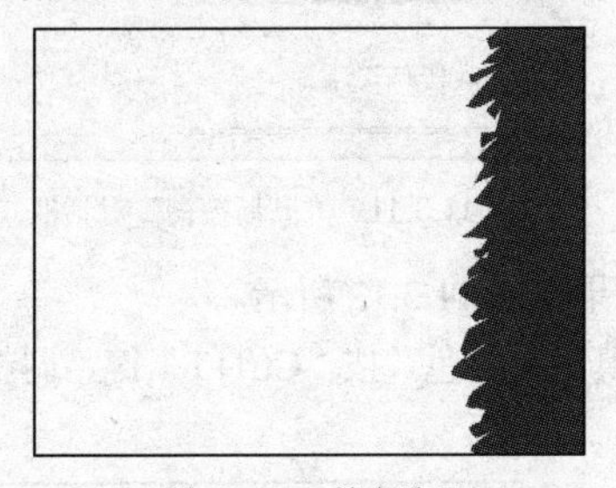

图11.3.4　填充选区

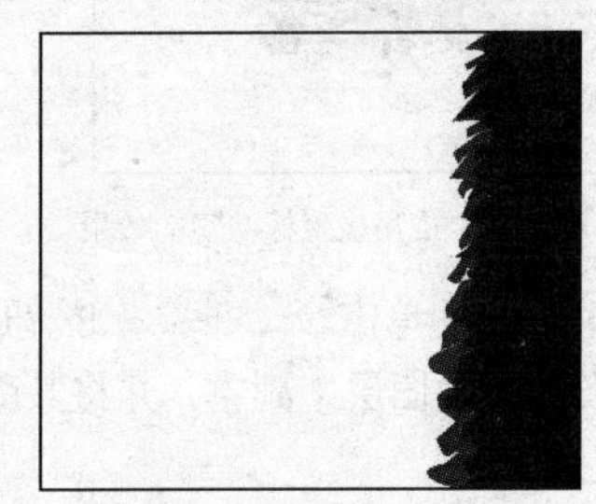

图11.3.5　填充选区

（10）将图层4作为当前图层，选择菜单栏中的 滤镜(T) → 风格化 → 风... 命令，设置其对话框参数如图11.3.6所示。

（11）按“Ctrl+F”键2次，并对图层2和图层3使用“风”滤镜，效果如图11.3.7所示。

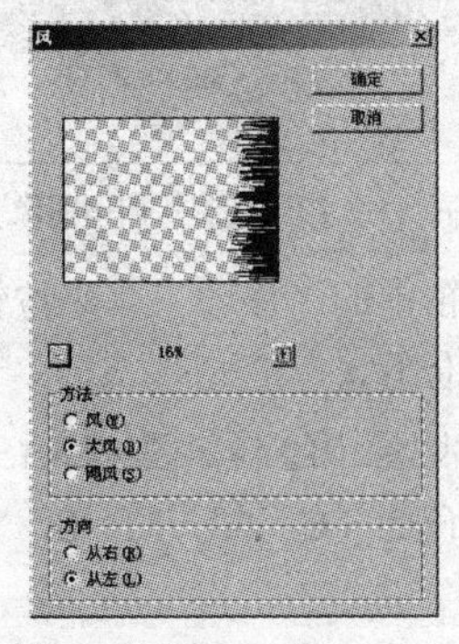

图11.3.6　“风”对话框

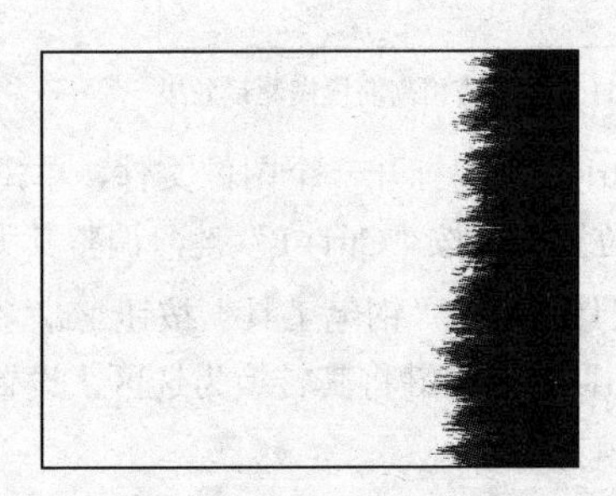

图11.3.7　应用风滤镜效果

（12）在图层面板中合并除背景层以外的其他图层为图层 1，选择菜单栏中的编辑(E)→变换→旋转 90 度(逆时针)(0)命令，并使用移动工具将其移至如图 11.3.8 所示的位置。

（13）按“Ctrl+T”键，对其执行自由变换，效果如图 11.3.9 所示。

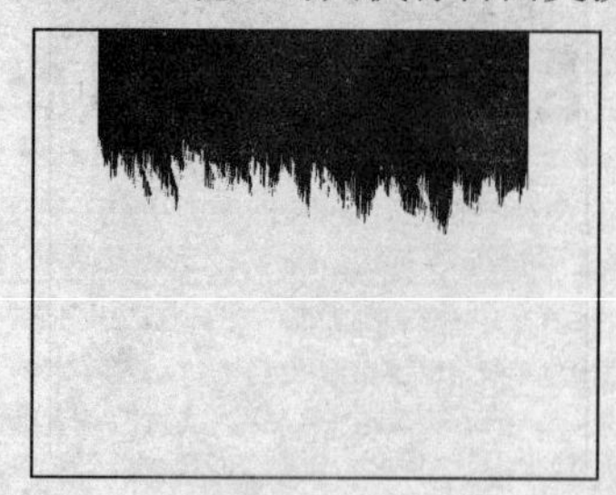

图 11.3.8　旋转画布

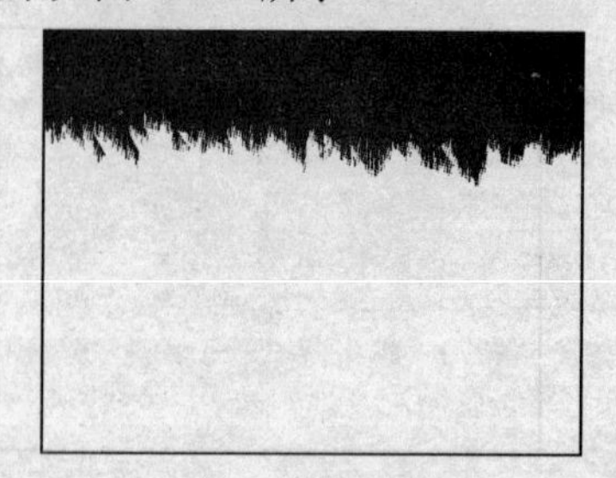

图 11.3.9　执行变换操作

（14）选择菜单栏中的滤镜(T)→扭曲→极坐标...命令，在弹出的对话框中选中“平面坐标到极坐标”单选按钮，单击确定按钮，效果如图 11.3.10 所示。

（15）按“Ctrl+T”键，对其执行自由变换，选择菜单栏中的滤镜(T)→模糊→高斯模糊...命令，设置其对话框参数如图 11.3.11 所示。

图 11.3.10　应用极坐标滤镜的效果

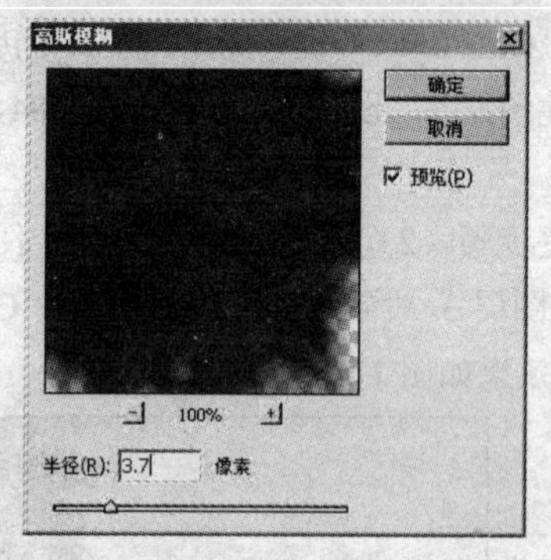

图 11.3.11　“高斯模糊”对话框

（16）设置完成后，单击确定按钮，效果如图 11.3.12 所示。

（17）复制图层 1 为图层 1 副本，并将其颜色填充为灰色，按“Ctrl+T”键，调整其大小及位置，效果如图 11.3.13 所示。

图 11.3.12　应用高斯模糊滤镜效果

图 11.3.13　复制并调整图像

（18）按“Ctrl+O”键打开一个图像文件，单击工具箱中的“移动工具”按钮，将其移至如图 11.3.14 所示的位置，并按“Ctrl+T”键，调整其大小及位置。

（19）单击工具箱中的“钢笔工具”按钮，在新建图像中绘制如图 11.3.15 所示的路径。

（20）按“Ctrl+Enter”键将其转换为选区，设置前景色为（C：60，M：0，Y：96，K：0），按“Alt+Delete”键填充选区。

图 11.3.14　复制并调整图像

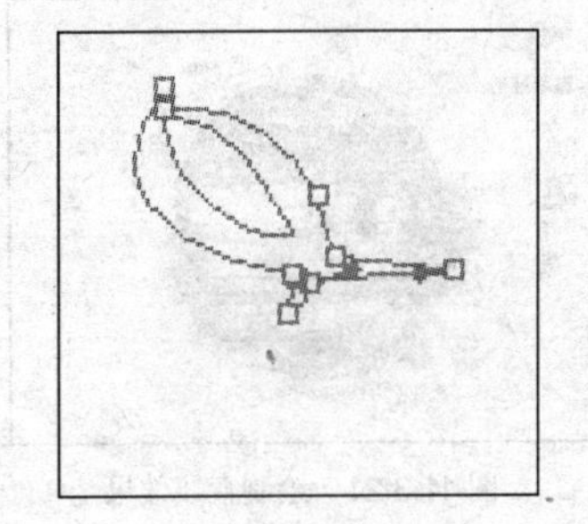

图 11.3.15　绘制路径

（21）单击工具箱中的“自定形状工具”按钮，在图像中绘制一个如图 11.3.16 所示的形状。

（22）按“Ctrl+Enter”键将其转换为选区，设置前景色为（C：15，M：96，Y：100，K：0），按“Alt+Delete”键填充选区，效果如图 11.3.17 所示。

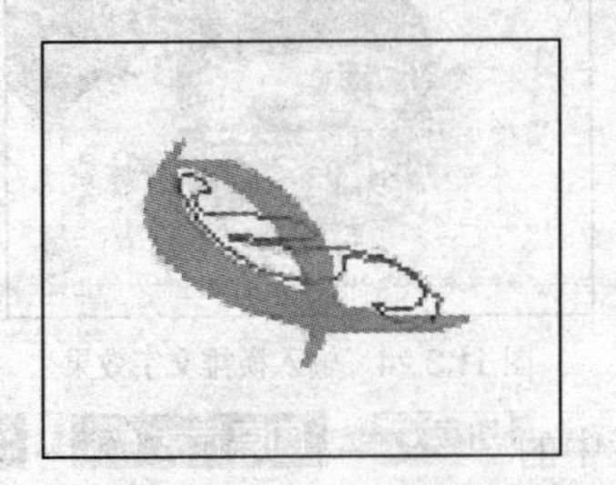

图 11.3.16　绘制形状

图 11.3.17　填充选区

（23）单击工具箱中的“横排文字工具”按钮，设置其属性栏参数如图 11.3.18 所示。

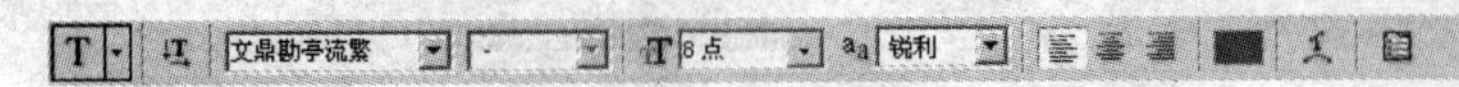

图 11.3.18　“文字工具”属性栏

（24）设置好参数后，在新建图像中输入文字，效果如图 11.3.19 所示。

（25）单击工具箱中的“直排文字工具”按钮，在其属性栏中设置字体与字号，在图像中输入如图 11.3.20 所示的文字。

图 11.3.19　输入横排文字效果

图 11.3.20　输入直排文字效果

（26）单击工具箱中的“铅笔工具”按钮，按住“Shift”键，在新建图像中绘制一条垂直线，效果如图 11.3.21 所示。

（27）单击工具箱中的“直排文字工具”按钮，在其属性栏中设置字体与字号，在新建图像中输入如图 11.3.22 所示的文字。

（28）重复步骤（18）的操作，分别打开两幅图像文件，将其移至新建图像中，效果如图 11.3.23 所示。

图 11.3.21　绘制直线效果

图 11.3.22　输入直排文字效果

（29）单击工具箱中的“横排文字工具”按钮T，在其属性栏中设置字体与字号，在新建图像中输入联系方式，如图 11.3.24 所示。

图 11.3.23　复制并移动图像

图 11.3.24　输入横排文字效果

（30）将“温”字图层作为当前图层，选择菜单栏中的 图层(L) → 图层样式(Y) → 渐变叠加(G)... 命令，弹出“图层样式”对话框，设置参数如图 11.3.25 所示。

（31）在“图层样式”对话框中为文字添加斜面和浮雕效果，设置参数如图 11.3.26 所示。

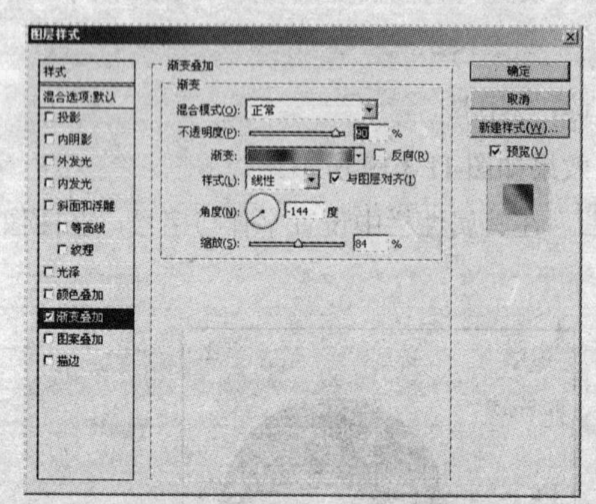

图 11.3.25　设置“渐变叠加”选项

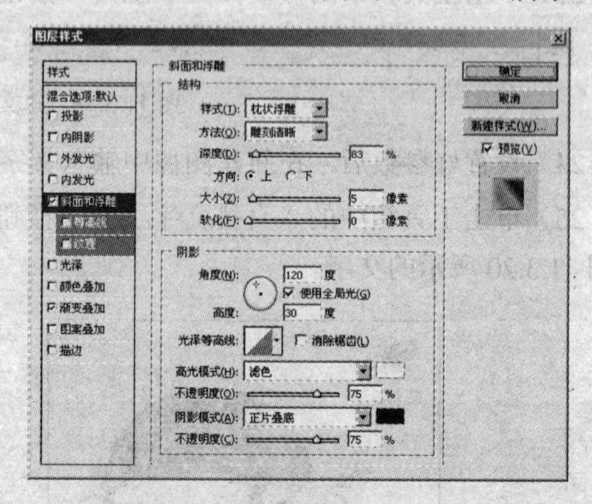

图 11.3.26　设置“斜面和浮雕”选项

（32）设置完成后，单击 确定 按钮，最终效果如图 11.3.1 所示。

案例 4　名 片 设 计

案例内容

本例主要进行名片设计，最终效果如图 11.4.1 所示。

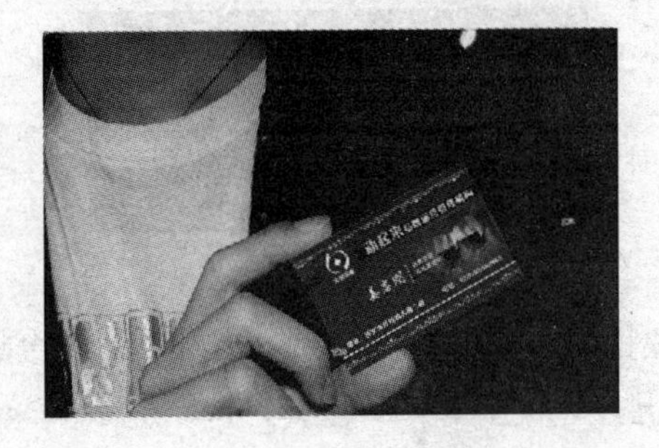

图 11.4.1 最终效果图

设计思路

在制作过程中，主要用到椭圆选框工具、矩形选框工具、文本工具、移动工具、变换命令以及图层样式命令等。

操作步骤

（1）启动 Photoshop CS4 应用程序，按“Ctrl+N”键，弹出“新建”对话框，设置其对话框参数如图 11.4.2 所示，单击 确定 按钮，可新建一个图像文件。

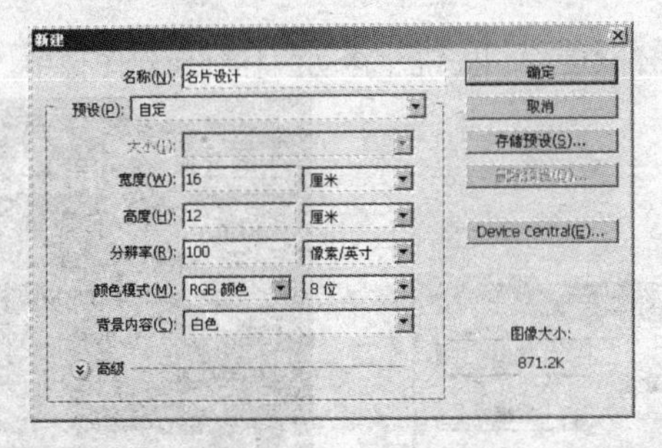

图 11.4.2 “新建”对话框

（2）单击工具箱中的“矩形选框工具”按钮，在图像中单击并拖动鼠标，绘制并填充选区为“暗红色”，如图 11.4.3 所示。

（3）新建图层，单击“矩形选框工具”按钮，选择“矩形选框工具”属性栏中的“添加到选区”按钮，绘制两个矩形，并填充为黑色，如图 11.4.4 所示。

图 11.4.3 绘制并填充选区 1

图 11.4.4 绘制并填充选区 2

（4）按“Ctrl+O”键，打开企业标志，单击“移动工具”按钮将标志图像拖到新建图层中，自动生成新的图层，按“Ctrl+T”键调整其大小及位置，如图 11.4.5 所示。

图 11.4.5　复制并调整图像

（5）单击工具箱中的“横排文字工具”按钮T，设置其属性栏参数如图 11.4.6 所示。

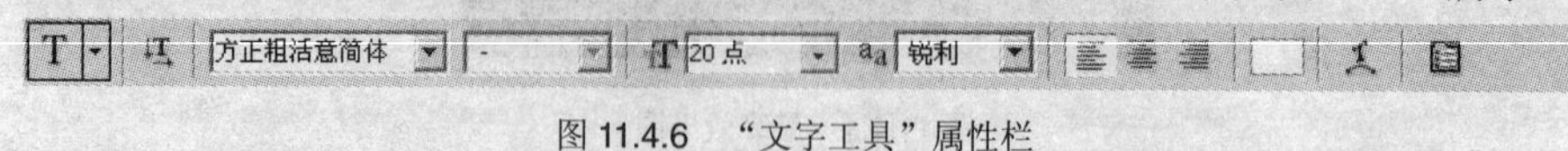

图 11.4.6　“文字工具”属性栏

（6）设置好参数后，在新建图像中输入文字，效果如图 11.4.7 所示。

（7）按“Ctrl+O”键，打开一幅酒杯图像，单击工具箱中的“矩形选框工具”按钮，绘制一个选区，如图 11.4.8 所示。

图 11.4.7　输入文字 1

图 11.4.8　绘制选区

（8）选择 选择(S) → 修改(M) → 羽化(F)... Shift+F6 命令，弹出“羽化选区”对话框，设置其对话框参数如图 11.4.9 所示。

（9）设置完成后，单击 确定 按钮，移动酒杯到新建图像中，效果如图 11.4.10 所示。

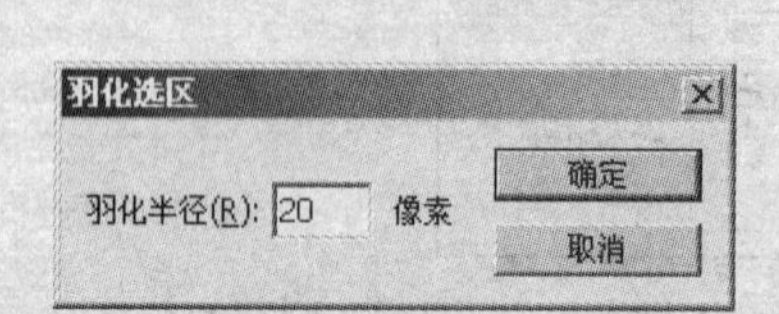

图 11.4.9　“羽化选区”对话框

图 11.4.10　羽化图像效果

（10）单击工具箱中的“横排文本工具”按钮T，在其属性栏中设置好字体和字号后，在新建图像中输入白色文字，效果如图 11.4.11 所示。

（11）单击工具箱中的“横排文本工具”按钮T，在图像中输入人名和职位，效果如图 11.4.12 所示。

图 11.4.11　输入文字 2

图 11.4.12　输入人名和职位

（12）单击工具箱中的“直线工具”按钮，在新建图像中绘制一个垂直的白色直线，效果如图 11.4.13 所示。

（13）再使用文本工具在新建图像中输入地址和联系方式，效果如图 11.4.14 所示。

图 11.4.13　绘制直线

图 11.4.14　输入地址和联系方式

（14）单击工具箱中的“矩形选框工具”按钮，在新建图像中绘制一个白色矩形，效果如图 11.4.15 所示。

图 11.4.15　绘制白色矩形

（15）新建一个名为“花纹”的图层，单击工具箱中的“自定形状工具”按钮，设置其属性栏参数如图 11.4.16 所示。

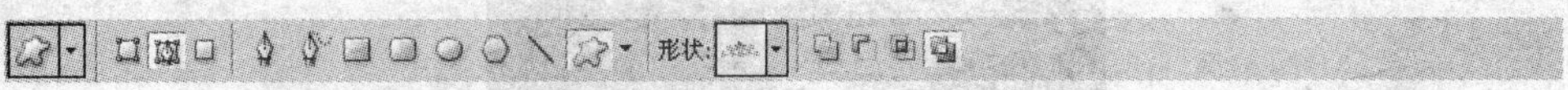

图 11.4.16　“自定形状工具”属性栏

（16）设置好参数后，在新建图像中绘制一个花纹路径，按“Ctrl+Enter”键，将路径转化为选区，并将其填充为黄色，效果如图 11.4.17 所示。

（17）复制 4 个花纹图层，使用键盘上的左右键，将复制后的图像水平移动到如图 11.4.18 所示的位置。

图 11.4.17　填充选区

图 11.4.18　复制并移动图像

（18）合并所有的花纹和花纹副本图层为花纹 1，选择 编辑(E) → 变换 → 垂直翻转(V) 命令，对复制后的花纹 1 副本图层进行垂直翻转。

（19）选中垂直翻转后的图层，使用键盘中的上下键，将复制后的图像垂直上移，效果如图 11.4.19 所示。

图 11.4.19　复制并变换图像效果

（20）隐藏背景图层，按“Ctrl+Shift+Alt+E”键盖印图层，然后按“Ctrl+A”键选中盖印后的图层，对其进行复制。

（21）按“Ctrl+O”键，打开一个图像文件，将复制的图层粘贴到打开的图像中，并按“Ctrl+T”键变换图像，最终效果如图 11.4.1 所示。

案例 5　建筑图后期处理

案例内容

本例主要进行建筑图后期处理，最终效果如图 11.5.1 所示。

图 11.5.1　最终效果图

设计思路

在制作过程中，主要用到矩形选框工具、仿制图章工具、快速选择工具、磁性套索工具、橡皮擦工具、魔术橡皮擦工具、移动工具、渐变工具以及曲线命令等。

操作步骤

（1）打开一个需要处理的建筑图像文件，如图 11.5.2 所示。

图 11.5.2　打开的图像

（2）再打开一个草地图像文件，单击工具箱中的“移动工具”按钮，将其移至建筑图像中，可自动生成图层 1，如图 11.5.3 所示。

图 11.5.3　调整图像

（3）新建图层 2，将其移至背景层与图层 1 之间，确认图层 2 为当前可编辑图层，单击工具箱中的“渐变工具”按钮，在其属性栏中设置渐变色为白色到透明色的渐变，设置渐变方式为线性，然后在图像中从下向上垂直拖动鼠标填充渐变。

（4）再打开一个距离较近的草地图像文件，如图 11.5.4 所示。

（5）使用移动工具将其拖曳到当前正在编辑的图像文件中，可自动生成图层 3，调整图像大小与位置。

（6）单击工具箱中的“橡皮擦工具”按钮，对图层 3 中的图像进行擦除，如图 11.5.5 所示。

图 11.5.4　打开的图像

图 11.5.5　擦除图像

（7）单击工具箱中的“矩形选框工具”按钮，在图像中拖动鼠标绘制选区，如图 11.5.6 所示。

（8）按“Ctrl+C”键复制选区内图像，自动生成图层 3 副本，使用移动工具将其移至如图 11.5.7 所示的位置。

图 11.5.6 创建选区

图 11.5.7 复制并移动图像

（9）重复步骤（8）的操作，可得到图层 3 副本 1，使用移动工具将其移至适当的位置，效果如图 11.5.8 所示。

（10）将图层 3 作为当前可编辑图层，单击工具箱中的“仿制图章工具”按钮，对草地图像进行修饰，效果如图 11.5.9 所示。

图 11.5.8 图层 3 副本 1

图 11.5.9 修饰图像

（11）按“Ctrl+O”键，打开一幅景色图像，如图 11.5.10 所示。

（12）单击工具箱中的“磁性套索工具”按钮，抠出如图 11.5.11 所示的图像。

图 11.5.10 打开的图像

图 11.5.11 创建选区

（13）使用移动工具将其拖曳到新建图像中，并调整其大小及位置，效果如图 11.5.12 所示。

（14）选中拖曳的图像图层，复制两个图像副本，按“Ctrl+T”键分别调整其大小及位置，效果如图 11.5.13 所示。

图 11.5.12　拖曳并调整图像

图 11.5.13　复制并移动图像

（15）重复步骤（12）的操作，从打开的景色图像中抠出左边的树木图像，并将其拖曳到新建图像中，效果如图 11.5.14 所示。

（16）重复步骤（11），（12）的操作，在新建图像中添加如图 11.5.15 所示的景物。

图 11.5.14　拖曳图像到新建图像中

图 11.5.15　添加景物图像

（17）选中左上角的图像图层，按“Ctrl+M”键，弹出“曲线”对话框，设置其对话框参数如图 11.5.16 所示。

（18）设置好参数后，单击 确定 按钮，调整其图像颜色，效果如图 11.5.17 所示。

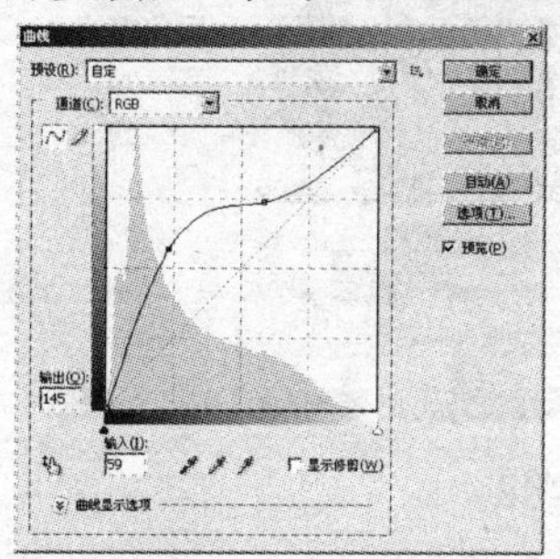

图 11.5.16　“曲线”对话框

图 11.5.17　调整图像颜色

（19）按“Ctrl+O”键，打开两个如图 11.5.18 所示的图像文件。

图 11.5.18　打开的图像

（20）单击工具箱中的“魔术橡皮擦工具”按钮，分别擦除两幅图像中的背景图案，然后使用快速选择工具选中背景图像，按“Delete”键删除选区内图像。

（21）按“Ctrl+Shift+I”键，对选区进行反选，效果如图 11.5.19 所示。

图 11.5.19 抠图效果

（22）单击工具箱中的“移动工具”按钮，分别将抠出的图像移动到新建图像中的适当位置，最终效果如图 11.5.1 所示。

案例 6 户外广告设计

案例内容

本例主要进行户外广告设计，最终效果如图 11.6.1 所示。

图 11.6.1 最终效果图

设计思路

在制作过程中，主要用到椭圆选框工具、矩形选框工具、钢笔工具、文本工具、仿制图章工具、图层样式命令以及滤镜命令等。

操作步骤

（1）选择 文件(F) → 新建(N)... 命令，弹出“新建”对话框，将背景色设置为深绿色，设置参数如图 11.6.2 所示，设置完成后，单击 确定 按钮，即可新建一个图像文件。

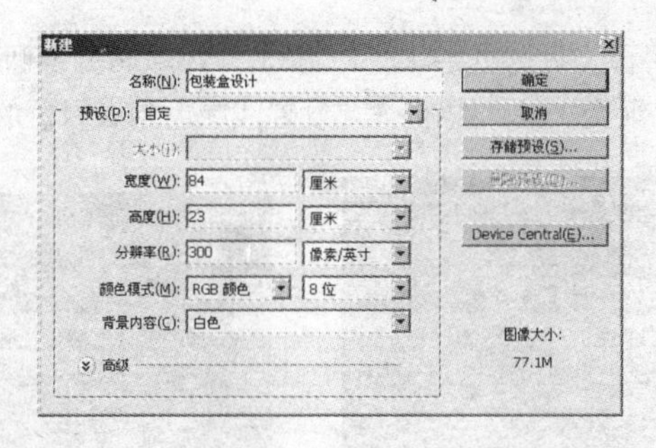

图 11.6.2　“新建”对话框

（2）单击工具箱中的“椭圆选框工具”按钮，绘制一个椭圆选区，如图 11.6.3 所示。

（3）新建图层 1，将前景色设置为浅绿色，按“Alt+Delete”键填充选区，如图 11.6.4 所示。

图 11.6.3　绘制椭圆选区

图 11.6.4　选区填充为浅绿色

（4）选择 滤镜(T) → 模糊 → 高斯模糊... 命令，弹出“高斯模糊”对话框，设置参数如图 11.6.5 所示，设置完成后，单击 确定 按钮，如图 11.6.6 所示。

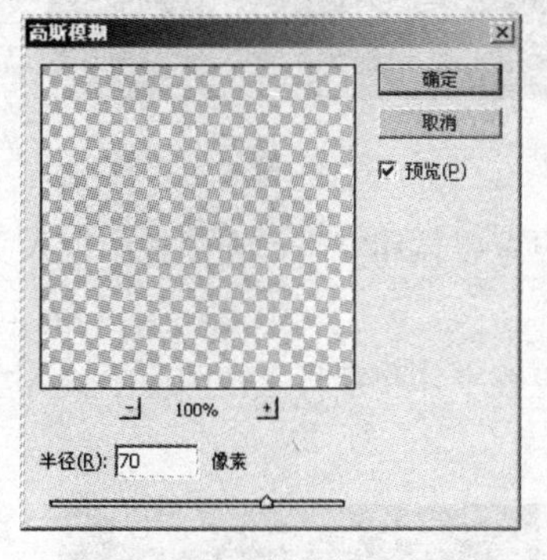

图 11.6.5　“高斯模糊”对话框

图 11.6.6　应用高斯模糊滤镜效果

（5）按“Ctrl+E”键合并可见图层，如图 11.6.7 所示。

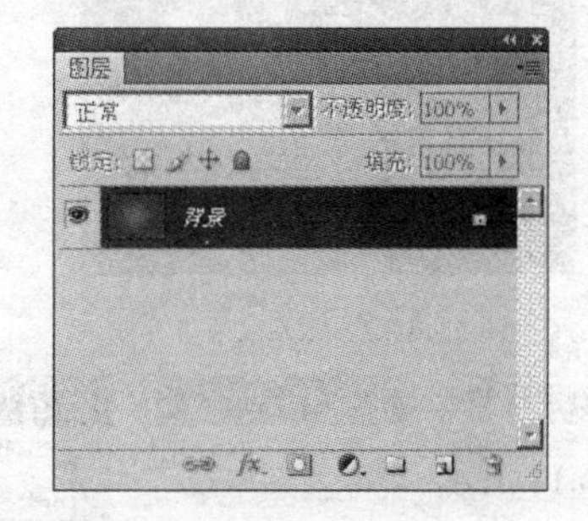

图 11.6.7　合并图层效果

（6）新建一个图层，单击“椭圆选框工具”按钮，绘制一个椭圆，如图 11.6.8 所示。

（7）单击工具箱中的“渐变工具”按钮，设置浅绿色到深绿色的径向渐变，如图 11.6.9 所示。

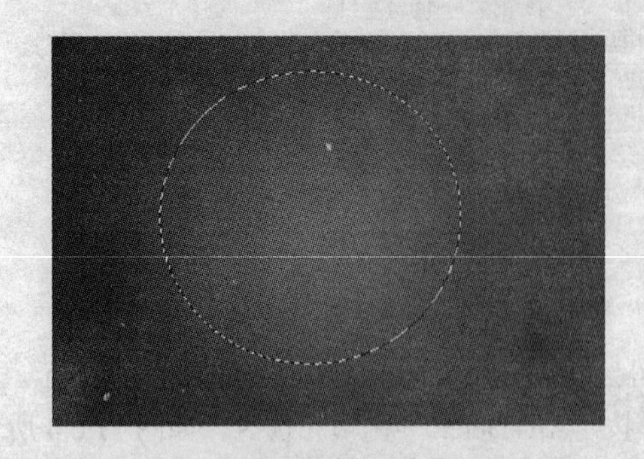

图 11.6.8　绘制椭圆选区

图 11.6.9　应用渐变填充效果

（8）选择 图层(L) → 图层样式(Y) → 描边(K)... 命令，描边为黄色，效果如图 11.6.10 所示。

（9）单击工具箱中的“文本工具”按钮 T，在图像中输入文字，并在其属性栏中设置字体和字号，设置金黄色到黑色的渐变，效果如图 11.6.11 所示。

图 11.6.10　应用描边效果

图 11.6.11　输入文字

（10）单击“文本工具”按钮 T，在其属性栏中设置字体和字号，在图像中输入文字，效果如图 11.6.12 所示。

（11）单击“文本工具”按钮 T，在其属性栏中设置字体和字号，在图像中输入文字，效果如图 11.6.13 所示。

图 11.6.12　输入文字 1

图 11.6.13　输入文字 2

（12）选择 图层(L) → 图层样式(Y) → 描边(K)... 命令，弹出“图层样式”对话框，设置其对话框参数如图 11.6.14 所示。

（13）选中“图层样式”对话框左侧的 ☑渐变叠加 选项，设置其对话框参数如图 11.6.15 所示。

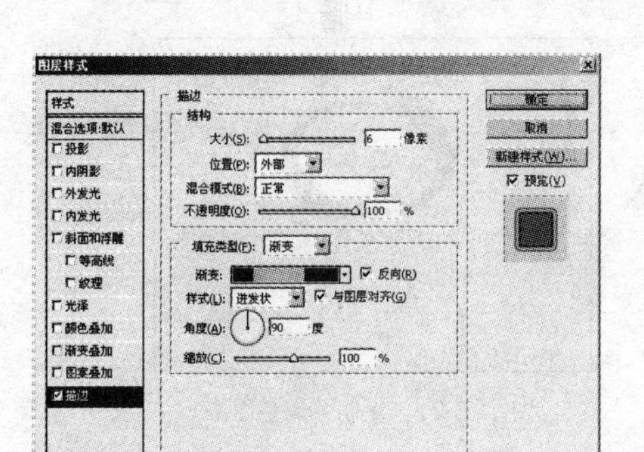

图 11.6.14　“描边”选项设置

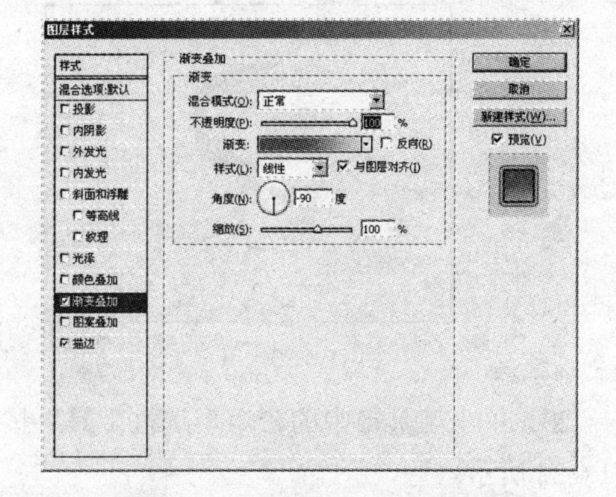

图 11.6.15　“渐变叠加”选项设置

（14）设置好参数后，单击确定按钮，效果如图 11.6.16 所示。

（15）单击工具箱中的“文本工具”按钮T，在其属性栏中设置好参数后，在图像中输入文字，然后选择图层(L)→图层样式(Y)→投影(D)...命令，弹出“图层样式”对话框，设置其对话框参数如图 11.6.17 所示。

图 11.6.16　添加图层样式效果

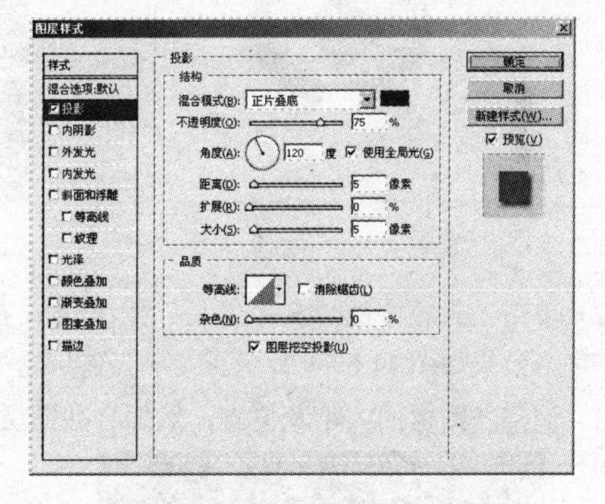

图 11.6.17　“投影”选项设置

（16）设置好参数后，单击确定按钮，效果如图 11.6.18 所示。

（17）新建一个图像文件，单击工具箱中的“钢笔工具”按钮，绘制一个对象，按“Ctrl+Enter”键载入选区，如图 11.6.19 所示。

图 11.6.18　添加投影效果

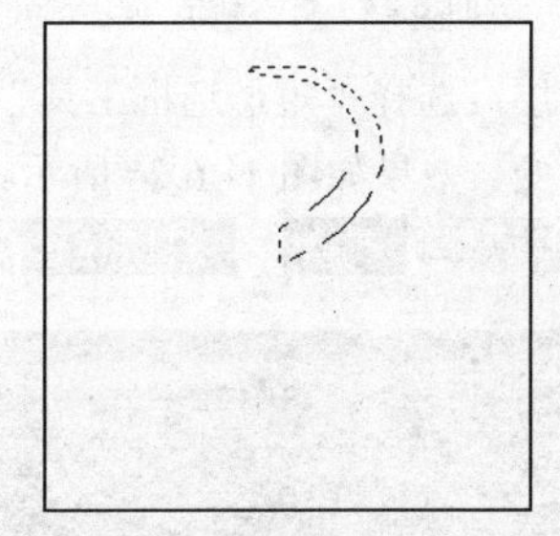

图 11.6.19　将对象载入选区

（18）新建一个图层，将选区填充为暗红色，效果如图 11.6.20 所示。

（19）复制该图层并调整图像的位置，效果如图 11.6.21 所示。

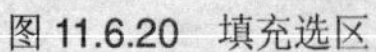

图 11.6.20　填充选区

图 11.6.21　复制并调整图像

（20）单击工具箱中的“矩形选框工具”按钮，绘制一个菱形，将其填充为暗红色，效果如图 11.6.22 所示。

（21）单击工具箱中的“移动工具”按钮，将绘制的图像拖曳到新建图像中，自动生成新的图层，并调整其大小及位置，效果如图 11.6.23 所示。

图 11.6.22　绘制菱形

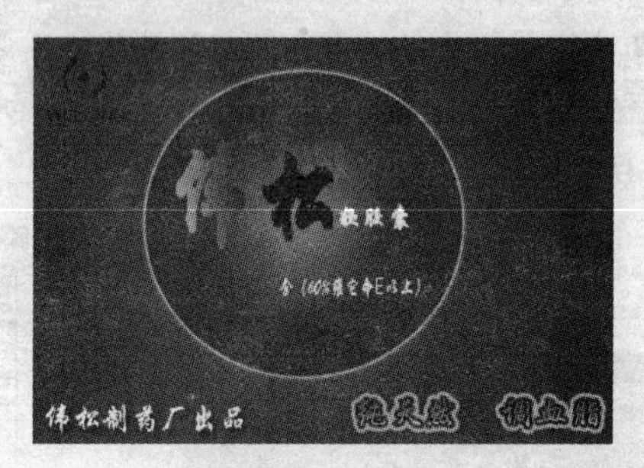

图 11.6.23　移动并调整图像

（22）单击工具箱中的“文本工具”按钮，在其属性栏中设置好字体与字号后，在新建图像中输入文字，效果如图 11.6.24 所示。

（23）调整各图像的大小及位置，然后合并图层，如图 11.6.25 所示。

图 11.6.24　输入文字

图 11.6.25　合并图层

（24）新建图层，选择“矩形选框工具”按钮，在图像中绘制矩形选区，设置深绿色到浅绿色再到深绿色的渐变，效果如图 11.6.26 所示。

（25）选择 编辑(E) → 变换 → 斜切(K) 命令，调整图像效果如图 11.6.27 所示。

图 11.6.26　渐变填充效果

图 11.6.27　调整图像

（26）新建一个图层，单击工具箱中的“椭圆选框工具”按钮，绘制一个椭圆选区，效果如图 11.6.28 所示。

（27）在“椭圆选框工具”属性栏选择“从选区中减去”按钮，再绘制一个椭圆选区，并对其进行渐变填充，效果如图 11.6.29 所示。

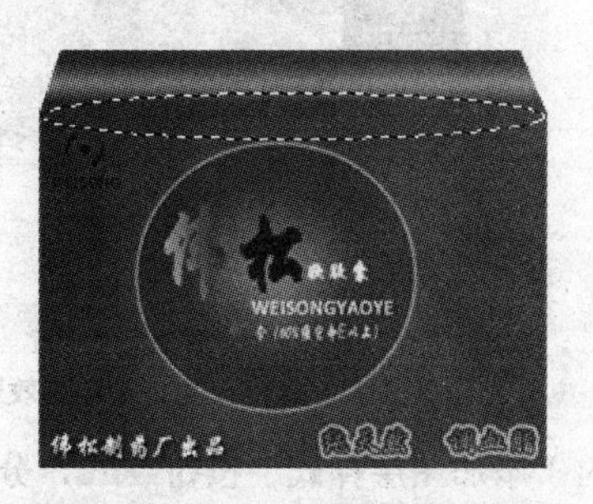

图 11.6.28　绘制椭圆选区　　　　图 11.6.29　渐变填充效果

（28）在图层面板中合并除背景层以外的其他图层。

（29）新建一个图层，设置前景色为黑色，单击工具箱中的“自定形状工具”按钮，绘制一个环形，效果如图 11.6.30 所示。

（30）单击该图层，选择 图层(L) → 图层样式(Y) → 斜面和浮雕(B)... 命令，对绘制的环形添加斜面和浮雕效果。

（31）复制一个环形副本，并使用移动工具将其移至适当的位置，效果如图 11.6.31 所示。

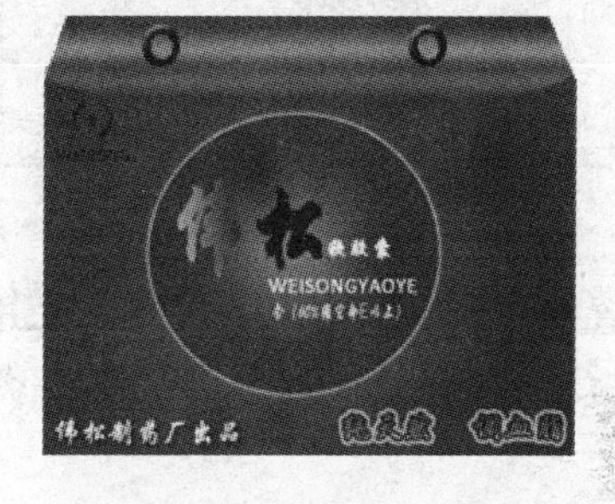

图 11.6.30　绘制一个环形　　　　图 11.6.31　复制并移动环形

（32）新建图层，单击工具箱中的“画笔工具”按钮，绘制一条曲线，效果如图 11.6.32 所示。

（33）选中该图层，选择 图层(L) → 图层样式(Y) → 投影(D)... 命令，对绘制的曲线添加投影效果，如图 11.6.33 所示。

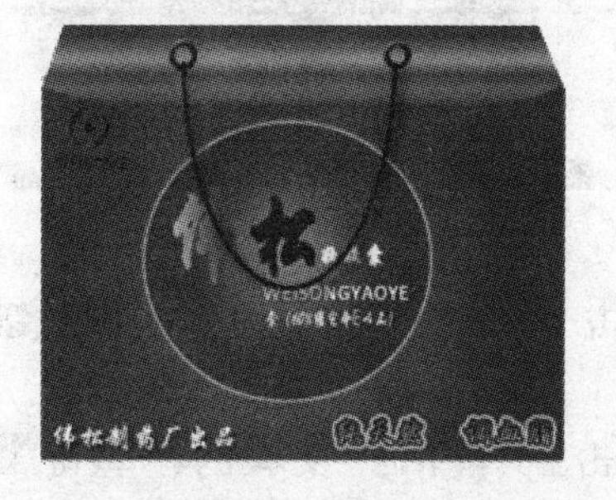

图 11.6.32　绘制曲线　　　　图 11.6.33　添加投影效果

（34）合并除背景层以外的其他图层，然后复制合并后的图层，并按“Ctrl+T”键，对其进行变换操作，效果如图 11.6.34 所示。

（35）按“Ctrl+O”键，打开一个图像文件，使用移动工具将其拖曳到新建图像中，并在图层面板中将其移至合并图层的下方，效果如图 11.6.35 所示。

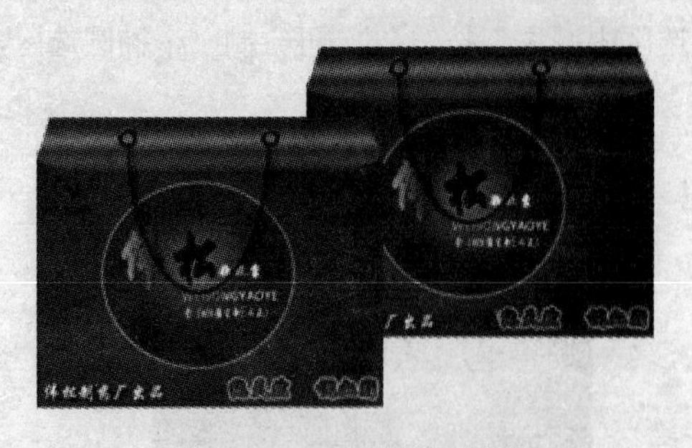

图 11.6.34　复制并调整图像

图 11.6.35　调整图层顺序效果

（36）选中合并后的图层，单击图层面板底部的“添加图层样式”按钮，分别为图层添加投影、斜面和浮雕效果，设置其对话框参数如图 11.6.36 所示。

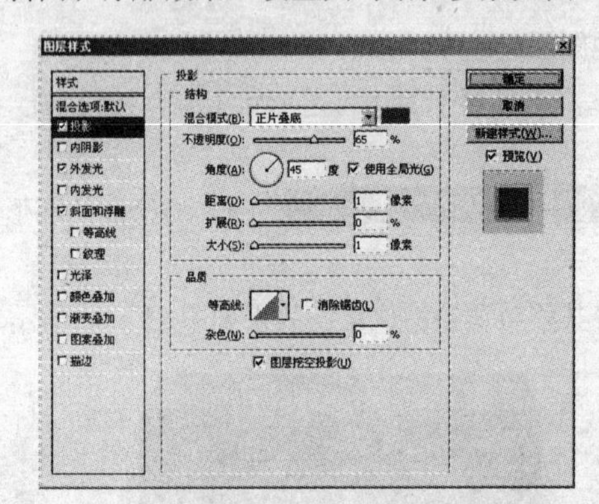

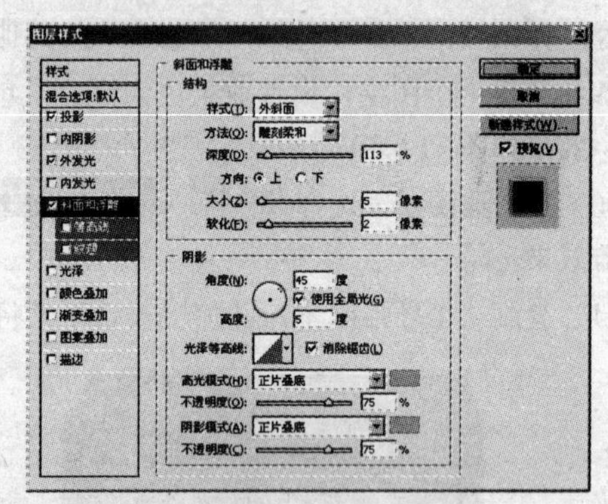

图 11.6.36　“投影”和“斜面和浮雕”选项设置

（37）设置好参数后，单击 确定 按钮，效果如图 11.6.37 所示。

（38）按“Ctrl+Shift+Alt+E”键盖印图层，然后对盖印后的图层进行变换操作，效果如图 11.6.38 所示。

图 11.6.37　添加图层样式效果

图 11.6.38　变换图像效果

（39）单击工具箱中的“仿制图章工具”按钮，修补图像右下角的小草图像，效果如图 11.6.39 所示。

（40）单击工具箱中的“文本工具”按钮，在其属性栏中设置好字体与字号后，在新建图像中输入文字，效果如图 11.6.40 所示。

（41）使用鼠标右键单击文字图层，从弹出的快捷菜单中选择 栅格化文字 选项，将文字栅格化。

图 11.6.39　修补图像效果

图 11.6.40　输入文字

（42）选择

命令，弹出“斜面和浮雕”对话框，设置其对话框参数如图 11.6.41 所示。

（43）设置好参数后，单击确定按钮，效果如图 11.6.42 所示。

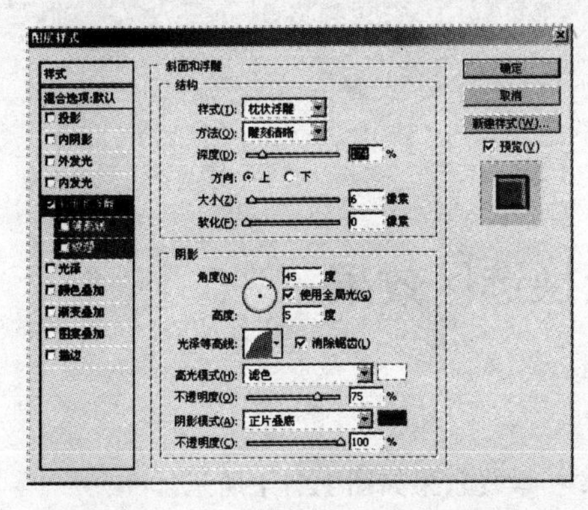

图 11.6.41　“斜面和浮雕”选项设置

图 11.6.42　应用斜面和浮雕效果

（44）复制一个文字图层，按“Ctrl+T”键，调整文字图像的大小及位置，最终效果如图 11.6.1 所示。

第12章 案例实训

本章通过案例实训培养读者的实际操作能力，使读者达到巩固并检验前面所学知识的目的。

知识要点

- 变换选区效果
- 绘制眼睛
- 添加图案效果
- 制作铜字效果
- 调整图像颜色
- 制作磨砂效果
- 制作化石效果

实训1 变换选区效果

1. 实训内容

在制作过程中，主要用到移动工具和描边命令，最终效果如图12.1.1所示。

图12.1.1 最终效果图

2. 实训目的

掌握选区的创建方法与技巧，并能熟练地对选区进行变换操作，使用描边命令和移动工具对选区进行编辑。

3. 操作步骤

（1）按“Ctrl+O”键，打开一个图像文件，如图12.1.2所示。

（2）单击工具箱中的“矩形选框工具”按钮，在新建图像中绘制一个矩形选区，效果如图12.1.3所示。

（3）设置前景色为红色，选择 编辑(E)→描边(S)... 命令，在其对话框中设置宽度为“2px”，位置为“居中”，单击 确定 按钮，效果如图12.1.4所示。

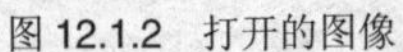

图 12.1.2　打开的图像

图 12.1.3　创建选区

（4）单击工具箱中的“移动工具”按钮，调整选区到适当的位置。

（5）按“Ctrl+T”键，对选区进行变换，设置不同的前景色，再为其使用描边命令，对变换后的选区进行描边，这样重复多次，效果如图 12.1.5 所示。

图 12.1.4　描边选区

图 12.1.5　旋转并描边选区

（6）按“Ctrl+D”键取消选区，最终效果如图 12.1.1 所示。

实训 2　绘 制 眼 睛

1．实训内容

在制作过程中，主要用到画笔工具、魔棒工具、渐变工具以及涂抹工具等，最终效果如图 12.2.1 所示。

图 12.2.1　最终效果图

2．实训目的

掌握图像的绘制方法与技巧，并学会对绘制的图像进行编辑。

3．操作步骤

（1）新建一个图像文件，设置前景色为淡黄色，按“Alt+Delete”键填充背景图层。

（2）新建图层 1，设置前景色为深红色，单击工具箱中的“画笔工具”按钮，设置其属性栏参数如图 12.2.2 所示。

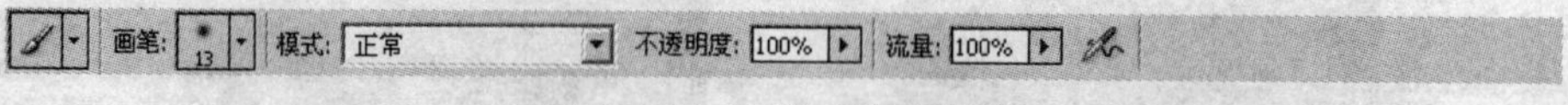

图 12.2.2 “画笔工具”属性栏

（3）设置好参数后，在图像中拖动鼠标绘制眉毛，效果如图 12.2.3 所示。

（4）单击工具箱中的“画笔工具”按钮，设置其画笔大小为“7”，新建图层 2，在图像中绘制出眼睛的轮廓，效果如图 12.2.4 所示。

图 12.2.3 使用画笔工具绘制眉毛

图 12.2.4 绘制眼睛的轮廓

（5）新建图层 3，单击工具箱中的“魔棒工具”按钮，在眼睛的轮廓内单击鼠标创建选区。

（6）单击工具箱中的“渐变工具”按钮，设置其属性栏参数如图 12.2.5 所示。

图 12.2.5 “渐变工具”属性栏

（7）设置好参数后，在选区内从中心向右拖动鼠标填充渐变，效果如图 12.2.6 所示。

（8）按“Ctrl+D”键取消选区，将图层 3 拖至图层 2 的下方，新建图层 4，使用椭圆选框工具在眼睛中间创建圆形选区，并将其填充为深红色，效果如图 12.2.7 所示。

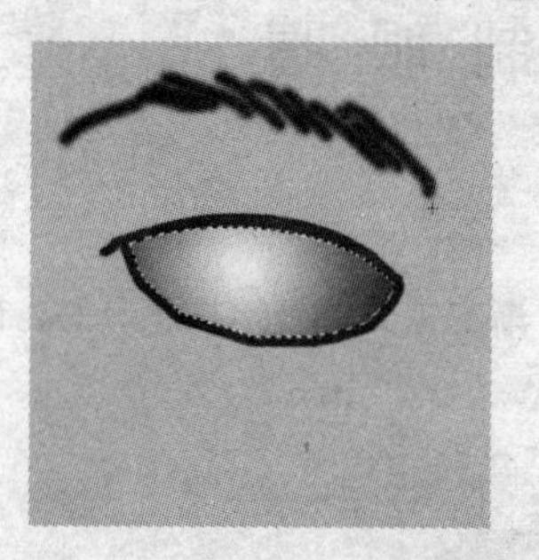

图 12.2.6 创建选区并填充渐变

图 12.2.7 创建并填充圆

（9）将图层 4 载入选区，收缩并羽化选区，然后新建图层 5，按“Alt+Delete”键填充羽化后的选区，效果如图 12.2.8 所示。

（10）按“Ctrl+D”键取消选区，新建图层 6，设置前景色为黑色，使用画笔工具在眼睛中心单击鼠标，效果如图 12.2.9 所示。

图 12.2.8 填充羽化选区效果

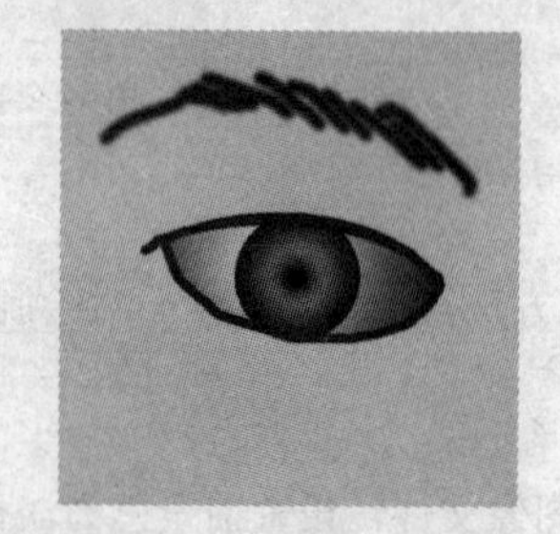

图 12.2.9 使用画笔工具效果

（11）新建图层 7，使用画笔工具在眼睛上部绘制一条弯曲的深红色线条，再单击其属性栏中的“喷枪工具”按钮，设置不透明度为“40%”，在图像中随意涂抹几笔，效果如图 12.2.10 所示。

图 12.2.10　使用喷枪效果

（12）确认图层 2 为当前图层，单击工具箱中的“涂抹工具”按钮，在图像中进行涂抹，最终效果如图 12.2.1 所示。

实训 3　添加图案效果

1．实训内容

在制作过程中主要用到钢笔工具、定义图案命令以及填充路径命令等，最终效果如图 12.3.1 所示。

图 12.3.1　最终效果图

2．实训目的

掌握路径的创建与编辑技巧，并学会定义图案命令的使用方法。

3．操作步骤

（1）按“Ctrl+O”键，打开一个图像文件，如图 12.3.2 所示。

图 12.3.2　打开的图像

（2）单击工具箱中的“钢笔工具”按钮，设置其属性栏参数如图 12.3.3 所示。

图 12.3.3 “钢笔工具”属性栏

（3）设置完成后，在图像中单击鼠标沿着人物的衣服创建路径，效果如图 12.3.4 所示。

图 12.3.4 创建的路径及路径面板

（4）按“Ctrl+O”键，打开一幅底纹图像，选择 编辑(E) → 定义图案(Q)... 命令，弹出“图案名称”对话框，设置参数如图 12.3.5 所示。

图 12.3.5 “图案名称”对话框

（5）设置完成后，单击 确定 按钮，即可保存图案。

（6）用鼠标单击人物图像，在路径面板中选择工作路径，再单击右上角的按钮，在弹出的路径面板菜单中选择 填充路径... 命令，弹出“填充路径”对话框，设置其对话框参数如图 12.3.6 所示。

（7）设置完成后，单击 确定 按钮，在路径面板中将工作路径拖动到底部的“删除路径”按钮上将其删除，最终效果如图 12.3.7 所示。

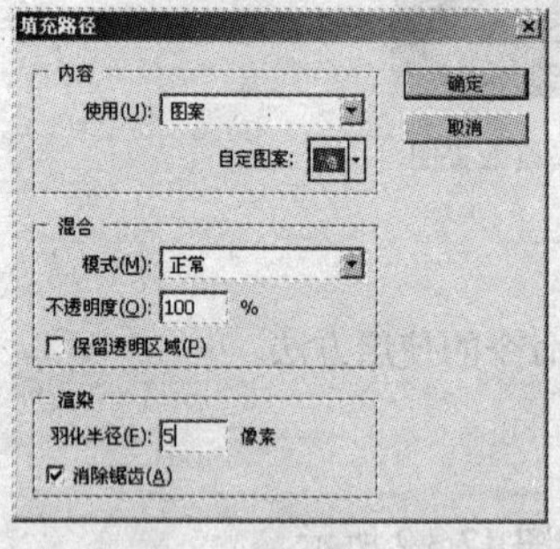

图 12.3.6 “填充路径”对话框

图 12.3.7 填充路径效果

实训 4 制作铜字效果

1. 实训内容

在制作过程中，主要用到文本工具、图层样式命令以及图层排序命令等，最终效果如图 12.4.1 所示。

图 12.4.1　最终效果图

2. 实训目的

掌握文本工具与图层的使用方法与技巧。

3. 操作步骤

（1）新建一个图像文件，新建图层 1，设置前景色为紫色。

（2）使用文字工具在图像中输入文字，如图 12.4.2 所示。

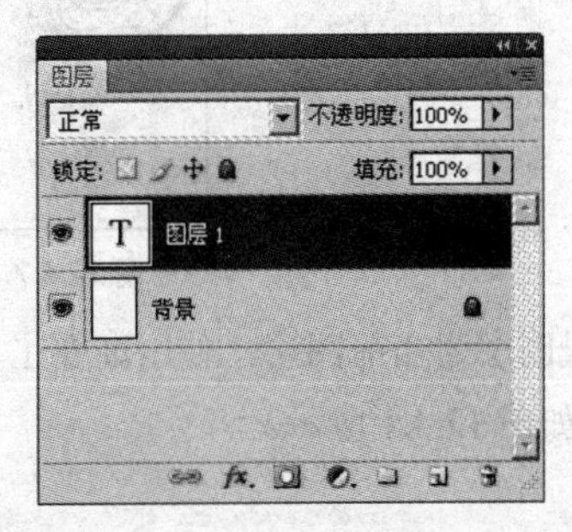

图 12.4.2　输入文字

（3）选择菜单栏中的 图层(L) → 图层样式(Y) → 斜面和浮雕(B)... 命令，弹出“图层样式”对话框，设置其对话框参数如图 12.4.3 所示。

（4）单击 确定 按钮，图像效果如图 12.4.4 所示。

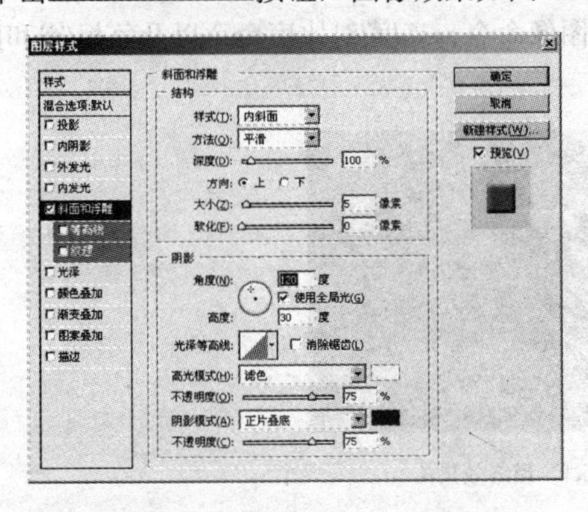

图 12.4.3　“斜面和浮雕”选项参数设置

图 12.4.4　应用斜面和浮雕后的效果

（5）在文字图层上双击鼠标左键，可弹出“图层样式”对话框，在左侧选中 ☑渐变叠加 复选框，设置该选项的参数如图 12.4.5 所示。

（6）单击 确定 按钮，图像效果如图 12.4.6 所示。

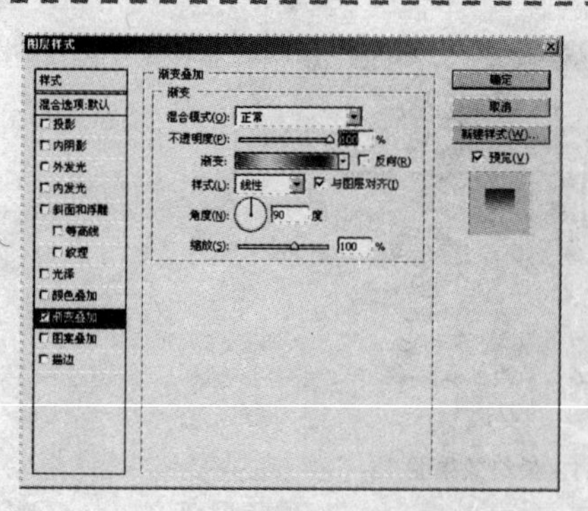

图 12.4.5 “渐变叠加”选项设置

图 12.4.6 应用渐变叠加样式后的效果

（7）复制文字图层为文字副本图层，将文字副本图层移至文字图层下方，改变该文字副本图层的不透明度，并将该图层中的图像进行垂直翻转，效果如图 12.4.7 所示。

图 12.4.7 翻转图像

（8）确认背景图层为当前图层，使用渐变工具在图像中拖动鼠标，为背景图层填充紫色到白色的渐变，最终效果如图 12.4.1 所示。

实训 5 调整图像颜色

1. 实训内容

在制作过程中，主要用到色阶命令、应用图像命令、亮度/对比度命令以及色相/饱和度命令等，最终效果如图 12.5.1 所示。

图 12.5.1 最终效果图

2. 实训目的

掌握调整图像颜色与色调命令的使用方法与技巧。

3. 操作步骤

（1）打开一个如图 12.5.2 所示的图像文件，在通道面板中选择蓝色通道，如图 12.5.3 所示。

图 12.5.2　打开的图像

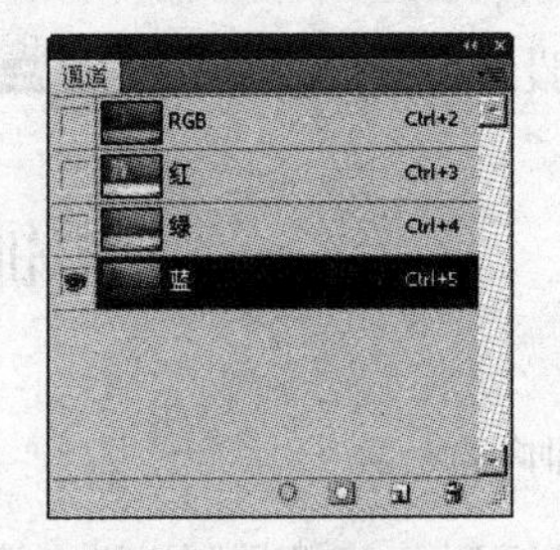

图 12.5.3　通道面板

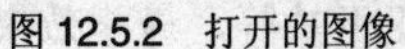

（2）选择菜单栏中的图像(I)→应用图像(Y)...命令，弹出“应用图像”对话框，设置其对话框参数如图 12.5.4 所示。设置好参数后，单击确定按钮。

（3）选择绿色通道，重复步骤（3）的操作，对其应用图像命令，设置其不透明度为“20%”。

（4）选择红色通道，对其进行应用图像命令，并将混合模式设置为“颜色加深”，其他参数为默认值，单击确定按钮，效果如图 12.5.5 所示。

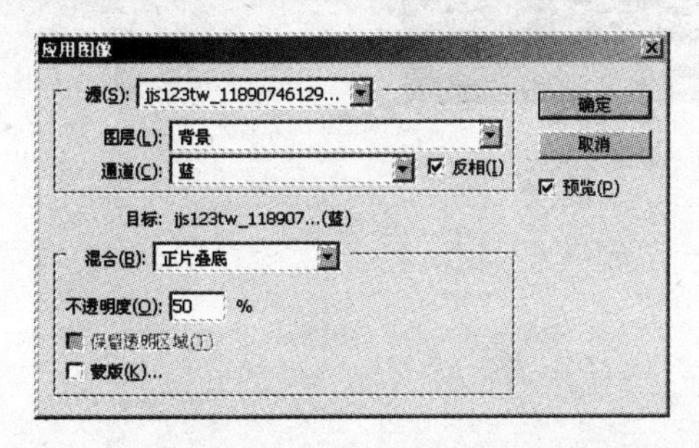

图 12.5.4　“应用图像”对话框

图 12.5.5　调整红色通道效果

（5）选择蓝色通道，按“Ctrl+L”键弹出“色阶”对话框，在输入色阶(I):后面的 3 个输入框中分别设置数值为“21，0.75，151”，单击确定按钮，可调整红色通道的亮部与暗部层次，效果如图 12.5.6 所示。

（6）选择绿色通道，按“Ctrl+L”键弹出“色阶”对话框，在输入色阶(I):后面的 3 个输入框中分别设置数值为“46，1.37，220”，单击确定按钮。

（7）选择红色通道，也对其应用色阶调整，在“色阶”对话框中的输入色阶(I):后面的 3 个输入框中分别输入“51，1.28，255”，单击确定按钮。

（8）选择 RGB 复合通道，选择菜单栏中的图像(I)→调整(A)→亮度/对比度(C)...命令，弹出“亮度/对比度”对话框，设置亮度为“−3”，设置对比度为“16”，单击确定按钮。

（9）按“Ctrl+U”键，弹出“色相/饱和度”对话框，设置参数如图 12.5.7 所示。

图 12.5.6　调整色阶效果

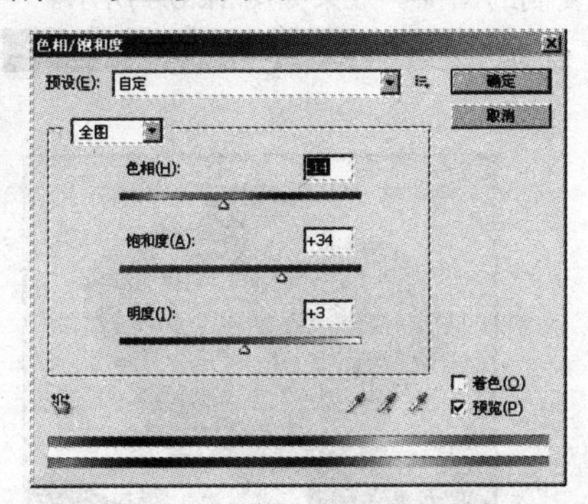

图 12.5.7　“色相/饱和度”对话框

（10）设置好参数后，单击 确定 按钮，最终效果如图 12.5.1 所示。

实训 6　制作磨砂效果

1．实训内容

在制作过程中，主要用到通道、阈值命令以及渐变工具等，最终效果如图 12.6.1 所示。

图 12.6.1　最终效果图

2．实训目的

掌握通道的使用方法与技巧。

3．操作步骤

（1）按“Ctrl+O”键，打开一个图像文件，如图 12.6.2 所示。

（2）按“Ctrl+A”键，选择全部图像，如图 12.6.3 所示。按“Ctrl+C”键，复制所选图像。

图 12.6.2　打开的图像

图 12.6.3　选择全部图像

（3）单击通道面板中的“创建新通道”按钮，创建一个 Alpha 1 通道，并按“Ctrl+V”键，粘贴刚才复制的图像，效果如图 12.6.4 所示。

（4）选择 滤镜(T) → 其它 → 高反差保留... 命令，对图像添加高反差保留滤镜效果，如图 12.6.5 所示。

图 12.6.4　粘贴图像

图 12.6.5　应用高反差保留滤镜效果

（5）选择图像(I)→调整(A)→阈值(T)...命令，调整图像的颜色，效果如图 12.6.6 所示。

（6）将 Alpha 1 通道作为当前通道，单击“将通道作为选区载入”按钮，如图 12.6.7 所示。

图 12.6.6 调整阈值效果

图 12.6.7 将通道转换为选区

（7）按“Ctrl+～”键，恢复到 RGB 模式下，如图 12.6.8 所示。

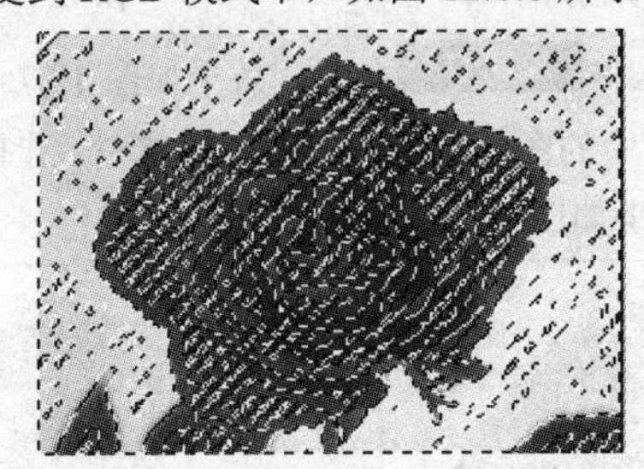

图 12.6.8 恢复为 RGB 模式

（8）按“Ctrl+J”键，将选区中的图像复制到一个新的图层中。

（9）单击工具箱中的“渐变工具”按钮，设置其属性栏参数如图 12.6.9 所示。

图 12.6.9 “渐变工具”属性栏

（10）单击图层面板中的“锁定透明像素”按钮，在图像中从左上角到右下角拖动鼠标填充渐变，最终效果如图 12.6.1 所示。

实训 7 制作化石效果

1. 实训内容

在制作过程中，主要用到云彩滤镜、铬黄滤镜等，最终效果如图 12.7.1 所示。

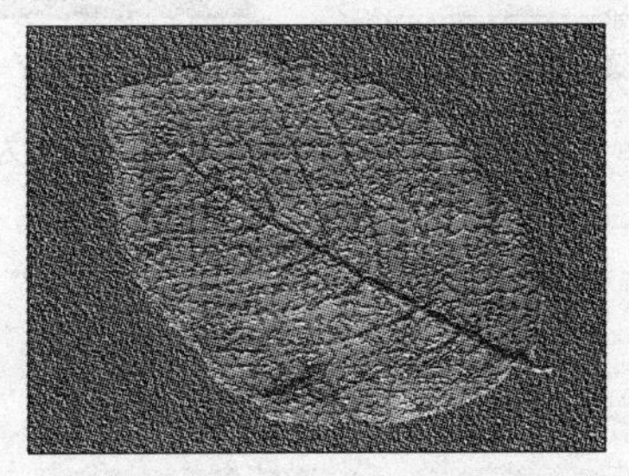

图 12.7.1 最终效果图

2. 实训目的

掌握滤镜的使用方法与技巧。

3．操作步骤

（1）按“Ctrl+O”键，打开一个图像文件，如图 12.7.2 所示。

（2）单击工具箱中的“魔棒工具”按钮，在图像中的白色背景处单击，效果如图 12.7.3 所示。

图 12.7.2 打开的图像

图 12.7.3 创建选区

（3）选择菜单栏中的 选择(S) → 反向(I) 命令，效果如图 12.7.4 所示。

（4）按“Ctrl+J”键，将选区中的图像复制到一个新图层中，选择 图像(I) → 调整(A) → 去色(D) 命令，将图像转化为黑白色，效果如图 12.7.5 所示。

图 12.7.4 反选选区

图 12.7.5 将图像转化为黑白色

（5）选择菜单栏中的 滤镜(T) → 纹理 → 龟裂缝... 命令，为图像添加龟裂缝效果，如图 12.7.6 所示。

（6）单击背景层，将前景色设置为深灰色，按“Alt+Delete”键填充背景层，如图 12.7.7 所示。

图 12.7.6 应用龟裂缝滤镜效果

图 12.7.7 填充背景层

（7）选择菜单栏中的 滤镜(T) → 纹理 → 纹理化... 命令，为图像添加纹理化滤镜效果，最终效果如图 12.7.1 所示。